Python 3
网络爬虫实战

胡松涛 著

清华大学出版社
北京

内 容 简 介

本书从 Python 3.8 的安装开始,详细讲解从网页基础到 Python 网络爬虫的全过程。本书从实战出发,根据不同的需求选取不同的网络爬虫,并有针对性地讲解几种 Python 网络爬虫。

本书共 12 章,涵盖的内容有网络爬虫的技术基础、Python 常用 IDE 的使用、Python 数据的存储、Python 爬虫常用模块、Scrapy 爬虫、BeautifulSoup 爬虫、PyQuery 模块、Selenium 模拟浏览器、PySpider 框架图片验证识别、爬取 App、爬虫与反爬虫等。

本书内容丰富,实例典型,实用性强,适合 Python 网络爬虫初学者、Python 数据分析与挖掘技术初学者以及高等院校和培训学校相关专业的师生阅读。

本书封面贴有清华大学出版社防伪标签,无标签者不得销售
版权所有,侵权必究。侵权举报电话: 010-62782989　13701121933

图书在版编目(CIP)数据

Python 3 网络爬虫实战/胡松涛著. — 北京:清华大学出版社,2020.7
ISBN 978-7-302-55734-0

Ⅰ. ①P… Ⅱ. ①胡… Ⅲ. ①软件工具—程序设计 Ⅳ. ①TP311.561

中国版本图书馆 CIP 数据核字(2020)第 104791 号

责任编辑:夏毓彦
封面设计:王　翔
责任校对:闫秀华
责任印制:沈　露

出版发行:清华大学出版社
　　　　网　　址:http://www.tup.com.cn,http://www.wqbook.com
　　　　地　　址:北京清华大学学研大厦 A 座　　邮　编:100084
　　　　社 总 机:010-62770175　　　　　　　　邮　购:010-62786544
　　　　投稿与读者服务:010-62776969,c-service@tup.tsinghua.edu.cn
　　　　质量反馈:010-62772015,zhiliang@tup.tsinghua.edu.cn

印 装 者:清华大学印刷厂
经　　销:全国新华书店
开　　本:190mm×260mm　　　印　张:25　　　字　数:640 千字
版　　次:2020 年 8 月第 1 版　　　　　　　印　次:2020 年 8 月第 1 次印刷
定　　价:79.00 元

产品编号:085901-01

前 言

随着计算机技术飞速发展，人们对计算机使用技能的要求越来越高。在编写软件时，大家既希望有超高的效率，又希望这门语言简单易用。这种鱼与熊掌皆得的要求的确很高，Python 编程语言恰好符合这么苛刻的要求。

Python 的执行效率仅比效率之王 C 略逊一筹，在简单易用方面 Python 也名列三甲。可以说，Python 在效率和简单之间达到了平衡。另外，Python 还是一门胶水语言，可以将其他编程语言的优点融合在一起，达到 1+1>2 的效果。这也是 Python 如今使用人数越来越多的原因。

Python 语言发展迅速，在各行各业都发挥了独特的作用。在各大企业、学校、机关都运行着 Python 明星程序。但就个人而言，运用 Python 最多的还是网络爬虫（这里的爬虫仅涉及从网页提取数据，不涉及深度、广度算法的爬虫搜索）。在网络上经常更新的数据，无须每次都打开网页浏览，使用爬虫程序可以一键获取数据，下载保存后分析。考虑到 Python 爬虫在网络上的资料虽多，但大多都不成系统，难以提供系统、有效的学习。因此，作者抛砖引玉，编写了这本有关 Python 网络爬虫的书，以供读者学习参考。

Python 简单易学，Python 爬虫也不复杂，只需要了解 Python 的基本操作即可自行编写。本书将介绍几种不同类型的 Python 爬虫，可以针对不同情况的站点进行数据收集。

本书特色

- 附带源代码。为了便于读者理解本书内容，本书提供源代码，供读者下载使用。读者可通过代码学习开发思路，并在此基础上精简优化代码。
- 涵盖 Linux 和 Windows 上模块的安装和配置。本书包含 Python 模块源的配置、模块的安装以及常用 IDE 的使用。
- 实战实例。通过常用的实例详细说明网络爬虫的编写过程。

本书内容

本书共 12 章，第 1~4 章介绍 Python 3.8 的基本安装、简单 Python 程序的编写、网络爬虫的基本原理以及网页数据的存储和读取。第 5 章介绍的 Scrapy 爬虫框架主要针对一般无须登录的网站，在爬取大量数据时使用 Scrapy 会很方便。第 6 章介绍的 BeautifulSoup 爬虫可以算作爬虫的"个人版"。BeautifulSoup 爬虫主要针对一些爬取数据比较少、结构简单的网站。第 7 章介绍的 PyQuery 模块的主要功能是对页面进行快速爬取，重点是以 jQuery 的语法来操作解析 HTML 文档。第 8 章介绍的 Selenium 模块的主要功能是模拟浏览器，作用主要是针对 JavaScript 返回数据的网站。第 9 章介绍 PySpider 框架，通过 UI 界面与代码结合实现网站的爬取。第 10~12 章介绍一些比较分散的爬虫技术，如图片验证码识别、爬取部分 App 内容、反爬虫等。

修订说明

本书第 2 版使用了 Python 3.6，由于 Python 2 当时还被官方支持，因此保留了一些 Python 2.X 的内容。但目前官方已经明确不再维护 Python 2.X，所以本书进行了彻底更新，完全使用 Python 3.8 版本。同时也修订了代码，改正了一些因为目标网站改版而造成爬虫不能使用的问题。

源代码下载

本书示例源代码可扫描下边的二维码获得。

如果下载有问题，请联系 booksaga@163.com，邮件主题为"Python 3 网络爬虫实战"。

本书读者

- Python 编程及 Python 网络爬虫的初学者
- 数据分析与挖掘技术的初学者
- 高等院校和培训学校相关专业的师生

著　者
2020 年 3 月

目 录

第 1 章 Python 环境配置 1

1.1 Python 简介 1
1.1.1 Python 的历史由来 1
1.1.2 Python 的现状 2
1.1.3 Python 的应用 2

1.2 Python 3.8.0 开发环境配置 4
1.2.1 在 Windows 下安装 Python 4
1.2.2 在 Windows 下安装配置 pip 8
1.2.3 在 Linux 下安装 Python 9
1.2.4 在 Linux 下安装配置 pip 11
1.2.5 永远的 hello world 15

1.3 本章小结 19

第 2 章 爬虫基础快速入门 20

2.1 HTTP 基本原理 20
2.1.1 URI 和 URL 20
2.1.2 超文本 21
2.1.3 HTTP 和 HTTPS 21
2.1.4 HTTP 请求过程 22
2.1.5 请求 24
2.1.6 响应 26

2.2 网页基础 27
2.2.1 网页的组成 27

         2.2.2　网页的结构 28
         2.2.3　节点树及节点间的关系 30
         2.2.4　选择器 36
   2.3　爬虫的基本原理 37
         2.3.1　爬虫概述 37
         2.3.2　能抓取什么样的数据 37
         2.3.3　JavaScript 渲染页面 38
   2.4　会话和 Cookies 39
         2.4.1　静态网页和动态网页 40
         2.4.2　无状态 HTTP 41
         2.4.3　常见误区 42
   2.5　代理的基本原理 42
         2.5.1　基本原理 42
         2.5.2　代理的作用 43
         2.5.3　代理分类 43
         2.5.4　常见代理设置 44
   2.6　本章小结 44

第 3 章　数据存储与解析 45
   3.1　文件存储 45
         3.1.1　TXT 文件存储 45
         3.1.2　JSON 文件存储 49
         3.1.3　CSV 文件存储 52
   3.2　关系型数据库存储 57
         3.2.1　连接数据库 59
         3.2.2　创建表 59
         3.2.3　插入数据 60
         3.2.4　浏览数据 61
         3.2.5　修改数据 62
         3.2.6　删除数据 63

3.3 非关系型数据库存储 64
3.3.1 安装数据库 64
3.3.2 MongoDB 概念解析 68
3.3.3 创建数据库 68
3.3.4 创建集合 69
3.3.5 插入文档 69
3.3.6 查询集合数据 71
3.3.7 修改记录 73
3.3.8 数据排序 74
3.3.9 删除文档 75
3.4 lxml 模块解析数据 76
3.4.1 安装模块 76
3.4.2 XPath 常用规则 76
3.4.3 读取文件进行解析 79
3.5 本章小结 81

第 4 章 Python 爬虫常用模块 82
4.1 Python 网络爬虫技术核心 82
4.1.1 Python 网络爬虫实现原理 82
4.1.2 爬行策略 83
4.1.3 身份识别 83
4.2 Python 3 标准库之 urllib.request 模块 84
4.2.1 urllib.request 请求返回网页 84
4.2.2 urllib.request 使用代理访问网页 86
4.2.3 urllib.request 修改 header 89
4.3 Python 3 标准库之 logging 模块 93
4.3.1 简述 logging 模块 93
4.3.2 自定义模块 myLog 97
4.4 re 模块（正则表达式） 100
4.4.1 re 模块（正则表达式的操作） 100

V

4.4.2　re 模块实战 102

4.5　其他有用模块 103

　　4.5.1　sys 模块（系统参数获取）... 103

　　4.5.2　time 模块（获取时间信息）... 105

4.6　本章小结 108

第 5 章　Scrapy 爬虫框架 109

5.1　安装 Scrapy 109

　　5.1.1　在 Windows 下安装 Scrapy 环境 109

　　5.1.2　在 Linux 下安装 Scrapy 110

　　5.1.3　vim 编辑器 111

5.2　Scrapy 选择器 XPath 和 CSS 112

　　5.2.1　XPath 选择器 112

　　5.2.2　CSS 选择器 115

　　5.2.3　其他选择器 116

5.3　Scrapy 爬虫实战一：今日影视 117

　　5.3.1　创建 Scrapy 项目 117

　　5.3.2　Scrapy 文件介绍 119

　　5.3.3　Scrapy 爬虫的编写 121

5.4　Scrapy 爬虫实战二：天气预报 128

　　5.4.1　项目准备 129

　　5.4.2　创建并编辑 Scrapy 爬虫 130

　　5.4.3　数据存储到 JSON 137

　　5.4.4　数据存储到 MySQL 139

5.5　Scrapy 爬虫实战三：获取代理 145

　　5.5.1　项目准备 145

　　5.5.2　创建编辑 Scrapy 爬虫 146

　　5.5.3　多个 Spider 152

　　5.5.4　处理 Spider 数据 156

5.6 Scrapy 爬虫实战四：糗事百科 158
5.6.1 目标分析 158
5.6.2 创建编辑 Scrapy 爬虫 159
5.6.3 Scrapy 项目中间件——添加 headers 160
5.6.4 Scrapy 项目中间件——添加 Proxy 163

5.7 Scrapy 爬虫实战五：爬虫攻防 166
5.7.1 创建一般爬虫 166
5.7.2 封锁间隔时间破解 169
5.7.3 封锁 Cookies 破解 170
5.7.4 封锁 User-Agent 破解 170
5.7.5 封锁 IP 破解 176

5.8 本章小结 179

第 6 章 BeautifulSoup 爬虫 180

6.1 安装 BeautifulSoup 环境 180
6.1.1 在 Windows 下安装 BeautifulSoup 180
6.1.2 在 Linux 下安装 BeautifulSoup 181
6.1.3 最强大的 IDE——Eclipse 181

6.2 BeautifulSoup 解析器 190
6.2.1 bs4 解析器选择 190
6.2.2 lxml 解析器的安装 191
6.2.3 使用 bs4 过滤器 192

6.3 bs4 爬虫实战一：获取百度贴吧内容 197
6.3.1 目标分析 197
6.3.2 项目实施 199
6.3.3 代码分析 206
6.3.4 Eclipse 调试 207

6.4 bs4 爬虫实战二：获取双色球中奖信息 208
6.4.1 目标分析 209
6.4.2 项目实施 211

6.4.3 保存结果到 Excel ... 214
6.4.4 代码分析 ... 219

6.5 bs4 爬虫实战三：获取起点小说信息 ... 220
6.5.1 目标分析 ... 220
6.5.2 项目实施 ... 222
6.5.3 保存结果到 MySQL ... 224
6.5.4 代码分析 ... 228

6.6 bs4 爬虫实战四：获取电影信息 ... 229
6.6.1 目标分析 ... 229
6.6.2 项目实施 ... 230
6.6.3 bs4 反爬虫 ... 233
6.6.4 代码分析 ... 235

6.7 bs4 爬虫实战五：获取音悦台榜单 ... 236
6.7.1 目标分析 ... 236
6.7.2 项目实施 ... 237
6.7.3 代码分析 ... 242

6.8 本章小结 ... 243

第 7 章 PyQuery 模块 ... 244

7.1 PyQuery 模块 ... 244
7.1.1 什么是 PyQuery 模块 ... 244
7.1.2 PyQuery 与其他工具 ... 244
7.1.3 PyQuery 模块的安装 ... 245

7.2 PyQuery 模块的用法 ... 247
7.2.1 使用字符串初始化 ... 247
7.2.2 使用文件初始化 ... 248
7.2.3 使用 URL 初始化 ... 249

7.3 CSS 筛选器的使用 ... 250
7.3.1 基本 CSS 选择器 ... 250
7.3.2 查找节点 ... 251

		7.3.3 遍历结果 255

        7.3.3 遍历结果 255

        7.3.4 获取文本信息 256

  7.4 PyQuery 爬虫实战一：爬取百度风云榜 258

  7.5 PyQuery 爬虫实战二：爬取微博热搜 259

  7.6 本章小结 260

第 8 章　Selenium 模拟浏览器 261

  8.1 安装 Selenium 模块 261

        8.1.1 在 Windows 下安装 Selenium 模块 261

        8.1.2 在 Linux 下安装 Selenium 模块ed 262

  8.2 浏览器选择 262

        8.2.1 Webdriver 支持列表 262

        8.2.2 在 Windows 下安装 PhantomJS 263

        8.2.3 在 Linux 下安装 PhantomJS 265

  8.3 Selenium&PhantomJS 抓取数据 266

        8.3.1 获取百度搜索结果 267

        8.3.2 获取搜索结果 269

        8.3.3 获取有效数据位置 271

        8.3.4 从位置中获取有效数据 273

  8.4 Selenium&PhantomJS 实战一：获取代理 274

        8.4.1 准备环境 274

        8.4.2 爬虫代码 276

        8.4.3 代码解释 278

  8.5 Selenium&PhantomJS 实战二：漫画爬虫 279

        8.5.1 准备环境 279

        8.5.2 爬虫代码 281

        8.5.3 代码解释 283

  8.6 本章小结 284

第 9 章 PySpider 框架的使用 285

9.1 安装 PySpider 285
9.1.1 安装 PySpider 285
9.1.2 使用 PyQuery 测试 291

9.2 PySpider 实战一：优酷影视排行 293
9.2.1 创建项目 293
9.2.2 爬虫编写一：使用 PySpider+PyQuery 实现爬取 295
9.2.3 爬虫编写二：使用 PySpider+ BeautifulSoup 实现爬取 301

9.3 PySpider 实战二：电影下载 304
9.3.1 项目分析 304
9.3.2 爬虫编写 306
9.3.3 爬虫运行、调试 312
9.3.4 删除项目 317

9.4 PySpider 实战三：音悦台 MusicTop 320
9.4.1 项目分析 320
9.4.2 爬虫编写 321

9.5 本章小结 325

第 10 章 图形验证识别技术 326

10.1 图像识别开源库：Tesseract 326
10.1.1 安装 Tesseract 326
10.1.2 设置环境变量 329
10.1.3 测试一：使用 tesseract 命令识别图片中的字符 330
10.1.4 测试二：使用 pytesseract 模块识别图片中的英文字符 331
10.1.5 测试三：使用 pytesseract 模块识别图片中的中文文字 332

10.2 对网络验证码的识别 333
10.2.1 图形验证实战一：读取网络验证码并识别 333
10.2.2 图形验证实战二：对验证码进行转化 334

10.3 实战三：破解滑块验证码 335

	10.3.1	所需工具	335
	10.3.2	解决思路	335
	10.3.3	编写代码	336
10.4	本章小结		341

第 11 章 爬取 App ... 342

- 11.1 Charles 的使用 ... 342
  - 11.1.1 下载安装 Charles ... 342
  - 11.1.2 界面介绍 ... 343
  - 11.1.3 Proxy 菜单 ... 345
  - 11.1.4 使用 Charles 进行 PC 端抓包 ... 350
  - 11.1.5 使用 Charles 进行移动端抓包 ... 350
- 11.2 Mitmproxy 的使用 ... 351
  - 11.2.1 安装 Mitmproxy ... 351
  - 11.2.2 启动 Mitmproxy ... 352
  - 11.2.3 编写自定义脚本 ... 354
  - 11.2.4 Mitmproxy 事件 ... 355
  - 11.2.5 实战：演示 Mitmproxy ... 358
- 11.3 实战：使用 Mitmdump 爬取 App ... 362
  - 11.3.1 事先准备 ... 363
  - 11.3.2 带脚本抓取 ... 364
  - 11.3.3 分析结果并保存 ... 365
- 11.4 Appium 的基本使用 ... 366
  - 11.4.1 安装 Appium——直接下载安装包 AppiumDesktop ... 366
  - 11.4.2 安装 Appium——通过 Node.js ... 368
  - 11.4.3 Android 开发环境配置 ... 368
  - 11.4.4 iOS 开发环境配置 ... 368
  - 11.4.5 使用 Appium ... 369
  - 11.4.6 操作 App ... 371
- 11.5 本章小结 ... 374

第 12 章 爬虫与反爬虫 375

12.1 防止爬虫 IP 被禁 375
12.1.1 反爬虫在行动 375
12.1.2 爬虫的应对 378

12.2 在爬虫中使用 Cookies 382
12.2.1 通过 Cookies 反爬虫 382
12.2.2 带 Cookies 的爬虫 383
12.2.3 动态加载反爬虫 386
12.2.4 使用浏览器获取数据 386

12.3 本章小结 386

第 1 章
Python 环境配置

为什么选择 Python 语言来编写网络爬虫？

众所周知，Python 的运行速度并不是最快的，比不上 Java，比不上 C++，更比不上传说中的速度效率之王 C。不过，在 2019 年 Python 在 TIOBE 编程语言排行榜已经位居第 3 了，仅排在 Java 和 C 语言之后，超越了之前位居第 3 名的 C++。

那么，为什么这么多人都选择 Python 语言？

首先，Python 语言简单易学，简单到没有学过任何编程语言的人稍微看一下资料，再看几个示例就可以编写出可用的程序；其次，Python 是一门解释型编程语言，编写完毕后可以直接执行，无须编译，发现 Bug 后可以立即修改，省下了大量的编译时间；再次，Python 的代码可重用性高，可以把包含某个功能的程序当成模块导入其他程序中使用，因而 Python 的模块库庞大到令人"恐怖"，几乎是无所不包；最后，因为 Python 的跨平台性，几乎所有的 Python 程序都可以不加修改地运行在不同的操作平台，而且都能得到同样的结果。这么多优点都集中在 Python 语言中，因此编写没有特殊要求的网络爬虫程序最好的选择就是 Python 语言。

1.1 Python 简介

了解一门语言，我们先从它的历史说起。Python 的应用越来越广泛，它最初是用来做什么用的，之后又是如何发展的，了解了这些，我们就能更加了解 Python 语言。

1.1.1 Python 的历史由来

Python 是一种开源的、面向对象的脚本语言。Python 起源于 1989 年末，当时，CWI（阿姆斯特丹国家数学和计算机科学研究所）的研究员 Guido van Rossum 需要一种高级脚本编程语言为其研究小组的 Amoeba 分布式操作系统执行管理任务，为了创建新语言，他从高级数学语言 ABC（All Basic Code）汲取了大量语法，并从系统编程语言 Modula-3 借鉴了错误处理机制。Guido 把这种新的语言命名为 Python（大蟒蛇），这个名字来源于 BBC 当时正在热播的喜剧连续剧《Monty Python》。

ABC 是由 Guido 参加设计的一种教学语言。就 Guido 本人看来，ABC 这种语言非常优美和强大，是专门为非专业程序员设计的。但是 ABC 语言并没有成功，究其原因，Guido 认为是非开放造成的。Guido 决心在 Python 语言中避免这一错误。同时，他还想实现在 ABC 中闪现过但未曾实现的东西。

就这样，Python 在 Guido 手中诞生了。可以说，Python 从 ABC 发展起来，并且结合了 UNIX Shell 和 C 的习惯。Python 源代码遵循 GPL（GNU General Public License）协议，所以任何个人用户都可以免费使用。

1.1.2 Python 的现状

Python 于 1991 年初公开发行。由于功能强大且采用开源方式发行，因此 Python 发展得很快，用户越来越多，形成了强大的社区力量。2001 年，Python 的核心开发团队移师 Digital Creations 公司，该公司是 Zope（一个用 Python 编写的 Web 应用服务器）的创始者。大家可以到 http://www.python.org/ 上了解最新的 Python 动态和资料 。

如今，Python 已经成为最受欢迎的程序设计语言之一。

1.1.3 Python 的应用

Python 应用广泛，特别适用于以下几个方面：

- 系统编程：提供 API（Application Programming Interface，应用程序编程接口），能方便地进行系统维护和管理，它也是 Linux 下的标志性语言之一，是很多系统管理员理想的编程工具。
- 图形处理：有 PIL、Tkinter 等图形库支持，能方便地进行图形处理。
- 数学处理：NumPy 扩展提供了大量与标准数学库的接口。
- 文本处理：Python 提供的 re 模块支持正则表达式，还提供 SGML 和 XML 分析模块，许多程序员利用 Python 进行 XML 程序的开发。
- 数据库编程：程序员可通过遵循 Python DB-API（数据库应用程序编程接口）规范的模块与 Microsoft SQL Server、Oracle、Sybase、DB2、MySQL、SQLite 等数据库通信。Python 自带一个 Gadfly 模块，提供了一个完整的 SQL 环境。
- 网络编程：提供丰富的模块支持 Sockets 编程，能方便、快速地开发分布式应用程序。很多大规模软件开发计划（例如 Zope、Mnet、BitTorrent 及 Google）都在广泛地使用 Python。
- Web 编程：网页应用的开发语言，支持最新的 XML 技术。
- 多媒体应用：Python 的 PyOpenGL 模块封装了 OpenGL 应用程序编程接口，能进行二维和三维图像处理。PyGame 模块可用于编写游戏软件。
- PYMO 引擎：PYMO（Python Memories Off）是一款运行于 Symbian S60V3、Symbian3、S60V5、Symbian3、Android 系统上的 AVG 游戏引擎。因其基于 Python

2.0 平台开发，并且适用于创建"秋之回忆（Memories Off）"风格的 AVG 游戏，故命名为 PYMO。

不止个人用户推崇 Python，企业用户也对 Python 青睐有加，以下是明星企业的应用项目：

- Reddit：社交分享网站，最早用 Lisp 开发，在 2005 年转为 Python。
- Dropbox：文件分享服务。
- 豆瓣网：图书、唱片、电影等文化产品的资料数据库网站。
- Django：鼓励快速开发的 Web 应用框架。
- Fabric：用于管理成百上千台 Linux 主机的程序库。
- EVE：网络游戏 EVE 大量使用 Python 进行开发。
- Blender：以 C 与 Python 开发的开源 3D 绘图软件。
- BitTorrent：BT 下载软件客户端。
- Ubuntu Software Center：Ubuntu 9.10 版本后自带的图形化包管理器。
- YUM：用于 RPM 兼容的 Linux 系统上的包管理器。
- Civilization IV：游戏《文明 4》。
- Battlefield 2：游戏《战地 2》。
- Google：谷歌在很多项目中用 Python 作为网络应用的后端，如 Google Groups、Gmail、Google Maps 等，Google App Engine 支持 Python 作为开发语言。
- NASA：美国宇航局，从 1994 年起把 Python 作为主要开发语言。
- Industrial Light & Magic：工业光魔，乔治•卢卡斯创立的电影特效公司。
- Yahoo! Groups：雅虎推出的群组交流平台。
- YouTube：视频分享网站，在某些功能上使用到 Python。
- Cinema 4D：一套整合 3D 模型、动画与绘图的高级三维绘图软件，以其高速的运算和强大的渲染插件著称。
- Autodesk Maya：3D 建模软件，支持 Python 作为脚本语言。
- gedit：Linux 平台的文本编辑器。
- GIMP：Linux 平台的图像处理软件。
- Minecraft: Pi Edition：游戏《Minecraft》的树莓派版本。
- MySQL Workbench：可视化数据库管理工具。
- Digg：社交新闻分享网站。
- Mozilla：为支持和领导开源的 Mozilla 项目而设立的一个非营利组织。
- Quora：社交问答网站。
- Path：私密社交应用。
- Pinterest：图片社交分享网站。
- SlideShare：幻灯片存储、展示、分享的网站。
- Yelp：美国商户点评网站。
- Slide：社交游戏/应用开发公司，被谷歌收购。

还有很多企业级的应用这里就不一一列举了。Python 适用于不同的场合、不同的人群，是适应性非常强的一门语言。

1.2 Python 3.8.0 开发环境配置

Python 在 PC 三大主流平台（Windows、Linux 和 OS X）都可以使用。在这里只讲解在 Windows 和 Linux 下的开发环境配置。Windows 平台以 Windows 10 为例，Linux 平台以 Debian 8 为例。

1.2.1 在 Windows 下安装 Python

步骤01 打开 Chrome 浏览器，在地址栏输入 Python 官网地址 www.python.org，如图 1-1 所示。

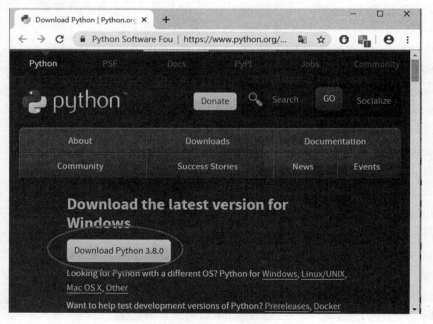

图 1-1 Python 官网

步骤02 单击"Download Python 3.8.0"按钮直接下载。如果进入 Python 其他版本的下载页面，就单击下载链接，效果如图 1-2 所示。

步骤03 一般 Windows 版本的 Python 安装文件有 3 个：一个是绿色解压缩版本，一个是正常的安装版本，还有一个是网络安装版本。绿色安装版本需要自行添加环境变量。正常的安装版本安装更简单一些，所以本例下载的是 Windows x86-64 executable installer。

第 1 章　Python 环境配置

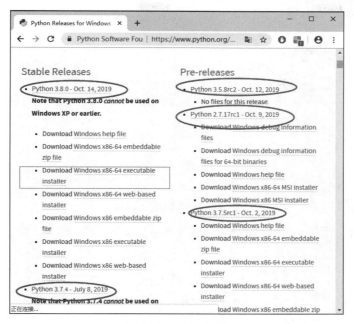

图 1-2　Python 下载

步骤 04　下载完毕后，得到安装文件 python-3.8.0-amd64.exe。以管理员身份运行安装程序，开始安装 Python 3.8，如图 1-3 所示。

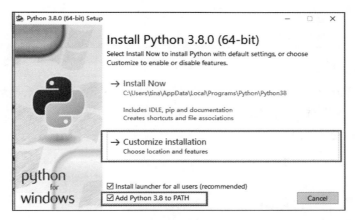

图 1-3　安装 Python

提　示
务必选择图 1-3 下方的"Add Python 3.8 to PATH"复选框，这样后期安装完成后不用配置路径。

步骤 05　单击"Customize installation"按钮，选择 Python 安装组件，将全部组件都选上，如图 1-4 所示。

5

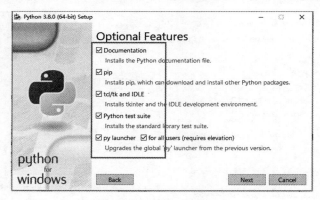

图 1-4 选择 Python 组件

步骤 06 单击"Next"按钮，进入 Python 环境设置界面，如图 1-5 所示。

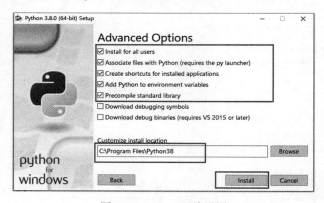

图 1-5 Python 环境设置

选择"Add Python to environment variables"选项，将 Python 加入系统环境变量中，选择"Install for all users"选项，允许所有用户使用 Python，修改一个合适的安装目录，单击"Install"按钮开始安装 Python。

步骤 07 安装完毕后，单击"Close"按钮，如图 1-6 所示。

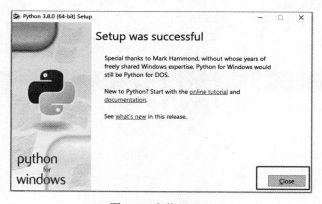

图 1-6 安装 Python

步骤08 验证 Python 是否安装成功。单击桌面左下角的"开始"菜单,在地址栏输入 cmd.exe 后按 Enter 键,如图 1-7 所示。

图 1-7 启动系统命令行工具 cmd.exe

步骤09 Windows 系统命令行程序,执行命令,验证 Python 是否安装成功,如图 1-8 所示。

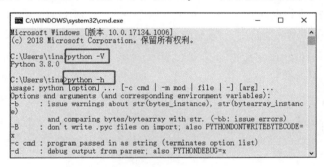

图 1-8 验证 Python 是否安装成功

由图 1-8 可见,Python 已经安装成功,并且已经将路径添加到环境变量中。依次单击桌面左下角的"开始"|"所有程序"菜单选项,再单击"Python 3.8"文件夹,就可以看到 Python 的菜单,如图 1-9 所示。

图 1-9 Python 3.8 菜单

> **提 示**
>
> 在安装 Python 的同时也安装了 Python 自带的 IDE（IDLE 和本地的模块说明文档）。这个文档的说明很详细，一般只需要看这个文档就足够了。

至此，Python 3.8 已在 Windows 上安装验证成功，可以愉快地使用 Python 了。

1.2.2　在 Windows 下安装配置 pip

pip 是 Python 的模块安装工具，有点类似于 Debian 系统的 apt-get、Fedora 系统的 yum 以及 Windows 系统的 QQ 软件管理器，都是一键安装软件工具，不同的是 pip 只负责安装 Python 模块。在安装 Python 时默认已经安装了 pip 组件，直接开始配置即可。

> **注 意**
>
> 读者选择默认安装源的情况下，本小节内容可以忽略。

因为 pip 的服务器安装源在国外，所以使用 pip 从国外服务器安装 Python 第三方模块将是一个很痛苦的过程。好在有变通的方法，在国内也有 pip 的镜像源，只需要在 pip 的配置文件中将 pip 的安装源指向国内的服务器，这个问题就解决了。

根据 pip 的指南，在 Windows 中，pip 的配置文件是%HOME%/pip/pip.ini（具体到当前环境，本书使用的 Windows 当前用户是 king，配置文件位置就是 C:\Users\king\pip\pip.ini）。默认情况下，pip 文件夹和 pip.ini 文件都未被创建，需要自行创建。按照 pip 的指南创建文件夹和文件后，pip.ini 文件内容如下：

```
[global]
index-url = https://pypi.mirrors.ustc.edu.cn/simple
#index-url = http://pypi.hustunique.com/simple
#index.url = http://pypi.douban.com/simple
```

> **提 示**
>
> 这里一定是 pip.ini，而不是 pip.ini.txt。在 Windows 中显示文件的后缀名，确认配置文件的文件名。

修改后的结果如图 1-10 所示。

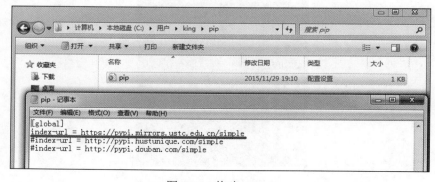

图 1-10　修改 pip.ini

图 1-10 中准备了 3 个 pip 源，任选其一即可。选择的方法就是在不需要的源地址前面加上#符号。下面来验证一下修改源地址是否成功，执行如下命令：

```
python -m pip install --upgrade pip
```

此命令的作用是更新 pip 源，结果如图 1-11 所示。

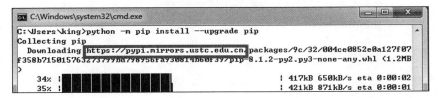

图 1-11 更新 pip 源

可以看出，配置文件中的新源已经起作用了。下面测试一下 pip。单击桌面左下角的"开始"菜单，在地址栏中输入 cmd.exe 后按 Enter 键，启动 Windows 系统的"命令提示符"程序，执行命令，如图 1-12 所示。

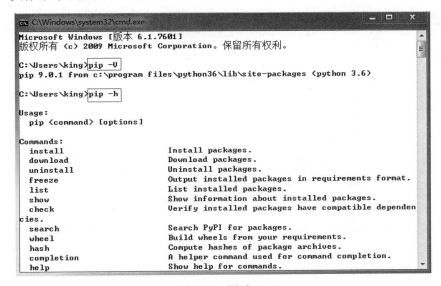

图 1-12 测试 pip

至此，pip 已配置完毕。

1.2.3 在 Linux 下安装 Python

首先连接到虚拟机 pyDebian 上。连接工具当然是 Putty 了（SSH 远程连接工具有很多，这里只是选了一个顺手的，使用其他的工具连接并不影响结果）。下面先用 Putty 连接这个 Linux 机器。

步骤 01 双击 Putty 图标，打开 Putty.exe，填入 IP 地址和端口信息，如图 1-13 所示。

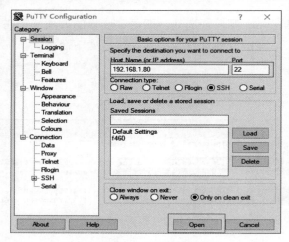

图 1-13　Putty 连接设置

步骤 02　单击"Open"按钮，第一次使用 Putty 登录 Linux 会有一个安全警告提示，如图 1-14 所示。

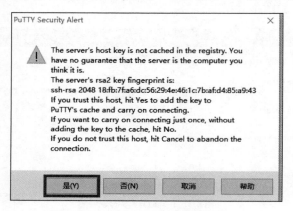

图 1-14　Putty 安全警告提示

步骤 03　单击"是(Y)"按钮，进入 Linux 的登录界面（用户名和密码使用默认的 king:qwe123），如图 1-15 所示。

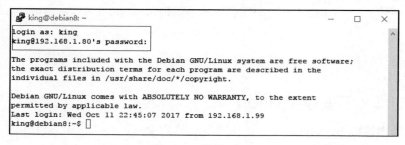

图 1-15　登录 Linux

步骤 04　输入用户名和密码后（密码不回显），即可登录 Linux。

Debian Linux 默认安装了 Python 2 和 Python 3（几乎所有的 Linux 发行版本都默认安装了 Python）。Python 命令默认指向 Python 2.7。下面验证一下 Python 的路径，执行如下命令：

```
whereis python
ls -l /usr/bin/python
ls -l /usr/bin/python3
```

执行结果如图 1-16 所示。

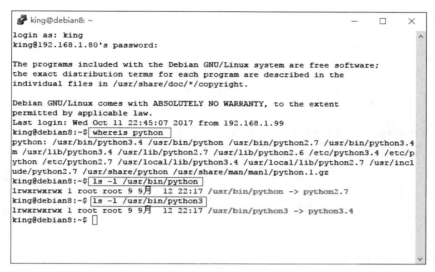

图 1-16　查看 Python 路径

再来看看 Python 的版本信息，执行如下命令：

```
python2 -V
python3 -V
```

执行结果如图 1-17 所示。

图 1-17　Python 版本信息

从图 1-17 中可以看出，Linux 上安装的 Python 版本与官网上的最新版本是不同的。这是正常现象，一般来说 Debian Linux 会使用软件的最稳定版本，而 Ubuntu Linux 会使用软件的最新版本。

1.2.4　在 Linux 下安装配置 pip

如同 Windows 中的 Python 一样，Linux 中的 Python 同样需要模块安装的管理工具 pip。遗憾的是，多数 Linux 版本并没有默认安装这个管理工具（Debian 可以使用 apt-get 安装大部分的 Python 第三方模块，只有极少数的模块不能使用 apt-get 安装），所以需要自己安装。

从 Debian Linux 中安装 pip，执行如下命令：

```
su -
apt-get install python3-pip
```

执行结果如图 1-18 所示。

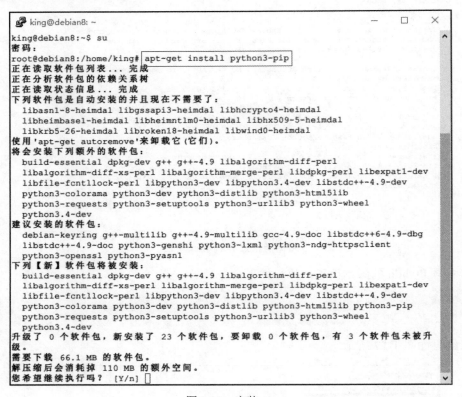

图 1-18 安装 pip

输入 su 命令后，再输入系统 root 用户的登录密码。该命令的作用是使用 root 用户登录系统，并使用 root 用户的环境变量。apt-get install Python3-pip 的作用是使用 apt-get 命令安装 Python3-pip 工具包。最后输入 Y 确认执行命令，开始安装 Python-pip。

> **提 示**
>
> 在 Linux 下安装软件都必须有 root 权限，可以直接转换成 root 用户安装，也可以在 sudoers 里添加特权用户和权限。

安装 Python3-pip 后，退出 root 用户环境，查看 pip3 版本，如图 1-19 所示。

```
king@debian8: ~
root@debian8:/home/king# exit
exit
king@debian8:~$ pip3 -V
pip 1.5.6 from /usr/lib/python3/dist-packages (python 3.4)
king@debian8:~$ pip3 -h

Usage:
  pip <command> [options]

Commands:
  install                     Install packages.
  uninstall                   Uninstall packages.
  freeze                      Output installed packages in requirements format.
  list                        List installed packages.
  show                        Show information about installed packages.
  search                      Search PyPI for packages.
  wheel                       Build wheels from your requirements.
  zip                         DEPRECATED. Zip individual packages.
  unzip                       DEPRECATED. Unzip individual packages.
  bundle                      DEPRECATED. Create pybundles.
  help                        Show help for commands.

General Options:
  -h, --help                  Show help.
```

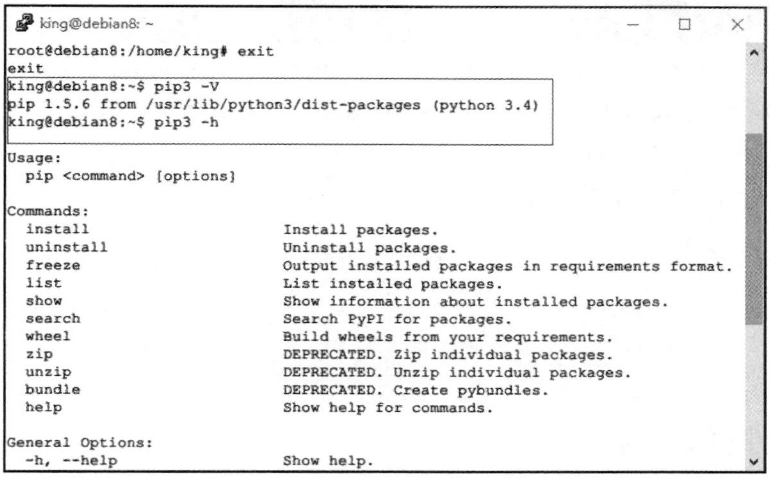

图 1-19　验证 pip

最后还要将 pip3 的更新源改成国内源。根据 pip 的指南，在 Linux 下，pip 的配置文件是 $HOME/.pip/pip.conf，执行如下命令：

```
su -
cd
pwd
mkdir .pip
cd .pip
cat > pip.conf << EOF
[global]
index-url = https://pypi.mirrors.ustc.edu.cn/simple
#index-url = http://pypi.hustunique.com/simple
#index-url = http://pypi.douban.com/simple
EOF
cat pip.conf
exit
```

执行结果如图 1-20 所示。

```
king@debian8: ~
king@debian8:~$ su -
密码：
root@debian8:~# cd
root@debian8:~# pwd
/root
root@debian8:~# mkdir .pip
root@debian8:~# cd .pip
root@debian8:~/.pip# cat > pip.conf << EOF
> [global]
> index-url = https://pypi.mirrors.ustc.edu.cn/simple
> #index-url = https://pypi.hustunique.com/simple
> #index-url = https://pypi.douban.com/simple
> EOF
root@debian8:~/.pip# cat pip.conf
[global]
index-url = https://pypi.mirrors.ustc.edu.cn/simple
#index-url = https://pypi.hustunique.com/simple
#index-url = https://pypi.douban.com/simple
root@debian8:~/.pip# exit
注销
king@debian8:~$
```

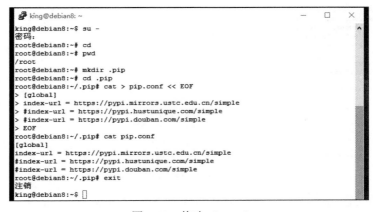

图 1-20　修改 pip.conf

> **提　示**
>
> 一般 Windows 中的配置文件后缀名为 ini，Linux 中相应文件的后缀名为 conf。
>
> 一般用户和 root 用户都可以使用 pip 安装模块，这里只修改了 root 用户目录下的配置文件，也就是说只有 root 用户在使用 pip 命令时才会使用国内的 pip 源。而一般用户并没有修改 pip 的配置文件，使用的还是 pip 默认源。

下面验证一下修改源地址是否成功，执行如下命令：

```
su -
python3 -m pip install --upgrade pip
exit
```

执行结果如图 1-21 所示。

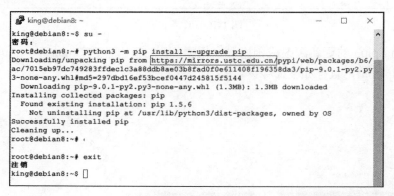

图 1-21　更新 pip 源

从图 1-21 可以看出，pip 源已经开始起作用了。下面来测试一下 pip，如图 1-22 所示。

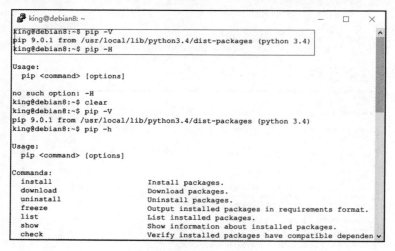

图 1-22　测试 pip

到此，pip 已配置完毕。和 Windows 下的 pip 不同，Linux 下的 pip 可以使用 root 用户来安装模块，也可以使用一般用户来安装模块。推荐使用 root 用户来安装，因为安装有些模块需要 root 特权，root 用户安装的模块一般用户都可以使用。

1.2.5 永远的 hello world

似乎所有的编程语言第一个程序都是 hello world，Python 也不能免俗。下面分别在 Windows 和 Linux 下创建 hello.py。

1. 在 Windows 下创建 hello.py

步骤01 依次单击桌面左下角的"开始"|"所有程序"菜单选项，单击"Python 3.8"菜单，然后单击"IDLE"菜单，如图 1-23 所示。

步骤02 此时打开的是 Python Shell 交互界面，依次单击"File | New File"菜单选项，如图 1-24 所示。

图 1-23 打开 IDLE

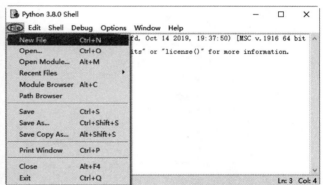
图 1-24 打开 IDE

步骤03 用 IDLE 的 IDE 打开一个新文件，在此新文件中编辑 hello.py，如图 1-25 所示。

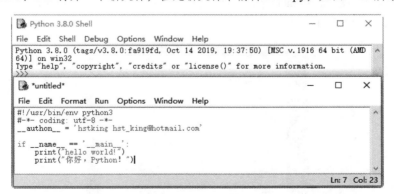
图 1-25 编辑 hello.py

步骤04 单击该 IDE 的"File | Save As …"菜单，将已编辑好的代码保存，如图 1-26 所示。

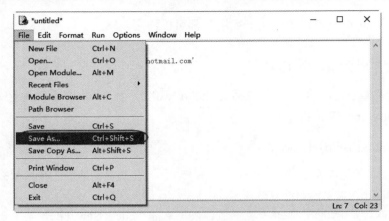

图 1-26　保存代码

步骤 05　选择保存文件的位置。这里选择保存到桌面，文件名为 hello.py，如图 1-27 所示。

图 1-27　选择保存文件的位置

步骤 06　单击"保存"按钮，将 hello.py 保存到桌面。按住 Shift 键，同时右击桌面空白处，弹出一个快捷菜单，如图 1-28 所示。

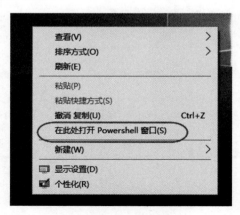

图 1-28　快捷菜单

步骤07 单击"在此处打开 Powershell 窗口",启动命令行程序,执行如下命令:

```
python hello.py
```

执行结果如图 1-29 所示。

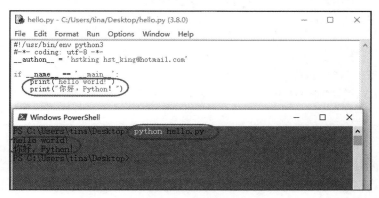

图 1-29　执行 hello.py

> **提　示**
>
> 程序的第一行指定 Python 解释器的位置。在 Windows 中,这一行并没有实际意义,留下这一行是为了兼容 Linux。第二行指定 Python 程序编码,在 Python 3 中,默认的字符编码就是 UTF-8,因此这一行也没多大意义,是为了兼容 Python 2 而保留的。

至此,Windows 下的 hello.py 执行完毕。

2. 在 Linux 下创建 hello.py

步骤01 使用 Putty 连接到 Linux,执行如下命令:

```
mkdir -pv code/python
cd !$
cat > hello.py << EOF
#!/usr/bin/env python3
#-*- coding: utf-8 -*-
__authon__ = 'hstking hst_king@hotmail.com'

if __name__ == '__main__':
    print("hello world!")
    print("你好,Python!")
EOF
```

执行结果如图 1-30 所示。

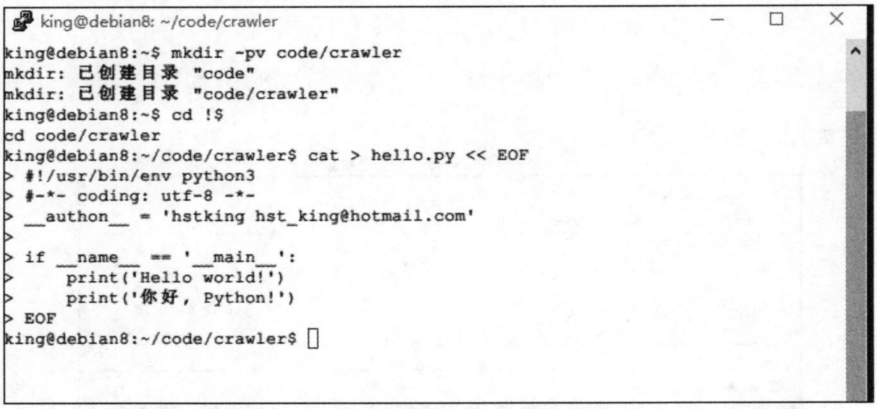

Python 3 网络爬虫实战

图 1-30　编辑 hello.py

步骤02　然后在 Putty 中执行如下命令：

```
python hello.py
```

执行结果如图 1-31 所示。

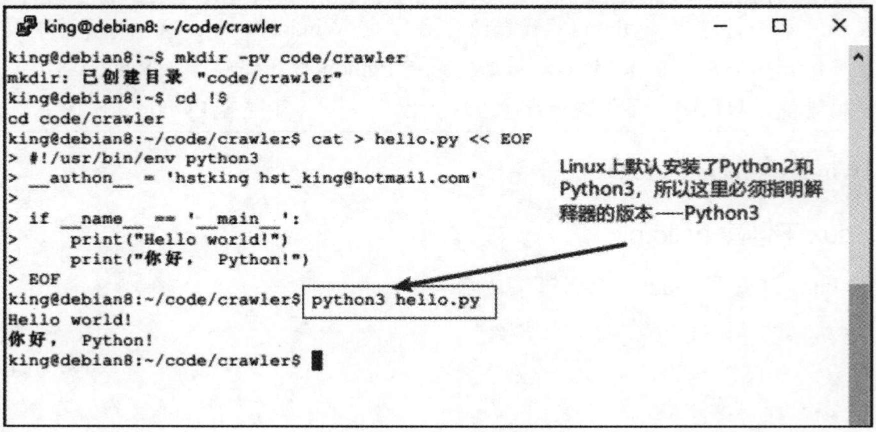

图 1-31　执行 hello.py

提　示
这是没有使用文本编辑工具编辑文档，使用的是 cat 命令。如果有条件，尽可能地使用文本编辑器，如 vi。几乎所有的 Linux 版本都默认安装了 vi 文本编辑器。 　　因为在 Windows 中只安装了 Python3，而在 Linux 中默认安装了 Python2 和 Python3，所以在 Windows 中运行 Python3 的程序只需要执行命令 Python program.py 就可以了，而在 Linux 中运行 Python3 的程序则需要指明解释器的版本 Python3，因此命令应该为 Python3 program.py。

至此，在 Linux 下的 hello.py 执行完毕。在 Python 程序中有中文字符时需要注意，这里的例子能正常显示是因为当前系统默认支持 UTF-8 字符集，如果系统不支持 UTF-8，就需要将中文字符用 Encode 转换成系统可识别的字符集。

1.3 本章小结

Python 语言使用范围很广,既能做简单的数学加减运算,又能做高端的科学计算;既可服务于企业、政府、学校,又能用于个人。Python 易学难精,无论是初学者还是"高端选手",都值得一学、一用。尤其是对网络的大力支持,使得 Python 用于网络编程具有很大的优势,这也是使用 Python 编写网络爬虫的原因之一。

第 2 章
爬虫基础快速入门

要学习网络爬虫，除了需要有 Python 编程的基础知识外，还需要对网络、HTTP、网页、爬虫原理、会话以及代理原理有一个全方位的认识。本章将着重讲述关于网络爬虫的这些基础知识，通过学习本章内容，读者会对爬虫的基础有一个更为深刻的认识，从而为后面的爬虫技术学习打下基础。

2.1 HTTP 基本原理

HTTP（Hyper Text Transfer Protocol，超文本传输协议）是人们平常使用最多的一种网络请求方式，常见的是在网络浏览器中输入一个网址。那么 HTTP 到底是怎么回事，发送请求、获取响应是怎么运作的？本节就来解决这个问题。

2.1.1 URI 和 URL

在了解 HTTP 基础原理之前，先来了解一下 URI（Uniform Resource Identifier，统一资源标志符）和 URL（Universal Resource Locator，统一资源定位符）这两个基础概念。

URL 是 URI 的子集，URI 还包括一个子类 URN（Universal Resource Name，统一资源名称）。URI 可被视为定位符 URL、名称 URN 或者两者兼备。URN 定义某事物的身份，URL 提供查找该事物的方法。URN 仅用于命名，而不指定地址。

> **提示**
> 在互联网中，URN 使用很少，几乎都是 URI 和 URL，所以一般网页可以称 URL 或 URI。

URL 有时用来定位那些包含指示器的资源，而这些指示器又指向其他资源。有时这些指示器用关系链接表示，在关系链接中，第二资源的位置表示符原则上"和那些除了带有次相关路径的表示符相同"。关系链接的使用依赖于包含分层结构的原始 URL，这是关系链接的基础。有些 URL 方案（例如 FTP、HTTP 和文件方案）包含的名字可以被认为是分层次的，这些层次之间用"/"分隔。

常见的一些方案列举如下：

- File Transfer Protocol（文件传输协议，FTP）
- HyperText Transfer Protocol（超文本传输协议，HTTP）
- Gopher The Gopher Protocol（Gopher 协议）
- Mailto Electronic Mail Address（电子邮件地址）
- News USENET News（USENET 新闻）
- NNTP USENET news using NNTP access（使用 NNTP 访问的 USENET 新闻）
- Telnet Reference to Interactive Sessions（交互式会话访问）
- Wais Wide Area Information Servers（广域信息服务系统）
- File Host-Specific File Names（特殊主机文件名）
- Prospero Directory Service（Prospero 目录服务）

2.1.2 超文本

浏览器中的网页是由超文本（Hypertext）解析而成。网页源代码是一系列 HTML 代码，里面包含一系列标签（如 img 显示图片、p 显示段落），浏览器解析这些标签后形成了我们平时看到的网页。网页的源代码比起普通文本能够描述更多的内容，包括网页的样式、网页的构成等，这些网页的源代码 HTML 就被称为超文本。

2.1.3 HTTP 和 HTTPS

HTTP（Hyper Text Transfer Protocol，超文本传输协议）是用于从网络传输超文本数据到本地浏览器的传输协议，它能保证高效而准确地传送超文本文档。

HTTPS（Hyper Text Transfer Protocol over Secure Socket Layer，超文本传输安全协议）是以安全为目标的 HTTP 通道，是 HTTP 的安全版，它在普通的 HTTP 下加入 TLS（Transport Layer Security，传输层安全协议）。TLS 是为网络通信提供安全及数据完整性的一种安全协议。

HTTPS 的安全基础是 SSL，通过它传输的内容都是 SSL 加密的，主要作用有两种：

- 一是建立一个信息安全通道，保证数据传输的安全。
- 二是确认网站的真实性，凡是使用 HTTPS 的网站都可以通过单击浏览器地址栏的锁头标志来查看网站认证之后的真实信息，也可以通过 CA 机构颁发的安全签章来查询。

一些网站虽然使用 HTTPS 协议，但还是会被浏览器提示不安全，如在 Chrome 浏览器中打开链接，它会提示"您的连接不是私密连接"，如图 2-1 所示。

图 2-1　Chrome 浏览器的提示

原因是某些网站的证书是不被官方机构认可的，所以证书验证不通过，但它的数据传输依然是 SSL 加密的。爬虫如果要爬取这样的站点，就需要设置忽略证书的选项，否则会提示 SSL 链接错误。

2.1.4　HTTP 请求过程

在浏览器输入一个 URL，按回车键后，在浏览器中观察页面内容，其中的过程是浏览器向网站所在服务器发送一个 Request（请求），网站服务器接收到 Request 后进行处理和解析，然后返回对应的 Response（响应），传回浏览器，Response 中包含页面的源代码等内容，浏览器再对其进行解析便会将网页呈现出来。

下面用 Chrome 浏览器的开发者模式下的 Network 监听组件进行演示。

步骤 01　首先使用 Chrome 浏览器输入网址：http://www.baidu.com。

步骤 02　使用快捷键 Ctrl+Shift+I，打开 Chrome 的开发者选项，单击"Network"选项，再按 F5 键刷新页面，将打开 Network 页面下的一个条目，这代表一次发送 Request 和接收 Response 的过程，如图 2-2 所示。

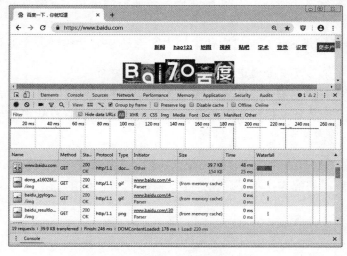

图 2-2　Chrome 的开发者选项

步骤 03 查看图 2-2 的结果可以发现网络请求记录这一项，其中各列的意义如下：

- 第一列 Name，即 Request 的名称。一般会用 URL 的最后一部分内容当作名称。
- 第二列 Method，说明请求的方法，通常有 GET、POST 等方式，图 2-2 中显示均为 GET 方式。
- 第三列 Status，即 Response 的状态码。这里显示为 200，代表 Response 是正常的，通过状态码可以判断发送了 Request 之后是否得到了正常的 Response。
- 第四列 Protocol，即为在网络中进行数据交换而建立的规则、标准或约定。用于不同系统中实体间的通信。这里均使用的是 HTTP1.1 协议。
- 第五列 Type，即 Request 请求的文档类型。第一行为 document，代表我们这次请求的是一个 HTML 文档，内容就是一些 HTML 代码。另外还有 gif、png 等其他类型。
- 第六列 Initiator，即请求源。用来标记 Request 是由哪个对象或进程发起的。其中有 Other、https://www.baidu.com 等内容。
- 第七列 Size，即从服务器下载的文件和请求的资源大小。如果是从缓存中取得的资源，该列就会显示 from memory cache。
- 第八列 Time，即发起 Request 请求到获取 Response 响应所用的总时间。单位 ms 为毫秒，0 代表从缓存中获取。
- 第九列 Waterfall，即网络请求的可视化瀑布流。如图 2-2 所示，是由不同颜色组成的可视化图。

步骤 04 单击条目可以看到更详细的信息，如图 2-3 所示。

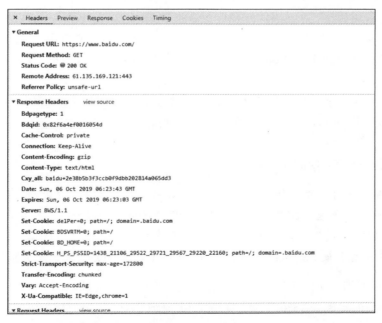

图 2-3　网络请求详细信息

图 2-3 所示的结果中的 General 部分，各个项目详细情况如下：

- Request URL 为 Request 请求的 URL。
- Request Method 为请求的方法。
- Status Code 为响应状态码。
- Remote Address 为远程服务器的地址和端口。
- Referrer Policy 为 Referrer 判别策略。

图 2-3 中的 Response Headers 和 Request Headers，分别代表响应头和请求头。

请求头里面带有许多请求信息，例如浏览器标识、Cookies、Host 等信息，这是 Request 的一部分，服务器会根据请求头内的信息判断请求是否合法，进而做出对应的响应，返回 Response，在图 2-3 中看到的 Response Headers 就是 Response 的一部分。例如，其中包含服务器的类型、文档类型、日期等信息，浏览器接收 Response 后，会解析响应内容，进而呈现网页内容。

2.1.5 请求

Request（请求）由客户端向服务端发出。可以将 Request 划分为 4 部分内容：Request Method（请求方式）、Request URL（请求 URL 地址）、Request Headers（请求头）和 Request Body（请求体）。

下面详细介绍请求的 4 部分内容。

（1）Request Method，常见的有两种：GET 和 POST。

在浏览器中直接输入一个 URL 并按回车键，便会发起一个 GET 请求，请求参数会直接包含到 URL 里，如在百度中搜索 Python，这就是一个 GET 请求，链接为：https://www.baidu.com/s?wd=Python。请求 URL 中包含请求的参数信息，这里的参数 wd 就是要搜索的关键词。

POST 请求大多为表单提交发起的，如登录表单、输入用户名和密码、单击"登录"按钮，通常会发起一个 POST 请求，其数据通常以 Form Data（表单形式）传输，不会体现在 URL 中。

GET 和 POST 请求方法的区别如下：

- GET 请求中的参数包含在 URL 里面，数据可以在 URL 中看到，而 POST 请求的 URL 不会包含这些数据，数据都是通过表单的形式传输的，会包含在 RequestBody 中。所以通常情况下，POST 请求比 GET 请求更安全。
- GET 方式请求提交的数据最多只有 1024 字节，而 POST 方式没有限制。

（2）Request URL，用 URL 可以唯一确定我们想请求的资源。

（3）Request Headers，用来说明服务器要使用的附加信息。一些常用的头部信息说明如下：

- Accept，请求报头域，用于指定客户端可接收哪些类型的信息。

- Accept-Language，指定客户端可接收的语言类型。
- Accept-Encoding，指定客户端可接收的内容编码。
- Host，用于指定请求资源的主机 IP 和端口号，其内容为请求 URL 的原始服务器或网关的位置。
- Cookie/Cookies，是网站为了辨别用户进行 Session 跟踪而存储在本地的数据。Cookies 的主要功能是维持当前访问会话，例如用户输入用户名和密码登录了某个网站，登录成功之后，服务器会用 Session 保存用户的登录状态信息，后面每次刷新或请求该站点的其他页面时会发现都是保持着登录状态的，在这里就是 Cookies 的功劳，Cookies 里有信息标识了用户所对应的服务器的 Session 会话，每次浏览器在请求该站点的页面时都会在请求头中加上 Cookies 并将其发送给服务器，服务器通过 Cookies 识别出用户，并且查出当前状态是登录的状态，所以返回的结果就是登录之后才能看到的网页内容。
- Referer，此内容用来标识这个请求是从哪个页面发过来的，服务器可以获取这个信息并进行相应的处理，如来源统计、防盗链处理等。
- User-Agent（UA），这是一个特殊字符串头，使得服务器能够识别客户使用的操作系统及版本、浏览器及版本等信息。在进行爬虫时，加上此信息可以伪装为浏览器，如果不加，就很可能会被识别为爬虫。
- Content-Type，即 Internet Media Type，互联网媒体类型，也叫作 MIME 类型，在 HTTP 协议消息头中，使用它来表示具体请求中的媒体类型信息。例如，text/html 代表 HTML 格式，image/gif 代表 GIF 图片，application/json 代表 JSON 类型，更多常见的对应关系如表 2-1 所示。

表 2-1　HTTP Content-Type 常见对照关系表

扩展名	Content-Type(Mime-Type)	扩展名	Content-Type(Mime-Type)
.doc	application/msword	.tif	image/tiff
.bmp	application/x-bmp	.bot	application/x-bot
.drw	application/x-drw	.dtd	text/xml
.htc	text/x-component	.htm	text/html
.html	text/html	.htt	text/webviewhtml
.img	application/x-img	.ins	application/x-internet-signup
.mocha	application/x-javascript	.movie	video/x-sgi-movie
.mp1	audio/mp1	.mp2	audio/mp2
.mp2v	video/mpeg	.mp3	audio/mp3
.mp4	video/mpeg4	.mpa	video/x-mpg
.pps	application/vnd.ms-powerpoint	.ppt	application/vnd.ms-powerpoint
.ppt	application/x-ppt	.pr	application/x-pr
.rtf	application/msword	.rtf	application/x-rtf
.wmv	video/x-ms-wmv	.xml	text/xml
.xsl	text/xml	.xslt	text/xml

> **提 示**
>
> Request Headers 是 Request 的重要组成部分,在编写爬虫程序时大部分情况下都需要设置 Request Headers。

(4) Request Body,一般承载的内容是 POST 请求中的 Form Data(表单数据),而对于 GET 请求,Request Body 则为空。

在 Request Headers 中指定 Content-Type 和 POST 提交数据方式的关系,在爬虫中,如果要构造 POST 请求,就要注意这几种 Content-Type,了解请求库的各个参数设置时使用的是哪种 Content-Type,不然可能会导致 POST 提交后得不到正常的 Response。

2.1.6 响应

Response(响应)由服务端返回给客户端。Response 可以划分为 3 部分:Response Status Code(响应状态码)、Response Headers(响应头)和 Response Body(响应体)。

(1) Response Status Code,表示了服务器的响应状态,如 200 表示服务器正常响应,404 代表页面未找到,500 代表服务器内部发生错误。在爬虫中可以根据状态码来判断服务器的响应状态,如判断为 200,就证明成功返回数据,再进行进一步处理,否则直接忽略。

(2) Response Headers,包含服务器对请求的应答信息,如 Context-Type、Server、Set-Cookie 等。一些常见的头信息说明如下:

- Date: 标识 Response 产生的时间。
- Last-Modified: 指定资源的最后修改时间。
- Content-Encoding: 指定 Response 内容的编码。
- Serve: 包含服务器的信息、名称、版本号等。
- Context-Type: 文档类型,指定返回的数据类型。
- Set-Cookie: 设置 Cookie,告诉浏览器要将此内容放在 Cookies 中,下次请求携带 Cookies 请求。
- Expires: 指定 Response 的过期时间,使用它可以控制代理服务器或浏览器将内容更新到缓存中,再次访问时直接从缓存中加载,可以降低服务器负载,缩短加载时间。

(3) Response Body,非常重要,响应的正文数据都是在响应体中,如请求一个网页,它的响应体是网页的 HTML 代码,请求一张图片,响应体就是图片的二进制数据。在爬虫执行时,主要解析的内容就是 Response Body,通过 Response Body 可以得到网页的源代码、JSON 数据等,然后从中进行相应内容的提取。

2.2 网页基础

一个网站是由若干个网页组成的，可以说网页是构成整个网络的基石。本节就来了解一下有关网页的基础知识。

2.2.1 网页的组成

一般网站的页面都有文字、图片、超链接、表格、表单、动画及框架等。下面来详细介绍这些组成元素。

1. 框架

框架是网页的一种组织形式，将相互关联的多个网页的内容组织在一个浏览器窗口中显示出来。例如，我们可以在一个框架内放置导航栏，另一个框架中的内容可以随着单击导航栏中的链接而改变，这样我们只要制作一个导航栏的网页即可，而不必将导航栏的内容复制到各栏目的网页中去。

2. 文本

文本是网页中的主要信息。在网页中可以通过字体、字号、颜色、底纹以及边框等来设置文本属性。这里的文字指的是文本文字，而并非图片中的文字。在网页制作中，文字可以方便地设置成各种字体和大小，但是这里建议用于正文的文字不要太大，也不要使用太多的字体，中文文字使用宋体、9 磅或者 12、14 像素左右即可，因为文字过大在显示器中显示时线条不够平滑。颜色也不要使用得太过复杂，以免影响用户视觉。大段文本文字排列建议参考优秀的报纸杂志等。

3. 图片

我们能够看到丰富多彩的网页，都是因为网页中有了图片，可见图片在网页中的重要性。使用在网页上的图片一般为 JPG 和 GIF 格式的，即以.jpg 和.gif 为后缀的文件。

4. 超链接

超链接是整个网站的通道，它是把网页指向另一个目的端的链接，例如指向另一个网页或相同网页上的不同位置。这个目的端通常是另一个网页，也可以是图片、电子邮件地址、文件、程序，或者也可以是本网页的其他位置。超链接可以是文本或者图片。超链接广泛地存在于网页的图片和文字中，提供与图片和文字内容相关的链接。在超链接上单击，即可链接到相应地址（URL）的网页。有链接的地方，鼠标指到光标会变成小手的形状。可以说超链接是 Web 的主要特色。

5. 表格

表格是网页排版的灵魂，使用表格排版是网页的主要制作形式之一。通过表格可以精确地控制各网页元素在网页中的位置。表格并非指网页中直观意义的表格，范围要更广一些，它是 HTML 语言中一种元素。表格主要用于网页内容的排列，组织整个网页的外观，通过在表格中放置相应的内容即可有效地组合成符合设计效果的页面。有了表格的存在，网页中的元素得以方便地固定在设计位置上。一般表格的边线不在网页中显示。

6. 表单

表单是用来收集站点访问者信息的域集。站点访问者填写表单的方式有输入文本、单击单选按钮与复选框以及从下拉菜单中选择选项。在添写好表单之后，服务器将表单保存到数据库，该数据库就会根据所设置的表单处理程序，以各种不同的方式进行处理。

7. 动画

动画是网页上非常活跃的元素，通常制作优秀、有创意、出众的动画是吸引浏览者的有效方法。但太多的动画让人眼花缭乱，无心细看。这就使得对动画制作的要求越来越高。通常制作动画的软件有 Flash、Web Animator 等。Macromedia 的 Flash 虽然出现的时间不长，但已经成为重要的 Web 动画形式。Flash 不仅比 HTML 易学得多，而且有很多重要的动画特征，如关键帧、补间、运动路径、动画蒙版、形状变形和洋葱皮效果等。利用这个多才多艺的程序不仅可以制作 Flash 电影，而且可以把动画输出为 QuickTime 文件、GIF 文件以及其他不同格式的文件（PICT、JPEG、PNG 等）。

8. 其他

网页中除了这些基本元素外，还包括横幅广告、字幕、悬停按钮、日戳、计数器、音频及视频等。

2.2.2 网页的结构

很多时候学习网页制作开发第一看到的印象深刻的就是以.html 或.htm 为后缀的网页，那么 HTML 基本语言结构是怎么样的呢？

先看一下 HTML 结构：

```
<html>
<head>
<title>放置文章标题</title>
<meta http-equiv="Content-Type" content="text/html; charset=gb2312" /> //这里设置网页的编码，此时为 gb2312
<meta name="keywords" content="关键字" />
<meta name="description" content="本页描述或关键字描述" />
</head>
<body>
```

```
这里就是正文内容
</body>
</html>
```

一个完整的网页其 HTML 源代码包括 HTML DOCTYPE 声明、Title、Head、网页编码声明等内容。

最初 HTML 4 版本下完整的 HTML 源代码如下:

```
<!DOCTYPE html PUBLIC "-//W3C//DTD XHTML 1.0 Transitional//EN"
 "http://www.w3.org/TR/xhtml1/DTD/xhtml1-transitional.dtd">
<html xmlns="http://www.w3.org/1999/xhtml">
<head>
<meta http-equiv="Content-Type" content="text/html; charset=utf-8" />
<title>标题部分</title>
<meta name="keywords" content="关键字" />
<meta name="description" content="本页描述或关键字描述" />
</head>
<body>
内容
</body>
</html>
```

HTML 5 版本结构完整的 HTML 源代码如下,注意其与 HTML4 版本在 DOCTYPE 方面的异同:

```
<!DOCTYPE html>
<html lang="zh-CN">
<head>
<meta charset="utf-8">
<title>网页标题</title>
<meta name="keywords" content="关键字" />
<meta name="description" content="此网页描述" />
</head>
<body>
网页正文内容
</body>
</html>
```

无论是 HTML 还是其他后缀的动态页面,其 HTML 语言结构都是这样的,只是在命名网页文件时以不同的后缀结尾。

(1) 无论是动态还是静态页面,都是以"<html>"开始的,然后在网页最后以"</html>"结尾。

(2) "<html>"后接着"<head>"页头,其在<head></head>中的内容是在浏览器中无法显示的,这里是给服务器、浏览器链接外部 JavaScript、a 链接 CSS 样式的区域,而

"<title></title>"中放置的是网页标题,可在浏览器的标题栏看到,如图 2-4 所示。

图 2-4 <title></title>显示位置图

(3) "<meta name="keywords" content="关键字" /> <meta name="description" content="本页描述或关键字描述" /> "这两个标签里的内容是给搜索引擎看的,说明本网页的关键字及主要内容等,SEO(Search Engine Optimization,搜索引擎优化)可以用到。

(4) 接着就是正文"<body></body>",也就是常说的 body 区,这里放置的内容可以通过浏览器呈现给用户,其内容可以是 table 表格布局格式的内容,可以 DIV 布局的内容,也可以直接是文字。这里是非常重要的区域,是网页内容的呈现区。

(5) 最后以"</html>"结尾,也就是网页闭合。

以上是一个完整的简单 HTML 语言基本结构,通过以上步骤可以增加更多的样式和内容充实网页。

> **注 意**
>
> 网页一般根据 XHTML 标准都要求每个标签闭合,比如以<html>开始,以</html>闭合。如果没有闭合,如<meta name="keywords" content="关键字" />就没有</meta>,此时就要使用<meta 内容…/>来完成闭合。

以上是简单的 HTML 语言结构,如果需要查看更丰富的 HTML 语言结构,可打开一个网站的网页,然后在浏览器界面中使用快捷键 Ctrl+U 来查看网页源代码,这样可以根据此源代码来分析此网页的 HTML 语言结构与内容。

2.2.3 节点树及节点间的关系

HTML 网页文档从本质上来说是由 HTML 源代码构成的,而 HTML 源代码是一个树状结构,由一个个不同的节点构成了整个树。这一小节来介绍节点树及节点之间的关系。

1. DOM 节点树

首先来看 DOM 节点树。文档对象模型(Document Object Model,DOM)是 W3C(万维网联盟)组织推荐的处理可扩展置标语言的标准编程接口。这是一种与平台和语言无关的应用程序接口,DOM 可以动态地访问程序和脚本,更新其内容、结构和 WWW 文档的风格。

根据 W3C 的 DOM 标准，文档中的所有内容都是节点，节点是 DOM 的最小组成单元。浏览器会根据 DOM 模型将文档解析成一系列节点，这些节点组成一个树状结构，称为 DOM 节点树。

DOM 节点树体现了文档的层次结构，它有两种类型：一种是 DOM 文档节点树；另一种是 DOM 元素节点树。DOM 文档节点树包含文档中所有类型的节点，DOM 元素节点树只包含元素节点。

可以通过 DOM 提供的一些方法及属性来遍历文档节点树。

首先来遍历所有 Node 节点。遍历 DOM 文档节点树的方法兼容所有浏览器。

- parentNode：获取父节点。
- childNodes：获取所有子节点（包含元素节点和文本节点）。
- firstChild：获取第一个子节点。
- lastChild：获取最后一个子节点。
- nextSibling：获取元素之后紧跟的节点。
- previousSibling：获取元素之前紧跟的节点。

> **说　明**
> 可以使用 JavaScript 配合以上方法来获取相应的节点。

以下属性在遍历元素节点树时会使用到。只遍历元素节点，其余类型的节点忽略。除了 children 方法外，其余方法在 IE 8 及以下版本的浏览器中都不兼容。

- parentElement：获取父元素。
- children：获取所有子元素。
- childElementCount：获取子元素的数量。
- firstElementChild：获取第一个子元素。
- lastElementChild：获取最后一个子元素。
- nextElementSibling：获取元素后紧跟的元素。
- previousElementSibling：获取元素前紧跟的元素。

下面的示例将演示如何使用演绎法获取一个元素的所有子节点。

【示例 2-1】获取元素的子节点

```
<!DOCTYPE html>
<html lang="zh-CN">
<head>
<title>获取元素子节点</title>
</head>
<body>
<ul>
<li>子元素 1</li>
<li>子元素 2</li>
```

```
<li>子元素 3</li>
<li>子元素 4</li>
<li>子元素 5</li>
<li>子元素 6</li>
<li>子元素 7</li>
</ul>
<script language="javascript">
  obj=document.getElementsByTagName("ul")[0]
  lis=obj.children
  num=lis.length
  for(i=0;i<num;i++)
  {
    l=lis[i]
    alert(l.innerText)
  }
</script>
</body>
</html>
```

以上代码使用 getElementsByTagName()方法获取标签"ul"元素，然后通过元素的 children 属性返回该元素的所有子元素节点，即其中的所有"li"。这里使用 children 是因为该属性只返回元素节点，而不会返回文本节点，这样便于更好地获取其中的内容。然后通过遍历来弹出每一个子元素节点的文本内容。将以上代码保存为：2-1.htm，执行该代码的结果如图 2-5 所示。

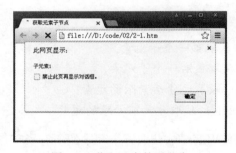

图 2-5　获取元素的子节点

2. DOM 节点之间的关系

DOM 将文档解析成一个由多层次节点构成的结构，即 DOM 结构。节点是 DOM 结构的基础。DOM 节点包含 12 种类型，每种类型的节点分别表示文档中不同的信息及标记。节点之间的关系构成了层次，整个文档表现为一个以特定节点为根节点的树形结构。节点关系类似于传统的家族关系，节点树相当于家谱。

> **提　示**
>
> DOM 的节点属性有一个特征，即 DOM 节点的关系属性都是只读的。

（1）parentNode，父级属性。每个节点都有一个 parentNode 属性，该属性指向当前节点在节点树中的父节点。对于一个节点来说，它的父节点只可能为 3 种类型，分别是元素节点、文档节点和文档片段节点。如果父节点不存在，就返回 null。

（2）parentElement，与 parentNode 属性不同的是，该属性指向当前节点在节点树中的父元素节点。IE 浏览器中只有元素节点有该属性，其他浏览器中所有类型的节点都有该属性。

下面通过一个示例来说明如何获取一个节点的父节点。

【示例 2-2】获取节点的父节点

```
<!DOCTYPE html>
<html lang="zh-CN">
<head>
<title>获取元素父节点</title>
</head>
<body>
<div>
    <strong></strong>
    <span></span>
</div>
<script language="javascript">
    var strong = document.getElementsByTagName("strong")[0];
    console.log(strong.parentElement);
</script>
</body>
</html>
```

以上代码先调用 getElementsByTagName()获取标签<strong>（返回一个列表中的第一个节点），然后使用节点的属性 parentElement 来获取节点的父节点，并将内容在控制台输出。将以上代码保存为：2-2.htm，执行该代码的结果如图 2-6 所示。

图 2-6　获取节点的父节点

（3）childNodes 子级属性，childNodes 属性返回一个只读的 NodeList 集合，保存着当前节点的第一层子节点。

将示例 2-2 的代码，修改如下：

```
<script>
    var div = document.getElementsByTagName("div")[0];
    console.log(div.childNodes);
</script>
```

以上代码使用 childNodes 来获取 div 的子节点。将修改后的代码保存为：2-3.htm，执行该代码的结果如图 2-7 所示。

图 2-7　获取元素的子节点

查看图 2-7 中返回了 div 的所有子节点，分别是 text、strong、text、span、text，其 length 为 5。

children 返回一个只读的 HTMLCollection 集合，保存着当前节点的第一层子元素节点。在代码 2-1.htm 中已经对 children 属性做了说明，这里不再赘述。

childElementCount 属性返回当前节点下子元素节点的个数，相当于 children.length。IE 8 及以下版本的浏览器中不兼容。

将示例 2-2 的代码修改如下：

```
<script>
    var div = document.getElementsByTagName("div")[0];
    console.log(div.childElementCount); //2
</script>
```

以上代码使用节点的 childElementCount 属性来获取其所有子元素的数量。将代码保存为：2-4.htm，执行该代码的结果如图 2-8 所示。

图 2-8　获取子元素数量

- firstChild：当前节点的第一个子节点。IE 8 及以下版本的浏览器忽略空白文本节点。
- lastChild：当前节点的最后一个子节点。IE 8 及以下版本的浏览器忽略空白文本节点。
- firstElementChild：当前节点的第一个元素节点。IE 8 及以下版本的浏览器不兼容。
- lastElementChild：当前节点的最后一个元素节点。IE 8 及以下版本的浏览器不兼容。
- nextSibling：当前节点的后一个兄弟节点。IE 8 及以下版本的浏览器忽略空白文本节点。
- previousSibling：当前节点的前一个兄弟节点。IE 8 及以下版本的浏览器忽略空白文本节点。
- nextElementSibling：当前节点的后一个兄弟元素节点。IE 8 及以下版本的浏览器不兼容。
- previousElementSibling：当前节点的前一个兄弟元素节点。IE 8 及以下版本的浏览器不兼容。

除了以上属性之外，节点还有两个方法，分别为 hasChildNodes()方法和 contains()方法。

- hasChildNodes()：判断当前节点是否包含子节点，包含一个或多个子节点时返回 true。子节点可以是任意类型的。
- contains()：contains 方法接收一个节点作为参数，返回一个布尔值，表示参数节点是否为当前节点的后代节点。参数若为后代节点即返回 true，不一定是第一层子节点。IE 和 Safari 不支持 document.contains()方法，只支持元素节点的 contains()方法。

下面的代码将演示如何调用方法判断某一个节点是否有下级节点，以及一个节点是否包含在另一个节点中。

【示例 2-3】节点方法的调用

```
<!DOCTYPE html>
<html lang="zh-CN">
```

```html
<head>
<title>节点方法的调用</title>
</head>
<body>
<div id="d1">
    <span id="s1"></span>
    <span id="s2"></span>
</div>
<script>
    console.log(d1.hasChildNodes());        //true
    console.log(s1.hasChildNodes());        //false
    console.log(d1.contains(s1));           //true
    console.log(s1.contains(s2));           //false
</script>
</body>
</html>
```

以上代码调用方法 hasChildNodes()判断 d1 与 s1 有无子节点，再调用方法 contains()判断某个节点是否是另一个节点的子节点。将代码保存为：2-5.htm，用浏览器打开，效果如图 2-9 所示。

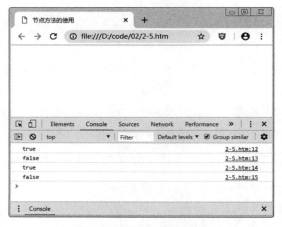

图 2-9 节点方法的使用

2.2.4 选择器

在 DOM 中要选择一个或多个节点，除了根据节点之间的各种父子兄弟关系选取之外，还可以通过 DOM 选择器来选择，DOM 选择器大致有以下几种：

（1）document.getElementByID()，该方法根据提供的 ID 名称返回唯一元素。元素 ID 在 IE 8 以下的浏览器中不区分字母大小写，而且返回匹配 name 属性的元素。

（2）getElementsByTagName()，该方法提供的标签名返回一组元素，如果要对其中一个

（即使是唯一一个）进行操作，就需要加上元素的数组引用标识，例如：

```
<div id = "only">123</div>
var div = document.getElementsByTagName('div');
```

把页面中的所有 div 都拿出来，放到一个类数组里，代表一个数组，代码如下：

```
div.style.background = "red"
```

这样会报错。为了不报错，把这个 div 取出来需要采取如下操作：

```
document.getElementsByTagName('div')[0];
```

尽管页面只有一个 div，但选出来的永远是一组，所以要加下标。

（3）getElementsByName()，根据提供的 name 返回一组元素，注意只有部分标签能够生效（表单、表单元素、img、iframe）。

（4）getElementsByClassName()，根据提供的 class 属性返回一组元素，IE 8 及以下版本不支持这样的操作。

关于这些方法的调用，在前面的例子中已经有所涉及，这里不再赘述。

2.3 爬虫的基本原理

前面介绍了 HTTP 基本原理及网页基础，这一节来介绍爬虫的基本原理，包括什么是爬虫、能抓取什么样的数据以及 JavaScript 渲染页面等内容。

2.3.1 爬虫概述

爬虫实际上就是采集网络上数据的一段程序。把这句话拆分一下，去掉其中的修饰词，就可以看到其实爬虫指的就是一段程序。这段程序的功能就是从网络上采集需要的数据。

一个爬虫的工作流程如下：

（1）发起请求。
（2）获取响应内容。
（3）解析内容。
（4）保存数据。

所以，爬虫就是从请求内容（即数据）到获取响应，接着解析内容，最后显示相应内容或者保持内容的过程。

2.3.2 能抓取什么样的数据

通过 2.3.1 小节的介绍，我们了解到爬虫的主要作用就是采集网络上的数据，那么究竟爬虫能抓取什么样的数据呢？从广义上来说，只要是能请求并且能获取响应的数据都能够被抓取，具体包括以下几类：

（1）网页文本，如 HTML 文档、JSON 格式文本、XML 格式文本等。

（2）图片文件，如 JPEG、PNG 等图片文件，获取的是二进制文件，保存为相应格式的图片即可。

（3）视频文件，如 MP4、WMV 等视频文件，同样获取的是二进制文件，保存为相应的视频格式即可。

（4）其他文件。只要是能请求到的文件都能获取，比如 MP3 文件、Flash 文件以及其他各种类型的文件。

2.3.3 JavaScript 渲染页面

在介绍 JavaScript 渲染页面之前，我们先来了解一下浏览器渲染页面的过程。HTML 源代码由浏览器渲染为一个网页需要以下过程：

（1）浏览器根据 HTML 结构生成 DOM Tree（节点树）。

（2）浏览器根据 CSS（Cascading Style Sheets，层叠样式表）生成 CSSOM（样式表对象模型）。

（3）将 DOM 和 CSSOM 整合，形成 RenderTree（渲染树）。

（4）浏览器根据渲染树开始渲染页面。

在这个过程中遇到<script>时会执行并阻塞渲染，因为 JavaScript 有权利改变 DOM 结构，甚至也能改变对象的 CSS 样式，所以要等 JavaScript 脚本执行完毕，之后再继续渲染过程。

通过以上内容可以了解到，JavaScript 在整个页面渲染过程中起着举足轻重的作用，包括 JavaScript 在页面中的放置位置也十分重要。

如果 JavaScript 要对页面中的某个元素进行操作，就必须在这个元素加载之后才能进行，比如下面的代码。

【示例 2-4】JavaScript 渲染页面错误演示

```
<!DOCTYPE html>
<html lang="zh-CN">
<head>
<title>节点方法的调用</title>
</head>
<body>
<script>
  obj=document.getElementById("my_div")
  alert(obj.innerHTML)
</script>
```

```
<div id="my_div">1234567</div>
</body>
</html>
```

以上代码尝试获取页面中层里的内容并以弹出窗口的形式显示其内容。将以上代码保存为 2-6.htm，执行代码会发现，只会正常显示网页，但并没有任何弹出窗口。之所以会出现这种情况，就是因为<script>的出现中止了页面的渲染，导致获取不到<script>后面的层里的内容。

如果将代码修改如下：

```
<div id="my_div">1234567</div>
<script>
  obj=document.getElementById("my_div")
  alert(obj.innerHTML)
</script>
```

也就是将<script>放到要操作层之后，修改后将代码保存为 2-7.htm，再次执行代码就会看到弹出窗口的提示，执行结果如图 2-10 所示。

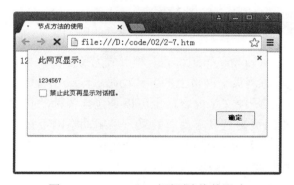

图 2-10　JavaScript 对页面渲染的影响

2.4　会话和 Cookies

Cookie 是一小段文本信息，伴随着用户请求和页面在 Web 服务器和浏览器之间传递。用户每次访问站点时，Web 应用程序都可以读取 Cookie 包含的信息。Cookie 的基本工作原理：如果用户再次访问站点上的页面，当该用户输入 URL 地址时，浏览器就会在本地硬盘上查找与该 URL 相关联的 Cookie。如果该 Cookie 存在，浏览器就将它与页面请求一起发送到用户请求的站点。Cookie 根本的用途是：Cookie 能够帮助 Web 站点保存有关访问者的信息。更简单地说，Cookie 是一种保持 Web 应用程序连续性（执行"状态管理"）的方法。

什么是会话（Session）？当用户访问站点时，服务器会为该用户创建唯一的会话，会话将一直延续到用户访问结束。

2.4.1 静态网页和动态网页

静态网页的网址形式通常是以.htm、.html、.shtml、.xml 等为后缀的。静态网页一般来说是最简单的 HTML 网页，服务器端和客户端是一样的，而且没有脚本和小程序，所以它不能动。在 HTML 格式的网页上，也可以出现各种动态的效果，如.gif 格式的动画、FLASH、滚动字母等，这些"动态效果"只是视觉上的，与后面将要介绍的动态网页是不同的概念。

静态网页有以下特点：

（1）静态网页每个网页都有一个固定的 URL，且网页 URL 以.htm、.html、.shtml 等常见形式为后缀，而不含有"?"。

（2）网页内容一经发布到网站服务器上，无论是否有用户访问，每个静态网页的内容都是保存在网站服务器上的，也就是说，静态网页是实实在在保存在服务器上的文件，每个网页都是一个独立的文件。

（3）静态网页的内容相对稳定，因此容易被搜索引擎检索。

（4）静态网页没有数据库的支持，在网站制作和维护方面工作量较大，因此当网站信息量很大时，完全依靠静态网页制作方式比较困难。

（5）静态网页的交互性较差，在功能方面有较大的限制。

动态网页是以.asp、.jsp、.php、.perl、.cgi 等形式为后缀的，并且在动态网页网址中有一个标志性的符号"?"。动态网页与网页上的各种动画、滚动字幕等视觉上的"动态效果"没有直接关系，动态网页可以是纯文字内容，也可以是包含各种动画的内容，这些只是网页具体内容的表现形式，无论网页是否具有动态效果，采用动态网页技术生成的网页都称为动态网页。动态网页也可以采用静动结合的原则，适合采用动态网页的地方采用动态网页，如果需要使用静态网页，就可以考虑用静态网页的方法来实现，在同一个网站上，动态网页内容和静态网页内容同时存在是很常见的事情。

动态网页具有以下特点：

（1）交互性，即网页会根据用户的要求和选择而动态改变和响应。例如，访问者在网页上填写表单信息并提交，服务器经过处理将信息自动存储到后台数据库中，并打开相应提示页面。

（2）自动更新，即无须手动操作，便会自动生成新的页面，可以大大节省工作量。例如，在论坛中发布信息，后台服务器将自动生成新的网页。

（3）随机性，即当不同的时间、不同的人访问同一网址时会产生不同的页面效果。例如，登录界面自动循环功能。

（4）动态网页中的"?"对搜索引擎检索存在一定的问题，搜索引擎一般不可能从一个网站的数据库中访问全部网页，或者出于技术方面的考虑，搜索蜘蛛不会去抓取网址中"?"后面的内容，因此采用动态网页的网站在进行搜索引擎推广时，需要做一定的技术处理才能适应搜索引擎的要求。

静态网页和动态网页各有特点，网站采用动态网页还是静态网页主要取决于网站的功能需求和网站内容的多少，如果网站功能比较简单，内容更新量不是很大，采用纯静态网页的方式会更简单，如果网站功能复杂，那么最好采用动态网页技术来实现。

2.4.2 无状态 HTTP

HTTP（Hyper Text Transport Protocol，超文本传输协议）是无状态协议。无状态是指协议对于事务处理没有记忆能力。缺少状态意味着如果后续处理需要前面的信息，它就必须重传，这样可能导致每次连接传送的数据量增大。另一方面，在服务器不需要先前信息时，它的应答就较快。

客户端与服务器进行动态交互的 Web 应用程序出现之后，HTTP 无状态的特性严重阻碍了这些应用程序的实现，毕竟交互是需要承前启后的，简单的购物车程序也要知道用户到底在之前选择了什么商品。于是，两种用于保持 HTTP 连接状态的技术就应运而生了，一个是 Cookie，另一个则是 Session。

Cookie 是通过客户端保持状态的解决方案。从定义上来说，Cookie 就是由服务器发给客户端的特殊信息，这些信息以文本文件的方式存放在客户端，然后客户端每次向服务器发送请求的时候都会带上这些特殊的信息。讲得更具体一些：当用户使用浏览器访问一个支持 Cookie 的网站的时候，用户会提供包括用户名在内的个人信息并且提交至服务器；接着，服务器在向客户端回传相应的超文本的同时也会发回这些个人信息，当然这些信息并不是存放在 HTTP 响应体中的，而是存放于 HTTP 响应头中的；当客户端浏览器接收到来自服务器的响应之后，浏览器会将这些信息存放在一个统一的位置。对于 Windows 操作系统而言，我们可以从：

```
[系统盘]:\Documents and Settings\[用户名]\Cookies
```

目录中找到存储的 Cookie。自此，客户端再向服务器发送请求的时候，都会把相应的 Cookie 再次发回至服务器。而这次，Cookie 信息则存放在 HTTP 请求头中。

有了 Cookie 这样的技术实现，服务器在接收到来自客户端浏览器的请求之后，就能够通过分析存放于请求头的 Cookie 得到客户端特有的信息，从而动态生成与该客户端相对应的内容。通常，我们可以从很多网站的登录界面中看到"请记住我"这样的选项，如果你勾选了该选项之后再登录，那么在下一次访问该网站的时候就不需要进行重复而烦琐的登录动作了，这个功能就是通过 Cookie 实现的。

与 Cookie 相对的一个解决方案是 Session，它是通过服务器来保持状态的。由于 Session 这个词汇包含的语义很多，因此需要在这里明确一下 Session 的含义。

首先，我们通常都会把 Session 翻译成会话，因此可以把客户端浏览器与服务器之间一系列的交互动作称为一个 Session。从这个语义出发，我们会想到 Session 持续的时间，会提到在 Session 过程中进行了什么操作，等等。

其次，Session 指的是服务器端为客户端所开辟的存储空间，在其中保存的信息就是用于保持状态的。从这个语义出发，我们会提到往 Session 中存放什么内容，如何根据键值从 Session 中获取匹配的内容，等等。

要使用 Session，第一步当然是创建 Session 了。那么 Session 在何时创建呢？当然是在服务器端程序运行的过程中创建的，不同语言实现的应用程序有不同的创建 Session 的方法，而在 Java 中是通过调用 HttpServletRequest 的 getSession 方法（使用 true 作为参数）来创建的。在创建了 Session 的同时，服务器会为该 Session 生成唯一的 Session ID，而这个 Session ID 在随后的请求中会被用来重新获得已经创建的 Session；在 Session 被创建之后，就可以调用 Session 相关的方法往 Session 中增加内容了，而这些内容只会保存在服务器中，发送到客户端的只有 Session ID；当客户端再次发送请求的时候，会将这个 Session ID 带上，服务器接收到请求之后就会依据 Session ID 找到相应的 Session，从而再次使用。正是这样一个过程，用户的状态就得以保持了。

综上所述，HTTP 本身是一个无状态的连接协议，为了支持客户端与服务器之间的交互，我们需要通过不同的技术为交互存储状态，而这些技术就是 Cookie 和 Session。

2.4.3 常见误区

在学习、理解无状态 HTTP 时要避免以下常见误区：

（1）有人在解释 HTTP 的无状态时，把它跟有连接对立，说是两种方式，也就是如果想不无状态，就必须有连接，但其实不然。

（2）有连接和无连接以及之后的 Keep-Alive 都是指 TCP 连接。

（3）有状态和无状态可以指 TCP，也可以指 HTTP。

（4）TCP 一直有状态，HTTP 一直无状态，但是应用为了有状态，就给 HTTP 加了 Cookie 和 Session 机制，让使用 HTTP 的应用也能有状态，但 HTTP 还是无状态。

（5）开始 TCP 有连接，后来 TCP 无连接，再后来也就是现在的 TCP 是 Keep-Alive，有点像有连接。

2.5 代理的基本原理

在进行网络爬虫时，经常会提到"代理"一词，那么究竟什么是代理？代理服务器是如何进行工作的？代理有什么作用？如何对代理服务进行设置？这一节就来解决这些问题。

2.5.1 基本原理

首先来看什么是代理。代理实际上指的就是代理服务器（Proxy Server），它的功能是代理网络用户获取网络信息。形象地说，代理服务器就是网络信息的中转站。

在用户正常请求一个网站时，发送了请求给 Web 服务器，Web 服务器把响应传回给用户。如果设置了代理服务器，实际上就是在本机和服务器之间搭建了一个桥，此时本机不是直接向 Web 服务器发起请求，而是向代理服务器发起请求，请求会发送给代理服务器，然后由代理服务器再发送给 Web 服务器，接着由代理服务器把 Web 服务器返回的响应转发给本机。

这样用户同样可以正常访问网页，但在这个过程中，Web 服务器识别出的真实 IP 就不再是用户本机的 IP 了，成功实现了 IP 伪装，这就是代理的基本原理。

2.5.2 代理的作用

代理有什么作用呢？我们可以简单列举如下：

（1）代理可以突破自身 IP 访问限制，访问一些平时不能访问的站点。比如网上常说的翻墙、科学上网之类就是使用了代理技术。

（2）使用代理可以访问一些单位或团体的内部资源。比如使用的如果是教育网内地址段的免费代理服务器，就可以对教育网开放各类 FTP 下载、上传，以及各类资料查询、共享等服务。

（3）使用代理可以提高访问速度。通常代理服务器都会设置一个较大的硬盘缓冲区，当有外界的信息通过时，同时也会将其保存到缓冲区中，当其他用户再访问相同的信息时，则直接从缓冲区中取出信息传给用户，以提高访问速度。

（4）使用代理可以隐藏真实 IP。上网者可以通过代理服务隐藏自己的 IP，进而免受攻击。对于爬虫来说，使用代理就是为了隐藏自身 IP，防止自身的 IP 被封锁。因为通常大数据量的访问会引起对方主机的怀疑，从而有可能造成封锁 IP 的访问权限。

2.5.3 代理分类

按照代理不同的分类标准，可以对代理进行不同的分类，既可以根据协议区分，又可以根据其匿名程度区分。

根据代理的协议，代理可以分为如下类别：

（1）FTP 代理服务器：主要用于访问 FTP 服务器，一般有上传、下载以及缓存功能，端口一般为 21、2121 等。

（2）HTTP 代理服务器：主要用于访问网页，一般有内容过滤和缓存功能，端口一般为 80、8080、3128 等。

（3）SSL/TLS 代理：主要用于访问加密网站，一般有 SSL 或 TLS 加密功能（最高支持 128 位加密强度），端口一般为 443。

（4）RTSP 代理：主要用于访问 Real 流媒体服务器，一般有缓存功能，端口一般为 554。

（5）Telnet 代理：主要用于 Telnet 远程控制（黑客入侵计算机时常用于隐藏身份），端口一般为 23。

（6）POP3/SMTP 代理：主要用于 POP3/SMTP 方式收发邮件，一般有缓存功能，端口一般为 110/25。

（7）SOCKS 代理：只是单纯传递数据包，不关心具体协议和用法，所以速度快很多，一般有缓存功能，端口一般为 1080。SOCKS 代理协议又分为 SOCKS 4 和 SOCKS 5，前者只支持 TCP，而后者支持 TCP 和 UDP，还支持各种身份验证机制、服务器端域名解析等。简单来说，SOCK 4 能做到的 SOCKS 5 都可以做到，但 SOCKS 5 能做到的 SOCK 4 不一定能做到。

根据代理的匿名程度，代理可以分为如下类别：

（1）高度匿名代理：会将数据包原封不动地转发，在服务端看来就好像真的是一个普通的客户端在访问，而记录的 IP 是代理服务器的 IP。

（2）普通匿名代理：会在数据包上做一些改动，在服务端上有可能发现这是一个代理服务器，也有一定概率追查到客户端的真实 IP。代理服务器通常会加入的 HTTP 头有 HTTP_VIA 和 HTTP_X_FORWARDED_FOR。

（3）透明代理：不但改动了数据包，还会告诉服务器客户端的真实 IP。这种代理除了能用缓存技术提高浏览速度、能用内容过滤提高安全性之外，并无其他显著作用，常见的例子是内网中的硬件防火墙。

（4）间谍代理：指组织或个人创建的用于记录用户传输的数据，然后进行研究、监控等的代理服务器。

2.5.4 常见代理设置

常见的代理设置有以下几种：

（1）使用网上的免费代理。这种情况最好使用高匿代理，另外可用的代理不多，需要在使用前筛选一下可用代理，也可以进一步维护一个代理池。

（2）使用付费代理服务。互联网上存在许多代理商，可以付费使用，质量比免费代理好很多，而且速度更快，也更稳定，不过需要支付相应代理服务费。

（3）使用 ADSL 拨号。拨一次号换一次 IP，稳定性高，是一种比较有效的解决方案。

2.6 本章小结

本章对网络爬虫的基础做了一个相对全面、系统的介绍，包括 HTTP 基本原理、网页基础、爬虫的基本原理、会话和 Cookies 以及代理的基本原理等。通过本章的介绍，读者可以对爬虫有一个初步的认识，为接下来学习爬虫知识打下坚实的基础。

第 3 章

◀ 数据存储与解析 ▶

第 2 章介绍了 Python 爬虫的基础,而爬虫的一项非常重要的功能就是数据的解析,在解析数据之前,首先要将数据进行存储,本章就来介绍 Python 中的数据存储,其中包括:文件存储、数据库存储以及使用 lxml 模块进行数据解析等。

3.1 文件存储

文件是存储数据的基本载体,对文件的操作几乎是所有编程语言都会涉及的内容。而使用 Python 进行爬虫操作,进行数据的解析,文件操作也是必不可少的内容。本节就先来学习一下文件的存储。

3.1.1 TXT 文件存储

TXT 文件即文本文件,是一种简单的文件类型,用户可以将数据写入文本文件中,在使用时直接读取文件内容即可。Python 支持将数据写入文本文件中,在需要使用时可以使用特定方法直接读取。下面就来详细介绍在 Python 中如何将数据写入文本文件中,以及如何读取。

使用 Python 来读写文件是非常简单的操作。可以调用 Python 自带的 open()函数来打开一个文件,获取到文件句柄,然后通过文件句柄就可以进行各种各样的操作。

open()函数的语法格式如下:

```
open(name[, mode[, buffering]])
```

其中,参数 name 为指定需要打开的文件的名称;参数 mode 为打开的方式,根据打开方式的不同可以进行不同的操作;参数 buffering 用于指定打开文件时是否寄存。如果 buffering 取值为 0,就不会有寄存;如果 buffering 取值为 1,访问文件时就会寄存;如果将 buffering 的值设为大于 1 的整数,就表明这是寄存区的缓冲大小;如果 buffering 取负值,寄存区的缓冲大小就为系统默认值。

Mode(打开方式)的类型及区别如表 3-1 所示。

表 3-1　open()函数打开方式类型表

模式	含义
r	以只读方式打开文件。文件的指针将会放在文件的开头。这是默认模式
rb	以二进制格式打开一个文件用于只读。文件指针将会放在文件的开头。这是默认模式
r+	打开一个文件用于读写。文件指针将会放在文件的开头
rb+	以二进制格式打开一个文件用于读写。文件指针将会放在文件的开头
w	打开一个文件只用于写入。如果该文件已存在，就打开文件，并从开头开始编辑，即原有内容会被删除；如果该文件不存在，就创建新文件
wb	以二进制格式打开一个文件只用于写入。如果该文件已存在，就打开文件，并从开头开始编辑，即原有内容会被删除；如果该文件不存在，就创建新文件
w+	打开一个文件用于读写。如果该文件已存在，就打开文件，并从开头开始编辑，即原有内容会被删除；如果该文件不存在，就创建新文件
wb+	以二进制格式打开一个文件用于读写。如果该文件已存在，就打开文件，并从开头开始编辑，即原有内容会被删除；如果该文件不存在，就创建新文件
a	打开一个文件用于追加。如果该文件已存在，文件指针就会放在文件的结尾，也就是说，新的内容将会被写入已有内容之后；如果该文件不存在，就创建新文件进行写入
ab	以二进制格式打开一个文件用于追加。如果该文件已存在，文件指针就会放在文件的结尾，也就是说，新的内容将会被写入已有内容之后；如果该文件不存在，就创建新文件进行写入
a+	打开一个文件用于读写。如果该文件已存在，文件指针就会放在文件的结尾，文件打开时是追加模式；如果该文件不存在，就创建新文件用于读写
ab+	以二进制格式打开一个文件用于追加。如果该文件已存在，文件指针就会放在文件的结尾；如果该文件不存在，就创建新文件用于读写

调用 open()函数打开文件之后，还需要以下 file 对象的方法来配合实现对文件的读取操作：

- file.read([size])：该方法用于读取文件，若参数 size 未指定，则返回整个文件，如果文件大小大于 2 倍内存，就有问题，f.read()读到文件尾时返回""（空字串）。
- file.readline()：该方法用于返回一行。
- file.readlines([size])：该方法返回包含 size 行的列表，若 size 未指定，则返回全部行。
- for line in f: print line ：这是一种访问文件的方法，通过迭代器访问。
- f.write("hello\n")：该方法用于将指定内容写入文件，如果要写入字符串以外的数据，就先将其转换为字符串。
- f.tell()：该方法返回一个整数，表示当前文件指针的位置（就是到文件头的比特数）。
- f.seek(偏移量,[起始位置])：该方法用来移动文件指针。偏移量：单位为比特，可正可负。起始位置为 0，表示文件头，默认值；起始位置为 1，表示当前位置；起始位置为 2，表示文件尾。
- f.close()：该方法用于关闭已经打开的文件。

下面将通过一组实例说明如何调用 open()函数及 file 对象的方法来实现对文件的读取操作。

首先将以下文本内容保存为 test.txt。

```
将进酒
唐代：李白
君不见，黄河之水天上来，奔流到海不复回。
君不见，高堂明镜悲白发，朝如青丝暮成雪。
人生得意须尽欢，莫使金樽空对月。
天生我材必有用，千金散尽还复来。
烹羊宰牛且为乐，会须一饮三百杯。
岑夫子，丹丘生，将进酒，杯莫停。
与君歌一曲，请君为我倾耳听。
钟鼓馔玉不足贵，但愿长醉不复醒。
古来圣贤皆寂寞，惟有饮者留其名。
陈王昔时宴平乐，斗酒十千恣欢谑。
主人何为言少钱，径须沽取对君酌。
五花马，千金裘，呼儿将出换美酒，与尔同销万古愁。
```

【示例 3-1】读取文件内容

```
fp=open('test.txt','r')      # 打开文件
content=fp.read()             # 读取文件内容
print(content)                # 输出内容
fp.close()                    # 关闭文件
```

以上代码调用 open()函数打开文件，然后调用 read()方法读取文件内容，并将文件内容输出，最后关闭文件。将以上代码保存为 3-1.py，执行该代码的结果如图 3-1 所示。

图 3-1　读取 TXT 文件内容

除了读取外，更多的是写入操作，因为使用爬虫时，爬取到的内容更多情况下要保存到文件中，这时就要使用到文件的写操作。

下面的代码将演示如何将指定内容写入文件中。

【示例 3-2】将指定内容写入文件中

```
fp=open('test2.txt','w')            # 打开文件
content='''
苏幕遮·怀旧
范仲淹
碧云天，黄叶地，
秋色连波，波上寒烟翠。
山映斜阳天接水，芳草无情，
更在斜阳外。
黯乡魂，追旅思。
夜夜除非，好梦留人睡。
明月楼高休独倚，
酒入愁肠，化作相思泪。
'''                                 # 定义字符串
fp.write(content)                   # 将内容写入文件
fp=open('test2.txt','r')            # 打开文件
content=fp.read()                   # 读取文件内容
print(content)                      # 输出内容
fp.close()                          # 关闭文件
```

以上代码首先使用写入方式打开文件，如果文件不存在就会自动创建，然后调用 write() 方法将指定内容写入文件中，之后使用与 3-1.py 相同的代码重新打开文件，读取文件中的内容并输出。将以上代码保存为 3-2.py，执行该代码的结果如图 3-2 所示。

图 3-2　写入文件

除了调用 read()读取文件外，还可以每次将文件按行读取到列表中，然后通过对列表进行遍历将内容输出。下面的代码将演示了如何以遍历方式读取文件内容。

【示例 3-3】按行读取文件内容

```
fp=open('test2.txt','r')            # 打开文件
list=fp.readlines()                 # 将文件按行读取到列表
for l in list:                      # 对列表进行遍历
    print(l+"\n")                   # 输出内容
```

```
fp.close()                              # 关闭文件
```

以上代码在打开文件之后,调用 readlines()方法将文件内容按行读取到列表中,然后使用 for 遍历列表并输出所有内容。将代码保存为 3-3.py,执行代码的结果如图 3-3 所示。

图 3-3 按行读取文件并遍历

3.1.2 JSON 文件存储

3.1.1 小节介绍了如何实现 TXT 文件的存储,这一小节将介绍如何使用 Python 语言来编码和解码 JSON 对象。

JSON(JavaScript Object Notation,JS 对象标记)是一种轻量级的数据交换格式。它基于 ECMAScript(W3C 制定的 JavaScript 规范)的一个子集,采用完全独立于编程语言的文本格式来存储和表示数据。简洁和清晰的层次结构使得 JSON 成为理想的数据交换语言。JSON 格式易于阅读和编写,同时也易于机器解析和生成,能够有效地提升网络传输效率。

JSON 支持的数据格式如下:

- 对象(字典),使用花括号。
- 数组(列表),使用方括号。
- 整型、浮点型、布尔类型,还有 null 类型。
- 字符串类型(字符串必须要用双引号引住,不能用单引号)。
- 多个数据之间使用逗号分开。

> **注 意**
> JSON 本质上就是一个字符串。

字典、列表是 Python 中的特殊数据类型,字典和列表能够转换为 JSON 数据。在 Python 中,要想操作 JSON 类型文件,可以通过导入 JSON 库来实现。JSON 对象常用的方法有两个:

(1)json.dumps:该方法将 Python 对象编码成 JSON 字符串。其语法格式如下:

```
json.dumps(obj, skipkeys=False, ensure_ascii=True, check_circular=True,
```

```
allow_nan=True, cls=None, indent=None, separators=None, encoding="utf-8",
default=None, sort_keys=False, **kw)
```

obj 为需要进行编码的 Python 对象；skipkeys 用于指定是否跳过关键字；ensure_ascii 指定是否编码为 ASCII 码。

（2）json.loads：该方法将已编码的 JSON 字符串解码为 Python 对象。

下面我们将通过一个实例来说明如何将字典、列表转换为 JSON 数据。

【示例 3-4】将字典和列表转换为 JSON 数据

```
import json                  # 导入 JSON
users = [
{
    'name': '小王',
    'score': 95
},
{
    'name': '小明',
    'score': 99
},
{
    'name': '小红',
    'score': 99
}
]                              # 定义列表
json_str = json.dumps(users,ensure_ascii=False)    # 将列表编码为 JSON 字符串
print(json_str)                # 输出内容
```

以上代码调用 JSON 的 dumps()方法将指定的列表（包含字典）数据转化为 JSON 字符串。因为 JSON 在转储（Dump）的时候，只能存放 ASCII 的字符，因此会将中文进行转义，这时我们可以使用 ensure_ascii=False 关闭这个特性。将以上代码保存为 3-4.py，执行该代码的结果如图 3-4 所示。

图 3-4　将字典和列表转换为 JSON 数据

在 Python 中，只有基本数据类型才能转换成 JSON 格式的字符，即 int、float、str、list、dict、tuple。

JSON 模块中除了 dumps 函数外，还有一个 dump 函数，这个函数可以传入一个文件指

针，直接将字符串 dump 到文件中。

【示例 3-5】将 JSON 数据 dump 到文件中

```
import json                         # 导入 JSON
users = [
{
    'name': '小王',
    'score': 95
},
{
    'name': '小明',
    'score': 99
},
{
    'name': '小红',
    'score': 99
}
]                                   # 定义列表
with open('a.JSON','w') as fp:      # 打开文件
json.dump(users,fp)                 # 将内容 dump 到文件中
```

以上代码调用 JSON 的 dump()方法将指定的列表（包含字典）数据直接转储到了指定文件中，其中第一个参数为需要转储的数据，第二个参数为打开的文件指针。其中调用 open() 方法打开文件。将以上代码保存为 3-5.py，执行该代码将会在当前目录下生成一个 a.JSON 文件，其内容如图 3-5 所示。

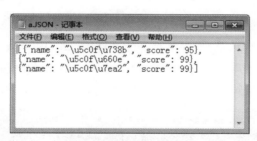

图 3-5　生成的 JSON 文件内容

前面介绍了如何将 Python 数据转化为 JSON 字符串，另外 Python 也支持逆向操作，即将 JSON 字符串加载为 Python 对象，这时只需要调用 JSON 的 loads()方法即可。下面通过实例来说明。

【示例 3-6】将 JSON 数据字符串加载为对象

```
import json
json_str='[{"title": "钢铁是怎样练成的", "price": 9.8}, {"title": "红楼梦",
"price": 9.9}]'
```

```
books=json.loads(json_str,encoding='utf-8')
print(type(books))
print(books)
```

以上代码调用 JSON 的 loads()方法将 JSON 字符串加载为 Python 对象，并输出对象的类型及内容。其中，使用 encoding 参数用于指定加载的编码，这样可以防止出现乱码。将以上代码保存为 3-6.py，执行该代码的结果如图 3-6 所示。

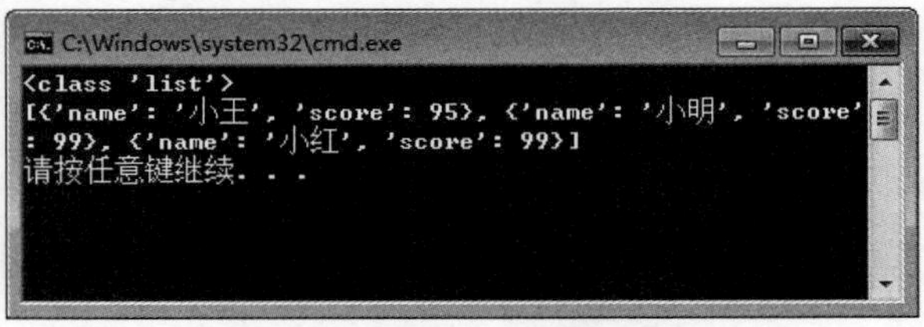

图 3-6　将 JSON 字符串加载为 Python 对象

Python 还支持将文件中包含的 JSON 数据读取出来，再进行后续操作。调用 load()方法打开包含 JSON 数据的文件指针即可。

在读取前，假设当前目录中有 a.JSON 文件，其内容如下：

```
[{"name": "\u5c0f\u738b", "score": 95}, {"name": "\u5c0f\u660e", "score": 99}, {"name": "\u5c0f\u7ea2", "score": 99}]
```

【示例 3-7】从文件中读取 JSON 数据

```
import json
with open('a.JSON','r',encoding='utf-8') as fp:
    json_str=json.load(fp)
print(json_str)
```

以上代码调用 JSON 的 load()方法从打开的文件中读取 JSON 数据，并将结果进行输出。在打开文件时需要注意，使用到了 encoding 参数用于指定加载的编码，这样可以防止出现乱码。将以上代码保存为 3-7.py，执行该代码的结果如图 3-7 所示。

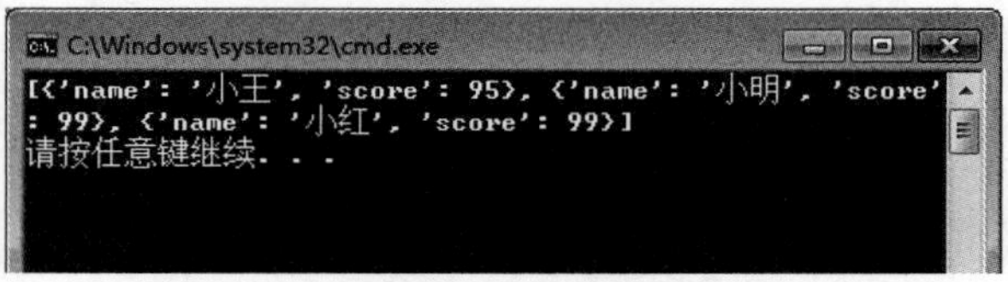

图 3-7　从文件中读取 JSON 数据

3.1.3　CSV 文件存储

CSV（Comma-Separated Values，逗号分隔值），有时也称为字符分隔值，因为分隔字符也可以不是逗号。CSV 文件是一类文件的简称，它的文件以纯文本形式存储表格数据（数字和文本）。

纯文本意味着该文件是一个字符序列，不包含必须像二进制数字那样被解读的数据。CSV 文件由任意数目的记录组成，记录间以某种换行符分隔。每条记录由字段组成，字段间的分隔符是其他字符或字符串，常见的是逗号或制表符。通常所有记录都有完全相同的字段序列。通常都是纯文本文件。

Python 提供了对 CSV 文件的支持，这一小节将学习如何使用 Python 对 CSV 文件进行读写操作。

对 CSV 文件进行操作，读取文件内容是基本的操作之一。调用 CSV 的 reader()方法即可实现对 CSV 文件的读取操作。

在开始编写具体代码前，先在当前目录下建立 data.csv 文件，其内容如下：

```
name,price,author
三国演义,48,罗贯中
红楼梦,50,曹雪芹
西游记,45,吴承恩
三体,20,刘慈欣
```

把以上代码保存为 data.csv 文件备用。

【示例 3-8】读取 CSV 文件

```
import csv
with open('data.csv','r') as fp:
reader=csv.reader(fp)
titles=next(reader)
for x in reader:
    print(x)
```

以上代码这样操作，以后获取数据的时候，就要通过下标来获取数据。将以上代码保存为 3-8.py，执行代码的结果如图 3-8 所示。

图 3-8　读取 CSV 文件

如果想要在获取数据的时候通过标题来获取，那么可以调用 DictReader 方法。

【示例 3-9】读取 CSV 文件 II

```
import csv
with open('data.csv','r') as fp:
reader=csv.DictReader(fp)
titles=next(reader)
```

```
    for x in reader:
        print(x['author'],end="\t")
        print(x['name'],end="\t")
        print(x['price'])
```

以上代码调用 DictReader()方法进行读取，之后就可以使用标题方式来获取内容，这里的标题即为首列的标题。将以上代码保存为 3-9.py，执行代码的结果如图 3-9 所示。

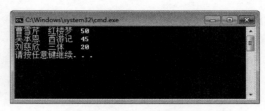

图 3-9　通过标题来获取 CSV 文件数据

由于代码 3-9.py 是用标题形式来读取 CSV 文件的，因此可以自己决定先显示哪一列。同时也不再以列表形式输出。

写入数据到 CSV 文件需要创建一个 writer 对象，主要用到两个方法：一个是 writerow()，用于写入一行；另一个是 writerows()，用于写入多行。下面分别演示单行写入与多行写入。

【示例 3-10】写入 CSV 文件

```
import csv
headers = ['name','price','author']
values = [
    ('流浪地球',18,'刘慈欣'),
    ('梦的解析',30,'弗洛伊德'),
    ('时间简史',35,'斯蒂芬•威廉•霍金')
]
with open('book.csv','w',encoding='utf-8',newline='') as fp:
    writer=csv.writer(fp)
    writer.writerow(headers)
    writer.writerows(values)
```

将以上代码保存为 3-10.py，执行代码将会在当前目录生成一个名为 book.csv 的文件，其内容如图 3-10 所示。

	A	B	C	D
1	name	price	author	
2	流浪地球	18	刘慈欣	
3	梦的解析	30	弗洛伊德	
4	时间简史	35	斯蒂芬•威廉•霍金	
5				
6				

图 3-10　生成的 book.csv 的内容

除了按行写入 CSV 文件之外，也可以使用字典的方式写入数据。这时就需要调用 DictWriter 方法了。

【示例 3-11】以字典方式写入 CSV 文件

```
import csv
headers = ['name','price','author']
values = [
    {"name":'流浪地球',"price":18,"author":'刘慈欣'},
    {"name":'梦的解析',"price":30,"author":'弗洛伊德'},
    {"name":'时间简史',"price":35,"author":'斯蒂芬•威廉•霍金'}
]
with open('book2.csv','w',newline='') as fp:
    writer=csv.DictWriter(fp,headers)
    writer.writerow({"name":'三体',"price":20,"author":'刘慈欣'})
    writer.writerows(values)
```

以上代码定义了一组字典列表，然后调用 CSV 的 DictWriter()方法初始化对象，最后调用 writerow()方法将字典内容写入 CSV 文件中。将以上代码保存为 3-11.py，执行代码将会在当前目录生成一个名为 book2.csv 的文件，其内容如图 3-11 所示。

	A	B	C	D
1	三体	20	刘慈欣	
2	流浪地球	18	刘慈欣	
3	梦的解析	30	弗洛伊德	
4	时间简史	35	斯蒂芬•威廉•霍金	
5				
6				

图 3-11　生成的 book2.csv 的内容

下面将综合前面的内容做一个小练习，自定义一组函数实现对 CSV 文件的综合操作。

【示例 3-12】自定义函数综合处理 CSV 文件

```
import csv
# 通过下标读取文件
def read_csv_demo():
    with open('','r') as fp:
        # reader 是一个迭代器
        reader=csv.reader(fp)
        # next 会对迭代器从开始位置加一位
        next(reader)
        for x in reader:
            name = [3]
            other = [-1]
            print({'name': name, 'other': other})
# 通过字典读取文件
def read_csv_demo2():
```

```python
    with open('','r') as fp:
        # 调用DictReader创建的reader对象
        # 不会包含的那行数据
        reader = csv.DictReader(fp)
        for x in reader:
            value = {'name':x['name'],'other':x['other']}
            print(value)
# 通过写入文件
def read_csv_demo3():
    headers=['username','age','height']
    values=[
        {'张三','18','156'},
        {'李四','19','184'},
        {'王五','20','168'}
    ]
    # newline 是写入一行后做的事
    with open('classroom.csv','w',encoding='utf-8',newline='') as fp:
        writer= csv.writer(fp)
        # 写入表头
        writer.writerow(headers)
        # 写入数据
        writer.writerows(values)
# 通过字典写入文件
def read_csv_demo4():
    headers=['username','age','height']
    values=[
        {'username':'张三','age':18,'height':156},
        {'username':'李四','age':19,'height':184},
        {'username':'王五','age':20,'height':168}
    ]
    # newline 是写入一行后做的事
    with open('classroom2.csv','w',encoding='utf-8',newline='') as fp:
        writer=csv.DictWriter(fp,headers)
        # 写入表头数据时，需要执行writeheader函数
        writer.writeheader()
        writer.writerows(values)
if __name__=='__main__':
    read_csv_demo4()
```

以上代码综合了对 CSV 文件的读写操作，并将它们整合到函数中，在实际应用中，用户可以根据自己的需要对系统已有的内容进行扩充，甚至可以自己创建类与模块，以实现复杂的要求。将以上代码保存为 3-12.py，执行该代码，将会在当前目录下创建名为 classroom2.csv 的文件，其内容如图 3-12 所示。

	A	B	C	D
1	username	age	height	
2	张三	18	156	
3	李四	19	184	
4	王五	20	168	
5				
6				
7				

图 3-12　练习对 CSV 文件的操作

3.2 关系型数据库存储

关系型数据库典型的数据结构是表，数据库是由二维表及其之间的联系所组成的一个数据组织。关系型数据库的优点体现在以下几个方面：

- 易于维护：都是使用表结构，格式一致。
- 使用方便：SQL 语言通用，可用于复杂查询。
- 复杂操作：支持 SQL，可用于一个表以及多个表之间非常复杂的查询。

不过关系型数据库也存在以下几个方面的缺点：

- 读写性能比较差，尤其是海量数据的高效率读写。
- 固定的表结构，灵活度稍微欠缺。
- 高并发读写需求，对传统关系型数据库来说，硬盘 I/O 是一个很大的瓶颈。

Python 作为一种主流的编程语言，提供了对关系型数据库的支持。本节重点来介绍如何使用 Python 操作文本型关系数据库 SQLite。

SQLite 3 可使用 sqlite3 模块与 Python 进行集成。sqlite3 模块是由 Gerhard Haring 编写的。该模块提供了一个与 PEP 249 描述的 DB-API 2.0 规范兼容的 SQL 接口。用户不需要单独安装该模块，因为 Python 3.x 版本默认自带了该模块。

SQLite 常用方法及作用如表 3-2 所示。

表 3-2　SQLite 常用方法及作用

API	作用
sqlite3.connect(database [,timeout ,other optional arguments])	该 API 打开一个到 SQLite 数据库文件 database 的连接。用户可以使用":memory:"在内存中打开一个到 database 的数据库连接，而不是在磁盘上打开。如果数据库成功打开，就返回一个连接对象。当一个数据库被多个连接访问，且其中一个修改了数据库，此时 SQLite 数据库被锁定，直到事务提交。timeout 参数表示连接等待锁定的持续时间，直到发生异常断开连接。timeout 参数默认是 5.0（5 秒）。如果给定的数据库名称 filename 不存在，那么该调用将创建一个数据库。如果用户不想在当前目录中创建数据库，那么可以指定带有路径的文件名，这样就能在任意地方创建数据库

(续表)

API	作用
connection.cursor([cursorClass])	该例程创建一个 cursor，将在 Python 数据库编程中用到。该方法接收一个单一可选的参数 cursorClass。如果提供了该参数，那么它必须是一个扩展自 sqlite3.Cursor 的自定义的 cursor 类
cursor.execute(sql [, optional parameters])	该例程执行一个 SQL 语句。该 SQL 语句可以被参数化（使用占位符代替 SQL 文本）。sqlite3 模块支持两种类型的占位符：问号和命名占位符（命名样式）
connection.execute(sql [, optional parameters])	该例程是上面执行的由 cursor 对象提供的方法的快捷方式，它通过调用 cursor 方法创建一个中间的游标对象，然后通过给定的参数调用 cursor 的 execute 方法
cursor.executemany(sql, seq_of_parameters)	该例程对 seq_of_parameters 中的所有参数或映射执行一个 SQL 命令
connection.executemany(sql[, parameters])	该例程是一个由调用 cursor 方法创建的中间游标，然后通过给定的参数调用 cursor 的 executemany 方法
cursor.executescript(sql_script)	该例程一旦接收到脚本，会执行多个 SQL 语句。它首先执行 COMMIT 语句，然后执行作为参数传入的 SQL 脚本。所有的 SQL 语句都应该用分号（;）分隔
connection.executescript(sql_script)	该例程是一个调用 cursor 方法创建的中间的游标对象的快捷方式，然后通过给定的参数调用游标的 executescript 方法
connection.total_changes()	该例程返回自数据库连接打开以来被修改、插入或删除的数据库总行数
connection.commit()	该方法提交当前的事务。如果用户未调用该方法，那么自用户上一次调用 commit() 以来所做的任何操作对其他数据库连接来说是不可见的
connection.rollback()	该方法回滚自上一次调用 commit() 以来对数据库所做的更改
connection.close()	该方法关闭数据库连接。注意，这不会自动调用 commit()。如果用户之前未调用 commit() 方法，就直接关闭数据库连接，用户所做的所有更改将全部丢失
cursor.fetchone()	该方法获取查询结果集中的下一行，返回一个单一的序列，当没有更多可用的数据时，则返回 None
cursor.fetchmany([size=cursor.arraysize])	该方法获取查询结果集中的下一组行，返回一个列表。当没有更多的可用的行时，则返回一个空的列表。该方法尝试获取由 size 参数指定的尽可能多的行
cursor.fetchall()	该例程获取查询结果集中所有（剩余）的行，返回一个列表。当没有可用的行时，则返回一个空的列表

3.2.1 连接数据库

要使用数据库，首先需要连接到数据库。调用 SQLite3 的 connect()方法即可连接到指定数据库，其语法格式如下：

```
sqlite3.connect(database [,timeout ,other optional arguments])
```

其中，参数 database 即为需要连接的目标数据库；参数 timeout 为指定超时设置；参数 other optional arguments 为其他参数设置。执行该方法将会连接到指定数据库，如果数据库不存在，就尝试创建一个。

以下示例将演示如何连接到数据库。

【示例 3-13】连接到数据库

```
import sqlite3 as sql              # 导入sqlite3模块
con=sql.connect("my_db.db")        # 连接到数据库
if con:                            # 如果成功连接
print("成功连接到数据库")          # 输出内容
con.close()                        # 关闭连接
```

以上代码调用 connect()方法对指定数据库进行连接，并在成功连接后输出相应内容。将以上代码保存为 3-13.py，执行以上代码，其结果将会如图 3-13 所示，并且会在当前目录下生成名为 my_db.db 的数据库文件。

图 3-13　连接到数据库

3.2.2 创建表

表是构成数据库的基本单元，连接数据库之后，就需要在数据库中创建表。要创建表，首先需要调用 connection 对象的 cursor()方法创建一个游标（cursor）对象。然后调用游标对象的 execute()方法执行建表的语句，在数据库中创建表。该方法的语法格式如下：

```
cursor.execute(sql [, optional parameters])
```

以上代码中的参数 sql 为需要执行的 SQL 语句，参数 optional parameters 为执行 SQL 语句时需要指定的其他参数。

最后还需要调用 connection 对象的 commit()方法提交已经执行的操作，如果用户未调用该方法，那么自上一次调用 commit()方法以来所执行的任何操作对数据库连接来说都是不可见的。因此执行增、删、改之类的操作之后，一定要调用该方法提交这些操作。

下面通过一个示例来说明如何在数据库中创建表。

【示例 3-14】在数据库中创建表

```
import sqlite3 as sql
con=sql.connect("my_db.db")
c=con.cursor()
c.execute('''
CREATE TABLE USER
(ID  INT  PRIMARY KEY     NOT NULL,
NAME            TEXT    NOT NULL,
AGE             INT     NOT NULL,
ADDRESS         CHAR(50),
SALARY          REAL);
''')
print("成功创建用户表")
con.commit()
con.close()
```

以上代码调用 cursor()方法创建一个游标，然后调用 execute()方法执行创建表的 SQL 语句，最后调用 commit()方法提交建表操作。执行以上代码将会在当前 my_db.db 数据库中创建一个名为 USER 的表。数据库中表的内容如图 3-14 所示。

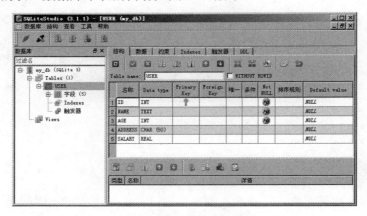

图 3-14　在数据库中创建表

> 注　意
>
> 在创建表时，创建的表的名称不能与数据库中已经存在的表的名称相同，否则会出错。

3.2.3　插入数据

成功创建表之后，就需要向表中插入数据。仍然是调用游标对象的 execute()方法执行插入数据的 SQL 语句，并在执行之后调用 commit()方法提交这些操作，就可以实现向表中插入数据。

【示例3-15】向表中插入数据

```
import sqlite3 as sql
con=sql.connect("my_db.db")
c=con.cursor()
c.execute("INSERT INTO USER (ID,NAME,AGE,ADDRESS,SALARY) \
    VALUES (1, '张三', 32, '北京', 20000.00 )");
c.execute("INSERT INTO USER (ID,NAME,AGE,ADDRESS,SALARY) \
    VALUES (2, '小红', 25, '上海', 15000.00 )");
c.execute("INSERT INTO USER (ID,NAME,AGE,ADDRESS,SALARY) \
    VALUES (3, '李雷', 23, '香港', 20000.00 )");
c.execute("INSERT INTO USER (ID,NAME,AGE,ADDRESS,SALARY) \
    VALUES (4, '王三', 25, '重庆', 65000.00 )");
con.commit()
print("成功插入记录")
con.close()
```

以上代码通过execute()方法执行SQL语句向表中插入数据。执行代码之后，表中的内容如图3-15所示。

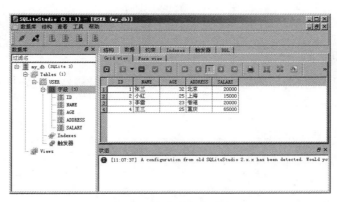

图 3-15　向表中插入数据

3.2.4　浏览数据

执行遍历表中所有信息的语句即可实现浏览表中记录的功能，同样是执行 execute()方法，执行相应的SQL语句即可。

【示例3-16】浏览表中的数据

```
import sqlite3 as sql
con=sql.connect("my_db.db")
c=con.cursor()
rows=c.execute("SELECT * FROM USER")
for r in rows:
    print("ID = ", r[0])
```

```
    print("NAME = ", r[1])
    print("ADDRESS = ", r[2])
    print("SALARY = ", r[3], "\n")
con.close()
```

以上代码通过 execute()方法执行遍历所有记录的 SQL 语句以执行浏览数据的操作,然后通过 for 遍历所有结果集,并将内容输出。执行以上代码,其结果如图 3-16 所示。

图 3-16　浏览表中的数据

3.2.5　修改数据

执行修改已有记录的 SQL 语句,可以实现对指定的记录进行修改,同样是执行 execute() 方法,执行相应的 SQL 语句即可。

【示例 3-17】修改表中的数据

```
import sqlite3 as sql
con=sql.connect("my_db.db")
c=con.cursor()
print("修改前第二条记录为:")
rows=c.execute("SELECT * FROM USER WHERE id=2")
for r in rows:
    print("ID = ", r[0])
    print("NAME = ", r[1])
    print("ADDRESS = ", r[2])
    print("SALARY = ", r[3], "\n")
c.execute("UPDATE USER SET ADDRESS='郑州' WHERE id=2")
con.commit()
print("修改后第二条记录为:")
rows=c.execute("SELECT * FROM USER WHERE id=2")
for r in rows:
    print("ID = ", r[0])
    print("NAME = ", r[1])
```

```
    print("ADDRESS = ", r[2])
    print("SALARY = ", r[3], "\n")
con.close()
```

以上代码通过 execute()方法执行修改指定记录的 SQL 语句来执行修改表中数据的操作，执行以上代码，修改后的记录内容如图 3-17 所示。

图 3-17　修改表中的数据

从图 3-17 可以看到，指定记录的一项内容由原来的"上海"变为了"郑州"。

3.2.6　删除数据

执行删除已有记录的 SQL 语句即可对指定的记录进行删除，通过 execute()方法执行相应的删除记录的 SQL 语句即可。

这里需要注意，在删除记录前要确认记录已经不再需要，因为一旦删除，记录将无法恢复。

【示例 3-18】删除表中的数据

```
import sqlite3 as sql
import sqlite3 as sql
con=sql.connect("my_db.db")
c=con.cursor()
print("删除前所有记录为：")
rows=c.execute("SELECT * FROM USER")
for r in rows:
    print(r, "\n")
c.execute("DELETE FROM USER WHERE id=2")
con.commit()
print("删除第二条记录后所有内容为：")
rows=c.execute("SELECT * FROM USER")
for r in rows:
    print(r, "\n")
con.close()
```

以上代码通过 execute()方法执行删除指定记录的 SQL 语句来执行修改表中数据的操作，执行以上代码，删除前后的记录内容如图 3-18 所示。

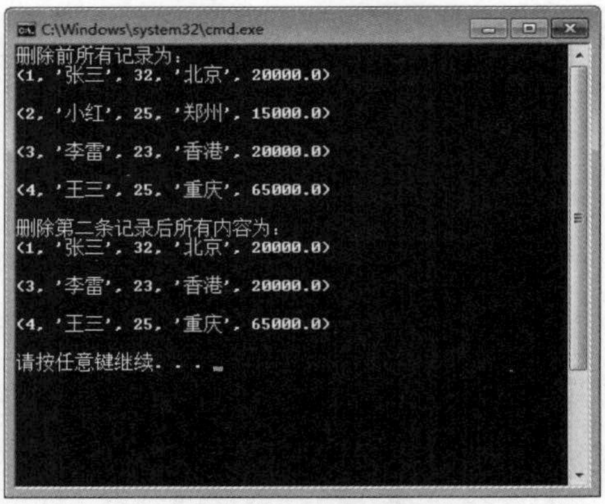

图 3-18　删除表中的数据

查看图 3-18 的执行结果，对比删除操作前后的内容，可以看到 ID 为 2 的记录已经被删除了。

3.3 非关系型数据库存储

严格来说，非关系型数据库不是一种数据库，应该是一种数据结构化存储方法的集合，可以是文档或者"键-值对"（Key-Value Pair）等。

相比关系型数据库（比如 SQLite），非关系型数据库具有以下优点：

- 格式灵活：存储数据的格式可以是"键-值"（Key-Value）形式、文档形式、图片形式等，使用灵活，应用场景广泛，而关系型数据库则只支持基础类型。
- 速度快：NoSQL 可以使用硬盘或者随机存储器作为载体，而关系型数据库只能使用硬盘。
- 高扩展性。
- 成本低：NoSQL 数据库部署简单，基本都是开源软件。

同时非关系型数据库与关系型数据库相比有以下缺点：

- 不提供 SQL 支持，学习和使用成本较高。
- 无事务处理。
- 数据结构相对复杂，复杂查询方面稍微欠缺。

这一节来重点介绍在 Python 中如何对非关系型数据库 MongoDB 进行操作。

3.3.1　安装数据库

MongoDB 是一个基于分布式文件存储的数据库，由 C++语言编写，旨在为 Web 应用提供可扩展的高性能数据存储解决方案。MongoDB 是介于关系数据库和非关系数据库之间的产品，是非关系数据库中功能最丰富、最像关系数据库的。MongoDB 是目前流行的 NoSQL 数据库之一，使用的数据类型为 BSON（类似于 JSON）。本小节先来介绍如何安装 MongoDB 数据库。

步骤 01 MongoDB 提供了可用于 32 位和 64 位系统的预编译二进制包，用户可以从 MongoDB 官网下载安装，MongoDB 预编译二进制包下载地址为：

```
http://dl.mongodb.org/dl/win32/x86_64
```

> 注　意
>
> 在 MongoDB 2.2 版本后已经不再支持 Windows XP 系统，最新版本也已经没有了 32 位系统的安装文件。

步骤 02 根据用户所使用的系统下载对应的 32 位或 64 位的 .msi 文件，下载后双击该文件，按操作提示安装即可。

步骤 03 安装过程中，可以通过单击 "Custom" 按钮来设置安装目录，如图 3-19 所示。

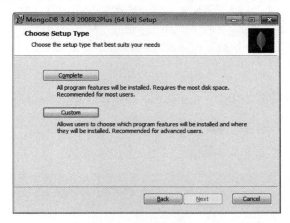

图 3-19　选择安装类型

步骤 04 下一步不勾选 "install mongoDB compass" 选项，否则可能很长时间都在执行安装。MongoDB Compass 是一个图形界面管理工具，我们可以自己到官网下载安装，下载地址：https://www.mongodb.com/download-center/compass。

MongoDB 将数据目录放在 db 目录下。但是这个数据目录不会主动创建，我们在安装完成后需要创建它。注意，数据目录应该放在根目录下（如 C:\或者 D:\等）。

本例我们已经在 D 盘安装了 MongoDB，现在创建一个 data 的目录，然后在 data 目录中创建 db 目录。

步骤 05 安装成功之后，下面尝试运行服务器。

为了在 "命令提示符" 窗口中运行 MongoDB 服务器，必须在 MongoDB 目录的 bin 目录中执行 mongod.exe 文件。

```
D:\MongoDB\Server\3.4\bin\mongod --dbpath D:\data\db
```

如果执行成功，就会输出如图 3-20 所示的信息。

图 3-20　运行服务器

步骤 06 在"命令提示符"窗口中运行 mongo.exe 命令即可连接上 MongoDB，命令如下：

```
D:\MongoDB\Server\3.4\bin\mongo.exe
```

执行命令之后将打开 mongo 命令窗口，如图 3-21 所示。

图 3-21　mongo 命令窗口

mongo 命令窗口是一个 JavaScript Shell，用户可以运行一些简单的数学运算，如图 3-22 所示。

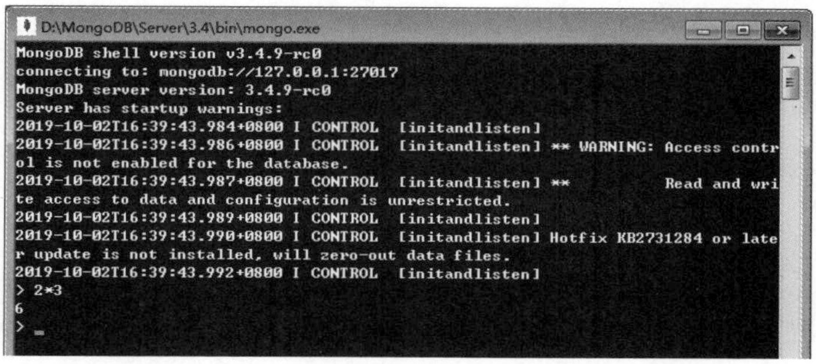

图 3-22 在 mongo 命令窗口中执行数学运算

在该窗口中，使用 db 命令可以查看当前操作的文档（数据库），如图 3-23 所示。

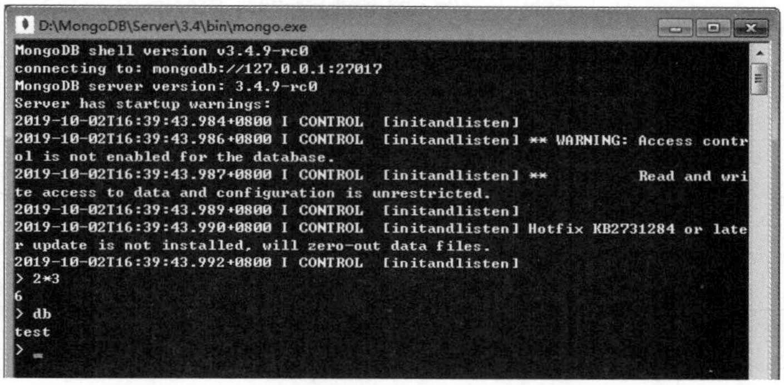

图 3-23 使用 db 命令查看当前操作的文档

步骤 07 要想在 Python 中使用 MongoDB，还需要安装 Python 的 pymongo 模块。由于该模块并不是 Python 自带的，因此需要单独安装。使用 pip 安装工具即可安装该模块。

```
pip install pymongo
```

安装成功，如图 3-24 所示。

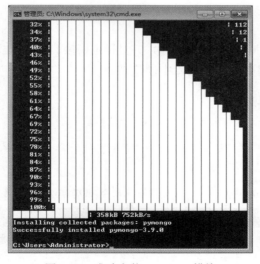

图 3-24 成功安装 pymongo 模块

之后可以测试是否成功安装，在 Python 代码中导入 pymongo 模块，代码如下：

```
import pymongo
```

如果没有错误提示，就说明成功安装。

3.3.2 MongoDB 概念解析

3.3.1 小节成功安装了 MongoDB 数据库，这一小节来了解关于 MongoDB 的一些基本概念。

常见的 SQL 中的概念与 MongoDB 中对应的概念及其含义如表 3-3 所示。

表 3-3　SQL 与 MongoDB 概念对比

SQL 术语/概念	MongoDB 术语/概念	解释/说明
database	database	数据库
table	collection	数据库表/集合
row	document	数据记录行/文档
column	field	数据列/字段
index	index	索引
table joins		表连接，MongoDB 不支持
primary key	primary key	主键，MongoDB 自动将_id 字段设置为主键

查看表 3-3 可以发现，MongoDB 中一些概念与常规 SQL 存在不同之处，比如常规的表，MongoDB 中叫作集合，常规的记录，MongoDB 中叫作文档。关于这些内容将在后续学习中详细为大家介绍。

3.3.3 创建数据库

创建数据库需要使用 MongoClient 对象，并且指定连接的 URL 地址和要创建的数据库名。下面通过示例来说明如何在数据库中创建表。

【示例 3-19】创建数据库

```
import pymongo
myclient = pymongo.MongoClient("mongodb://localhost:27017/")
mydb = myclient["runoobdb"]
```

以上代码首先导入 pymongo 模块，然后连接到本地 mongodb 服务，最后尝试创建数据库。

> 注　意
>
> 在 MongoDB 中，数据库只有在插入内容后才会创建。也就是说，数据库创建后，要创建集合（数据表）并插入一个文档（记录），数据库才会真正创建。

下面的示例将演示如何读取 MongoDB 中的所有数据库，并判断指定的数据库是否存在。

【示例 3-20】获取所有数据库

```
import pymongo
myclient = pymongo.MongoClient('mongodb://localhost:27017/')
dblist = myclient.list_database_names()
print(dblist)
if "runoobdb" in dblist:
    print("指定数据库已存在！")
else:
    print("指定数据库不存在！")
```

以上代码调用 list_database_names()方法获取当前所有的数据库，并输出获取结果，然后判断指定的数据库是否存在，并根据结果输出不同的内容。执行代码，其结果如图 3-25 所示。

图 3-25　获取所有数据库

3.3.4　创建集合

MongoDB 中的集合类似于 SQL 中的表。在 MongoDB 中要创建一个集合，可以使用数据库对象来创建。

【示例 3-21】创建集合

```
import pymongo
myclient = pymongo.MongoClient("mongodb://localhost:27017/")
mydb = myclient["runoobdb"]
mycol = mydb["sites"]
```

以上代码通过数据库对象来创建集合，执行代码会执行创建集合操作。

> **注　意**
>
> 在 MongoDB 中，集合只有在插入内容后才会创建。也就是说，创建集合（数据表）后要再插入一个文档（记录），集合才会真正创建。

3.3.5　插入文档

MongoDB 中的一个文档类似于 SQL 的表中的一条记录。要在集合中插入文档，可以调用 insert_one()方法，该方法的参数是字典（name => value，键-值对）。

以下示例向 sites 集合中插入文档。

【示例3-22】插入文档

```
import pymongo
myclient = pymongo.MongoClient("mongodb://localhost:27017/")
mydb = myclient["runoobdb"]
mycol = mydb["sites"]
mydict = { "name": "RUNOOB", "alexa": "10000", "url": "https://www.runoob.com" }
x = mycol.insert_one(mydict)
print(x)
```

以上代码通过 insert_one()方法将指定的字典数据添加到集合中,并将结果输出。执行以上代码的结果如图 3-26 所示。

图 3-26　插入文档

之所以出现如图 3-26 所示的结果,是因为 insert_one() 方法返回 InsertOneResult 对象,该对象包含 inserted_id 属性,它是插入文档的 ID 值。

【示例3-23】返回插入文档的 ID 值

```
import pymongo
myclient = pymongo.MongoClient('mongodb://localhost:27017/')
mydb = myclient['runoobdb']
mycol = mydb["sites"]
mydict = { "name": "Google", "alexa": "1", "url": "https://www.google.com" }
x = mycol.insert_one(mydict)
print(x.inserted_id)
```

以上代码通过 InsertOneResult 对象的 inserted_id 属性获取插入记录的 ID 值。执行代码,输出结果如图 3-27 所示。

图 3-27　返回插入文档的 ID 值

如果我们在插入文档时没有指定 _id,MongoDB 就会为每个文档添加唯一的 ID。

除了一次插入一个文档之外,集合中还支持一次插入多个文档,调用 insert_many()方法即可。该方法的第一个参数是字典列表。insert_many()方法返回 InsertManyResult 对象,该对象包含 inserted_ids 属性，该属性保存着所有插入文档的 ID 值。

【示例 3-24】插入多个文档

```
import pymongo
myclient = pymongo.MongoClient("mongodb://localhost:27017/")
mydb = myclient["runoobdb"]
mycol = mydb["sites"]
mylist = [
  { "name": "Taobao", "alexa": "100", "url": "https://www.taobao.com" },
  { "name": "QQ", "alexa": "101", "url": "https://www.qq.com" },
  { "name": "Facebook", "alexa": "10", "url": "https://www.facebook.com" },
  { "name": "知乎", "alexa": "103", "url": "https://www.zhihu.com" },
  { "name": "Github", "alexa": "109", "url": "https://www.github.com" }
]
x = mycol.insert_many(mylist)
print(x.inserted_ids)                # 输出插入的所有文档对应的_id 值
```

以上代码定义了一个字典列表，其中包含所有需要一次性插入的文档内容，然后调用 insert_many()方法将所有文档内容插入集合中。执行以上代码，其结果如图 3-28 所示。

图 3-28　插入多个文档

3.3.6　查询集合数据

MongoDB 支持从所有集合数据中进行查找，调用 find 和 find_one 方法即可查询集合中的数据，类似于 SQL 中的 SELECT 语句。

如果要查询集合中的一条数据，那么可以调用 find_one()方法来查询。

【示例 3-25】查询一条数据

```
import pymongo
myclient = pymongo.MongoClient("mongodb://localhost:27017/")
mydb = myclient["runoobdb"]
mycol = mydb["sites"]
x = mycol.find_one()
print(x)
```

以上代码调用 find_one()方法查询一条数据，并将结果进行输出。执行以上代码，其结果如图 3-29 所示。

图 3-29　查询一条数据

除了可以调用 find_one()方法查询一条数据外，还可以调用 find()方法查询集合中的所有数据，类似于 SQL 中的 SELECT *操作。

【示例 3-26】查询所有数据

```
import pymongo
myclient = pymongo.MongoClient("mongodb://localhost:27017/")
mydb = myclient["runoobdb"]
mycol = mydb["sites"]
for x in mycol.find():
    print(x)
```

以上代码调用集合的 find ()方法查询所有数据，并通过遍历输出所有结果。执行以上代码，其结果如图 3-30 所示。

图 3-30　查询所有数据

为了获取指定的结果，可以在 find()中设置参数来过滤数据，类似于 SQL 中的 SELECT 语句的 WHERE 子句。

【示例 3-27】有条件地查询数据

```
import pymongo
```

```
myclient = pymongo.MongoClient("mongodb://localhost:27017/")
mydb = myclient["runoobdb"]
mycol = mydb["sites"]
myquery = { "name": "Google" }
mydoc = mycol.find(myquery)
for x in mydoc:
    print(x)
```

以上代码调用 find ()方法查询数据时定义了字典，用于限定条件，即只返回所有 name 为 Google 的文档。执行以上代码，其结果如图 3-31 所示。

图 3-31　限定条件的查询

3.3.7　修改记录

用户可以在 MongoDB 中调用 update_one()方法修改文档中的记录。该方法第一个参数为查询的条件，第二个参数为要修改的字段。如果查找到的匹配数据多于一条，就只修改第一条。

下面的示例将 alexa 字段的值 10000 改为 12345。

【示例 3-28】修改记录

```
import pymongo
myclient = pymongo.MongoClient("mongodb://localhost:27017/")
mydb = myclient["runoobdb"]
mycol = mydb["sites"]
myquery = { "alexa": "10000" }
newvalues = { "$set": { "alexa": "12345" } }
mycol.update_one(myquery, newvalues)
print("输出修改后的 sites 集合")
for x in mycol.find():
    print(x)
```

以上代码调用 update_one()方法修改一条记录，参数分别为限制条件的字典与修改为新值的字典。执行以上代码，其结果如图 3-32 所示。

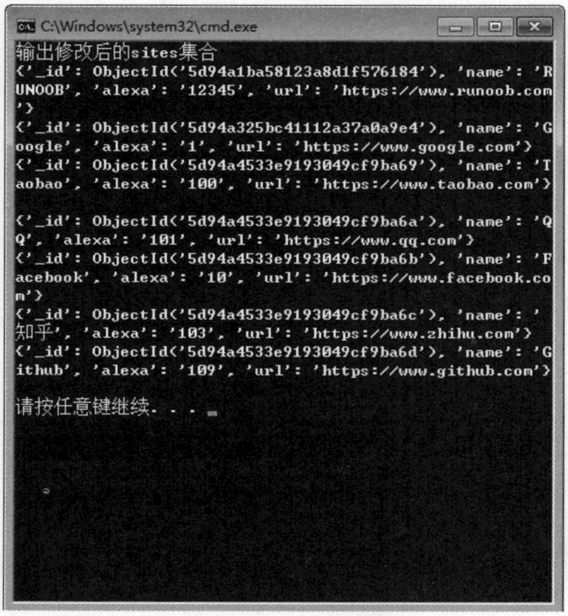

图 3-32　修改记录

从图 3-32 的执行结果可以看到，相应记录的值已经被修改为新的指定内容。

3.3.8　数据排序

在 Python 中，使用 MongoDB 还可以通过查询结果对象的 sort()方法对集合数据进行排序。sort() 方法可以指定升序或降序排序。

sort() 方法的第一个参数为要排序的字段，第二个参数指定排序规则：1 为升序，-1 为降序，默认为升序。

下面的示例将演示对字段 alexa 按升序排序。

【示例 3-29】对集合中的数据进行排序

```
import pymongo
myclient = pymongo.MongoClient("mongodb://localhost:27017/")
mydb = myclient["runoobdb"]
mycol = mydb["sites"]
mydoc = mycol.find().sort("alexa")
for x in mydoc:
    print(x)
```

以上代码对查询的结果调用 sort()方法进行排序，其中指定要排序的字段为 alexa，并按升序排序。然后通过遍历输出排序后的结果。执行该代码，其结果如图 3-33 所示。

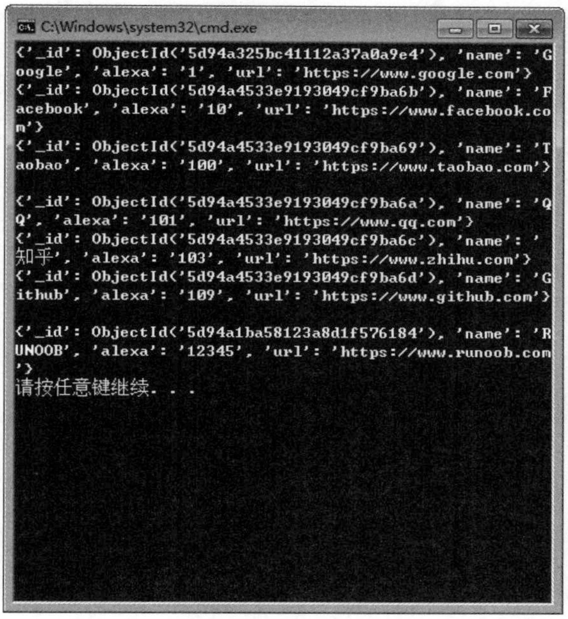

图 3-33 数据排序

查看图 3-33 的执行结果，对比前面的查询结果可以发现，对 alexa 按照从小到大的顺序进行了排序，从 1、10、100、103、109 到 12345，从而实现了排序操作。

3.3.9 删除文档

如果数据库集合中的文档不再需要，就可以调用 delete_one()方法来删除，该方法的第一个参数为查询对象，指定要删除哪些数据。

【示例 3-30】删除文档

```
import pymongo
myclient = pymongo.MongoClient("mongodb://localhost:27017/")
mydb = myclient["runoobdb"]
mycol = mydb["sites"]
myquery = { "name": "Taobao" }
mycol.delete_one(myquery)
# 删除后输出
for x in mycol.find():
    print(x)
```

以上代码执行集合的 delete_one()方法实现删除文档的操作，其中为文档提供的参数为"键-值对"组合，即需要删除的文档的条件是 name 为 Taobao 的内容。执行以上代码将会删除指定文档，结果如图 3-34 所示。

图 3-34　删除文档

查看图 3-34 的执行结果，对比前面的结果，可以发现 name 为 Taobao 的文档数据内容被成功删除。

3.4　lxml 模块解析数据

前面几节介绍了数据的存储，这一节来介绍数据的解析，这里将会使用到 Python 中的 lxml 模块。lxml 是 Python 的一个解析库，支持 HTML 和 XML 的解析，支持 XPath 解析方式。本节重点来介绍如何使用 lxml 模块对获取到的数据进行解析。

3.4.1　安装模块

作为 Python 模块，在命令行执行 pip 命令进行安装即可。在"命令提示符"窗口执行以下命令：

```
pip3 install lxml
```

成功执行命令后，会自动联网下载相应模块并进行部署，之后就可以正常使用该模块了。

在 Python 中导入模块：

```
import lxml
```

执行代码，如果没有错误提示，就说明成功安装 lxml 模块。

3.4.2　XPath 常用规则

lxml 模块支持以 XPath 方式进行解析，本小节就简要介绍一下 XPath 的常用规则。在 XPath 中，有 7 种类型的节点：元素、属性、文本、命名空间、处理指令、注释以及文档

（根）节点。XML 文档是被作为节点树来对待的。树的根被称为文档节点或者根节点。

XPath 的常用规则如表 3-4 所示。

表 3-4　XPath 基本语法表

表达式	含义
nodename	选取此节点的所有子节点
/	从根节点选取
//	从匹配选择的当前节点选择文档中的节点，而不考虑它们的位置
.	选取当前节点
..	选取当前节点的父节点
@	选取属性
*	通配符，选择所有元素节点与元素名
@*	选取所有属性
[@attrib]	选取具有给定属性的所有元素
[@attrib='value']	选取给定属性具有给定值的所有元素
[tag]	选取所有具有指定元素的直接子节点
[tag='text']	选取所有具有指定元素并且文本内容是 text 的节点

XPath 有以下几种节点关系：

- 父（Parent）节点：每个元素以及属性都有一个父节点。
- 子（Children）节点：元素节点可有零个、一个或多个子节点。
- 同胞（Sibling）节点：拥有相同的父节点的节点。
- 先辈（Ancestor）节点：某节点的父节点，父节点的父节点，等等。
- 后代（Descendant）节点：某节点的子节点，子节点的子节点，等等。

下面通过一个简单的例子来说明 XPath 的使用。使用 XPath 读取文本，将其解析为一个 XPath 对象，并打印出来。

【示例 3-31】解析字符串

```
from lxml import etree                # 导入 lxml
text='''
<div>
    <ul>
        <li class="item-1"><a href="link1.html">第一个</a></li>
        <li class="item-2"><a href="link2.html">second item</a></li>
        <li class="item-3"><a href="link3.html">a 属性</a>
    </ul>
</div>
'''                                                # 定义字符串
html=etree.HTML(text)                              # 初始化生成一个 XPath 解析对象
result=etree.tostring(html,encoding='utf-8')       # 解析对象输出代码
print(type(html))
```

```
print(type(result))
print(result.decode('utf-8'))
```

以上代码首先导入 lxml 库，然后定义了一个长的跨行字符串，调用 etree 对象的 HTML() 方法将定义的字符串转化为一个 XPath 解析对象；接着调用 etree 对象的 tostring()方法解析对象并输出代码；最后分别输出 html 的类型、result 的类型以及经过转码后的内容。将以上代码保存为 3-31.py，执行该代码的结果如图 3-35 所示。

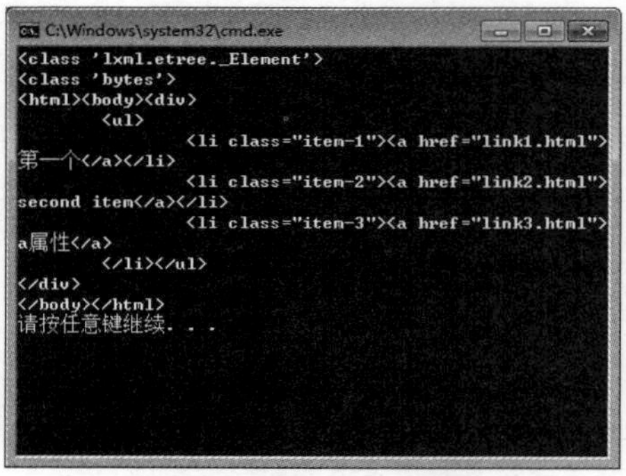

图 3-35 使用 XPath 解析字符串

查看图 3-35 的执行结果可以发现，html 是属于类 lxml.etree._Element 的对象，result 是属于类 bytes 的对象，最后输出的是转码后的内容。

> **提 示**
>
> Bytes 对象是由单个字节作为基本元素（8 位，取值范围为 0~255）组成的序列，为不可变对象。Bytes 对象只负责以二进制字节序列的形式记录所需记录的对象，至于该对象到底表示什么（比如到底是什么字符），则由相应的编码格式解码所决定。

谓语用来查找某个特定的节点或者包含某个指定值的节点。谓语被嵌在方括号中。在表 3-5 中，我们列出了带有谓语的一些路径表达式，以及表达式的结果。

表 3-5 谓词表

路径表达式	结果
/bookstore/book[1]	选取属于 bookstore 子元素的第一个 book 元素
/bookstore/book[last()]	选取属于 bookstore 子元素的最后一个 book 元素
/bookstore/book[last()-1]	选取属于 bookstore 子元素的倒数第二个 book 元素
/bookstore/book[position()<3]	选取最前面的两个属于 bookstore 元素的子元素的 book 元素
//title[@lang]	选取所有拥有名为 lang 的属性的 title 元素
//title[@lang='eng']	选取所有 title 元素，且这些元素拥有值为 eng 的 lang 属性
/bookstore/book[price>35.00]	选取 bookstore 元素的所有 book 元素，且其中的 price 元素的值需大于 35.00
/bookstore/book[price>35.00]/title	选取 bookstore 元素中的 book 元素的所有 title 元素，且其中的 price 元素的值需大于 35.00

XPath 通配符可用来选取未知的 XML 元素。
选取 bookstore 元素的所有子元素：

```
/bookstore/*
```

选取文档中的所有元素：

```
//*
```

选取所有带有属性的 title 元素。

```
//title[@*]
```

通过在路径表达式中使用"|"运算符，可以选取若干个路径。
选取 book 元素的所有 title 和 price 元素：

```
//book/title
//book/price
```

选取文档中的所有 title 和 price 元素：

```
//title
//price
```

选取属于 bookstore 元素的 book 元素的所有 title 元素，以及文档中所有的 price 元素。

```
/bookstore/book/title
 //price
```

转换 XML：

```
Import lxml          # 首先要先导入库
etree.HTML()         # 这个就是转换为 XML 的 Python 的语法，HTML 括号内填入目标站点的源码
```

注　意
在运用到 Python 抓取时要先转换为 XML。

3.4.3　读取文件进行解析

LXML 除了可以解析 HTML 字符串外，还可以解析 HTML 文件。下面的示例将说明如何使用 LXML 解析 HTML 文件。

【示例 3-32】调用 parse 方法来读取文件的文件名：text.xml

```
<div>
    <ul>
         <li class="item-0"><a href="link1.html">first item</a></li>
         <li class="item-1"><a href="link2.html">second item</a></li>
         <li class="item-inactive"><a href="link3.html"><span
class="bold">third item</span></a></li>
```

```
            <li class="item-1"><a href="link4.html">fourth item</a></li>
            <li class="item-0"><a href="link5.html">fifth item</a></li>
    </ul>
</div>
```

将以上代码保存为 text.xml 备用。

```
from lxml import etree
htmlEmt = etree.parse('text.xml')              # 使用 etree 的 parse()方法解析 XML 文件
result = etree.tostring(htmlEmt, pretty_print=True)  #pretty_print：优化输出
print(result)                                  # 输出
```

以上代码首先导入 lxml 模块中的 etree，然后通过 etree 的 parse()方法从一个 XML 文件解析一个对象，然后优化输出解析的内容。将以上代码保存为 3-32.py，执行该代码，结果如图 3-36 所示。

图 3-36　使用 LXML 解析 XML 文件

下面的示例将演示如何调用 XPath 方法来获取相应标签的文本内容。

【示例 3-33】调用 XPath 获取标签内容

```
from lxml import etree
htmlEmt = etree.parse('text.xml')          # 调用 etree 的 parse()方法解析 XML 文件
result = htmlEmt.xpath('//li')             # 获取所有 li
for r in result:
    print(etree.tostring(r))
```

以上代码首先导入 lxml 模块中的 etree，然后通过 etree 的 parse()方法从一个 XML 文件解析一个对象，然后通过 htmlEmt 的 xpath()方法获取结果文档中的所有 li，并通过遍历将结果转换为字符串进行输出。将以上代码保存为 3-33.py，执行该代码，结果如图 3-37 所示。

图 3-37　使用 XPath 获取标签内容

除了获取指定标签外，还可以获取标签内部的文本内容，使用结果对象的 text 属性即可获取，类似于 JavaScript 中的 innerHTML。下面的示例将演示获取所有超链接标签中的文本内容。

【示例 3-34】获取标签中的文本

```
from lxml import etree
htmlEmt = etree.parse('text.xml')        # 调用 etree 的 parse()方法解析 XML 文件
result = htmlEmt.xpath('//a')            # 获取所有 a
for r in result:
    print(r.text)                        # 通过 text 属性获取标签中的文本
```

以上代码首先获取所有超链接，然后通过遍历输出结果，其中使用到结果对象的 text 属性以获取超链接标签中的文本。将代码保存为 3-34.py，执行代码，结果如图 3-38 所示。

图 3-38　获取标签中的文本

3.5　本章小结

本章对如何使用 Python 进行数据存储与解析进行了介绍，其中介绍了文件存储与数据库存储，在数据库方面又分别介绍了关系型数据库 SQLite 与非关系型数据库 MongoDB，用户在实际使用时可以根据自己的需要选用合适的类型进行存储。此外还介绍了如何使用 lxml 模块对数据进行解析，使用 lxml 模块的 XPath 解析方式，用户可以获取到自己所需要的内容，从而为网络爬虫打下基础。

第 4 章

◀Python爬虫常用模块▶

Python 强大的地方就体现在它那近乎无限的模块库上。相信没有人能熟悉所有的模块功能，也没有这个必要。只需要了解标准模块库就可以解决大部分的问题，特殊需求先找第三方的模块。如果还是解决不了问题，那就到 GitHub 碰碰运气。如果实在是运气不佳，就"自己动手，丰衣足食"吧。Python 3.8 标准模块库的官方文档可参考 https://docs.python.org/3.8/py-modindex.html。本章只讲解与网络爬虫有关的常用模块。

4.1 Python 网络爬虫技术核心

网络爬虫，听起来似乎很智能，实际上也没那么复杂，可以简单地理解为使用某种编程语言（这里当然是使用 Python 语言）按照一定的顺序、规则主动抓取互联网特定信息的程序或者脚本。

4.1.1 Python 网络爬虫实现原理

Python 爬虫的原理很简单：第一步：使用 Python 的网络模块（比如 urllib2、httplib、requests 等）模拟浏览器向服务器发送正常的 HTTP（HTTPS）请求，服务器正常响应后，主机将收到包含所需信息的网页代码；第二步：主机使用过滤模块（比如 lxml、html.parser、re 等）将所需信息从网页代码中过滤出来。

在第一步中，为了使 Python 发送的 HTTP（HTTPS）请求更像是浏览器发送的，可以在其中添加报头（Header）和 Cookies。为了欺骗服务器的反爬虫，可以采取利用代理或间隔一段时间发送一个请求，以尽可能地避开反爬虫。

第二步的过滤比较简单，只需要熟悉过滤模块的规则即可。如果一个模块无法完全过滤有效信息（通常一个模块就足够了），可以采取多个模块协作的方式，特别是 re 模块，虽然使用起来比较复杂，但用于过滤非常有效。

虽然项目被称为网络爬虫，但实际上如何从服务器上顺利地得到数据更加重要，毕竟今时不同往日了，随便一个 requests 模块就能从网站得到数据的好日子已经一去不复返了。相对于得到数据而言，过滤数据要简单得多。

4.1.2 爬行策略

网络爬虫大多都不会只爬行 1 页。如果只有 1 页的数据，那也无须爬虫了，直接用 sed、awk、正则表达式就好，效率更高。既然是多页，那就涉及一个顺序问题，即先爬哪页、后爬哪页。

以一个简单的爬虫为例，从爬虫程序出发，开始爬向多个页面，然后从页面中获取数据。这种形式有点类似于树状结构，如图 4-1 所示。

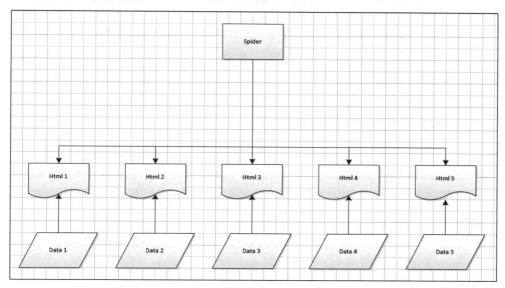

图 4-1　爬虫示意图

爬行顺序的选择有点类似于二叉树，一个是深度优先，一个是广度优先，一般大多会采用深度优先算法。这种算法是从爬虫出发，先请求 Html1 的数据，再从得到的数据中过滤得到 Data1。然后请求 Html2 的数据，再过滤得到 Data2，以此类推。个人常用的 bs4 爬虫基本都是采用这种方法。好处在于简单直观，非常符合人类正常的思维。也有采用广度优先算法的，那就先将所有的网页数据收集完毕，然后一一过滤获取其中的有效数据，只是采用这种方法的爬虫比较少见，PySpider 就是这种类型的。

> **提　示**
>
> 这只是简单爬虫爬取单个网站的策略。如果是爬取大型网站或者多个网站，就不会这么简单机械，可能需要根据网站的大小、网页的重要性以及权重等分成不同的等级来爬。比较知名的爬行策略有 pagerank、opic 等。

4.1.3 身份识别

在网络上，网站服务器是如何识别用户身份的呢？答案是 Cookie。会话和 Cookies 的概念在第 2 章已经介绍过，这里不再赘述。

Cookie 是指网站为了辨别用户身份、进行 Session 跟踪而存储在用户本地终端上的数据

（通常经过加密）。比如有些网站需要登录后才能访问某个页面，在登录之前，你想抓取某个页面的内容是不允许的，就可以利用 urllib2 库保存登录的 Cookie，再抓取其他页面就可以达到目的了。在 Python 中，负责 Cookie 部分的模块为 cookielib。

4.2 Python 3 标准库之 urllib.request 模块

涉及网络时，必不可少的模块就是 urllib 了。顾名思义，这个模块主要负责打开 URL 和 HTTP 协议之类的。Python 3 的 urllib.request 模块的官方文档可参考 https://docs.python.org/3/library/urllib.request.html#module-urllib.request。

4.2.1 urllib.request 请求返回网页

urllib.request 最简单的应用就是 urllie.request.urlopen 了，函数使用如下：

```
urllib.request.urlopen(url[, data[, timeout[, cafile[, capath[, cadefault[, context]]]]]])
```

按照官方文档，urllib.request.urlopen 可以打开 HTTP、HTTPS、FTP 协议的 URL，主要应用于 HTTP 协议。在参数中，以 ca 开头的都是跟身份验证有关的，不太常用。data 参数是以 POST 方式提交 URL 时使用的，通常使用得不多。常用的有 url 和 timeout 参数。url 参数是提交的网络地址（地址全称，前端需要协议名，后端需要端口，比如 http://192.168.1.1:80），timeout 是超时时间设置。

函数返回对象有 3 个额外的使用方法。geturl()函数返回 response 的 URL 信息，常用于 URL 重定向的情况。info()函数返回 response 的基本信息。getcode()函数返回 response 的状态代码，常见的是 200 服务器成功返回网页，404 请求的网页不存在，503 服务器暂时不可用。

【示例 4-1】测试使用 urllib.request 模块打开百度的首页。编写 connBaidu.py，打开 Putty 连接到 Linux，执行如下命令：

```
cd code/crawler
vi connBaidu.py
```

connBaidu.py 的代码如下：

```
1 #!/usr/bin/env python3
2 #-*- coding: utf-8 -*-
3 __author__ = 'hstking hst_king@hotmail.com'
4
5 import urllib.request
6
```

```
 7  def clear():
 8      '''该函数用于清屏'''
 9      print('内容较多,显示 3 秒后翻页')
10      time.sleep(3)
11      OS = platform.system()
12      if (OS == 'Windows'):
13          os.system('cls')
14      else:
15          os.system('clear')
16  
17  def linkBaidu():
18      url = 'http://www.baidu.com'
19      try:
20          response = urllib.request.urlopen(url,timeout=3)
21          result = response.read().decode('utf-8')
22      except Exception as e:
23          print("网络地址错误")
24          exit()
25      with open('baidu.txt', 'w',encoding='utf8') as fp:
26          fp.write(result)
27      print("获取 url 信息 : response.geturl() : %s" %response.geturl())
28      print("获取返回代码 : response.getcode() : %s" %response.getcode())
29      print("获取返回信息 : response.info() : %s" %response.info())
30      print("获取的网页内容已存入当前目录的 baidu.txt 中,请自行查看")
31  
32  
33  if __name__ == '__main__':
34      linkBaidu()
```

按 Esc 键,进入命令模式后输入:wq,保存 connBaidu.py。connBaidu.py 调用 urllib2 模块请求百度的主页,显示返回的信息,并将服务器答复的数据保存到 baidu.txt 文件中以备查询。执行如下命令:

```
Python3 connBaidu.py
```

得到的结果如图 4-2 所示。

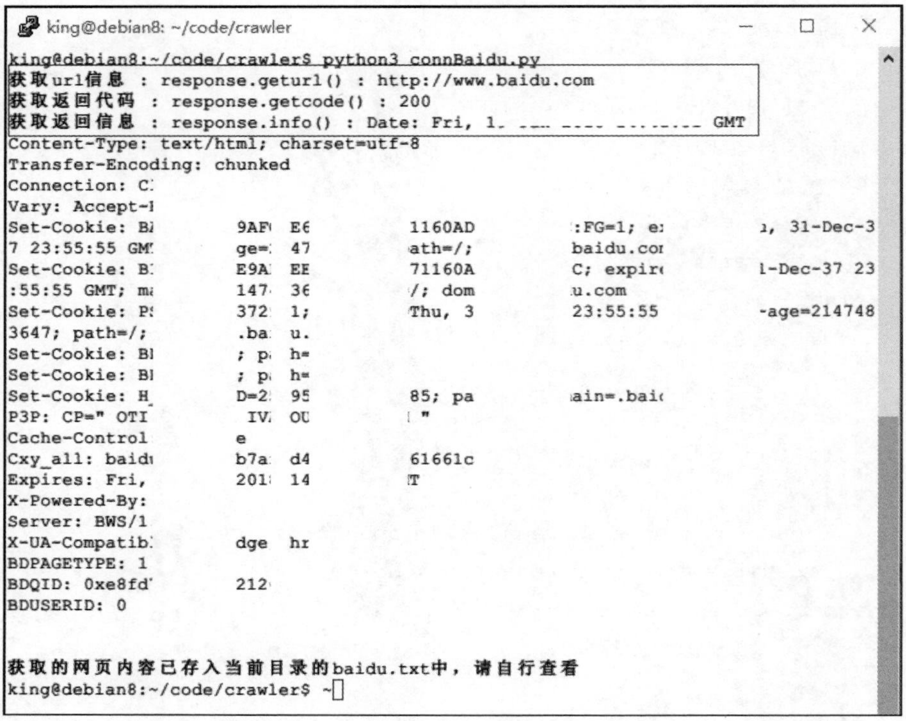

图 4-2　运行 connBaidu.py

从 baidu.txt 的结果可以看出百度首页的页面虽然很简洁，但内容还是很丰富的。最简单的 urllib2 用法就是这样了。至于那些跟身份验证有关的参数，如有需要，可自行参考官方文档或 Google。

4.2.2　urllib.request 使用代理访问网页

在使用网络爬虫时，有的网站拒绝了一些 IP 的直接访问，这时就不得不利用代理了。urllib2 添加代理的方式不止一种。这里以最简单，也是最直接的一种为例。至于免费的代理，网络上很多，可自行搜索一下，选择一个确定可用的 Proxy，这里选择的是从局域网中自设的代理 http://192.168.1.99:8080。

【示例 4-2】编写 connWithProxy.py，打开 Putty 连接到 Linux，执行如下命令：

```
cd code/crawler
vi connWithProxy.py
```

connWithProxy.py 的代码如下：

```
1  #!/usr/bin/env python3
2  #-*- coding: utf-8 -*-
3  __author__ = 'hstking hst_king@hotmail.com'
4
5  import urllib.request
```

```
 6  import sys
 7  import re
 8
 9  def testArgument():
10      '''测试输入参数,只需要一个参数'''
11      if len(sys.argv) != 2:
12          print('需要且只需要一个参数就够了')
13          tipUse()
14          exit()
15      else:
16          TP = TestProxy(sys.argv[1])
17
18  def tipUse():
19      '''显示提示信息'''
20      print('该程序只能输入一个参数,这个参数必须是一个可用的proxy')
21      print('usage: python testUrllib2WithProxy.py http://1.2.3.4:5')
22      print('usage: python testUrllib2WithProxy.py https://1.2.3.4:5')
23
24
25  class TestProxy(object):
26      '''这个类的作用是测试proxy是否有效'''
27      def __init__(self,proxy):
28          self.proxy = proxy
29          self.checkProxyFormat(self.proxy)
30          self.url = 'https://www.baidu.com'
31          self.timeout = 5
32          self.flagWord = 'www.baidu.com' # 在网页返回的数据中查找这个关键词
33          self.useProxy(self.proxy)
34
35      def checkProxyFormat(self,proxy):
36          try:
37              proxyMatch = re.compile('http[s]?://[\d]{1,3}\.[\d]{1,3}\.[\d]{1,3}\.[\d]{1,3}:[\d]{1,5}$')
38              re.search(proxyMatch,proxy).group()
39          except AttributeError as e:
40              tipUse()
41              exit()
42          flag = 1
43          proxy = proxy.replace('//','')
44          try:
45              protocol = proxy.split(':')[0]
46              ip = proxy.split(':')[1]
47              port = proxy.split(':')[2]
```

```
48          except IndexError as e:
49              print('下标出界')
50              tipUse()
51              exit()
52          flag=flag and len(proxy.split(':'))==3 and len(ip.split('.'))==4
53          flag = ip.split('.')[0] in map(str,range(1,256)) and flag
54          flag = ip.split('.')[1] in map(str,range(256)) and flag
55          flag = ip.split('.')[2] in map(str,range(256)) and flag
56          flag = ip.split('.')[3] in map(str,range(1,255)) and flag
57          flag = protocol in ['http', 'https'] and flag
58          flag = port in map(str,range(1,65535)) and flag
59          '''这里是在检查proxy的格式'''
60          if flag:
61              print('输入的http代理服务器符合标准')
62          else:
63              tipUse()
64              exit()
65
66      def useProxy(self,proxy):
67          '''利用代理访问百度,并查找关键词'''
68          protocol = proxy.split('://')[0]
69          proxy_handler = urllib.request.ProxyHandler({protocol: proxy})
70          opener = urllib.request.build_opener(proxy_handler)
71          urllib.request.install_opener(opener)
72          try:
73              response = urllib.request.urlopen(self.url,timeout = self.timeout)
74          except Exception as e:
75              print('连接错误,退出程序')
76              exit()
77          result = response.read().decode('utf-8')
78          print('%s' %result)
79          if re.search(self.flagWord, result):
80              print('已取得特征词,该代理可用')
81          else:
82              print('该代理不可用')
83
84
85  if __name__ == '__main__':
86      testArgument()
```

按 Esc 键,进入命令模式后输入:wq,保存 connWithProxy.py。connWithProxy.py 将使用

代理来访问百度的首页，并设定一个特征词。如果能在返回的结果中取得这个特征词，就说明该 proxy 是可用的。执行如下命令：

```
python3 connWithProxy.py http://192.168.1.99:8080
```

得到的结果如图 4-3 所示。

图 4-3　运行 connWithProxy.py

至此，urllib.request 使用代理打开网页测试完毕。这个程序采用的是函数与类混合的形式。这个程序无须修改即可作为模块导入其他程序中，用于测试 proxy 是否可用。

提　示
urllib.request 是 Python 3 中使用率非常高的模块，很多第三方模块都是通过包装这个模块的功能而开发出来的。这是一个必须掌握的模块。

4.2.3　urllib.request 修改 header

在使用网络爬虫获取数据时，有一些站点不喜欢被爬虫（非人为访问）访问，会检查连接者的"身份证"。默认情况下，urllib.request 把自己的版本号 Python-urllib/x.y（x 和 y 是 Python 主版本号和次版本号，例如 Python-urllib/3.6）作为"身份证号码"来通过检查。这个"身份证号码"可能会让站点迷惑，或者干脆拒绝访问。这时可以让 Python 程序冒充浏览器访问网站。网站是通过浏览器发送过来的 User-Agent 的值来确认浏览器身份的。用 urllib.request 创建一个请求对象，并给它一个包含报头数据的字典，修改 User-Agent 欺骗网站。一般来说，把 User-Agent 修改成 Internet Explorer 是最安全的，改成其他的当然也行。

先将准备工作做好，将所有常见的 User-Agent 全部放到一个 userAgents.py 文件中（在之前的程序中使用过相似的资源文件 resource.py，与之不同的是 userAgents.py 中的 User-Agent 使用的是字典结构，resource.py 使用的是列表结构。userAgents.py 适用于需要特定浏览器的页面，resource.py 则适用于页面比较友好的网页），以字典的形式保存起来，方便以后当成模块导入使用。userAgents.py 的代码如下：

```
1  #!/usr/bin/env python3
```

```
 2 #-*- coding: utf-8 -*-
 3 __author__ = 'hstking hst_king@hotmail.com'
 4
 5 pcUserAgent = {
 6 "safari 5.1 - MAC":"User-Agent:Mozilla/5.0 (Macintosh; U; Intel Mac OS X 10_6_8; en-us) AppleWebKit/534.50 (KHTML, like Gecko) Version/5.1 Safari/534.50",
 7 "safari 5.1 - Windows":"User-Agent:Mozilla/5.0 (Windows; U; Windows NT 6.1; en-us) AppleWebKit/534.50 (KHTML, like Gecko) Version/5.1 Safari/534.50",
 8 "IE 9.0":"User-Agent:Mozilla/5.0 (compatible; MSIE 9.0; Windows NT 6.1; Trident/5.0;",
 9 "IE 8.0":"User-Agent:Mozilla/4.0 (compatible; MSIE 8.0; Windows NT 6.0; Trident/4.0)",
10 "IE 7.0":"User-Agent:Mozilla/4.0 (compatible; MSIE 7.0; Windows NT 6.0)",
11 "IE 6.0":"User-Agent: Mozilla/4.0 (compatible; MSIE 6.0; Windows NT 5.1)",
12 "Firefox 4.0.1 - MAC":"User-Agent: Mozilla/5.0 (Macintosh; Intel Mac OS X 10.6; rv:2.0.1) Gecko/20100101 Firefox/4.0.1",
13 "Firefox 4.0.1 - Windows":"User-Agent:Mozilla/5.0 (Windows NT 6.1; rv:2.0.1) Gecko/20100101 Firefox/4.0.1",
14 "Opera 11.11 - MAC":"User-Agent:Opera/9.80 (Macintosh; Intel Mac OS X 10.6.8; U; en) Presto/2.8.131 Version/11.11",
15 "Opera 11.11 - Windows":"User-Agent:Opera/9.80 (Windows NT 6.1; U; en) Presto/2.8.131 Version/11.11",
16 "Chrome 17.0 - MAC":"User-Agent: Mozilla/5.0 (Macintosh; Intel Mac OS X 10_7_0) AppleWebKit/535.11 (KHTML, like Gecko) Chrome/17.0.963.56 Safari/535.11",
17 "Maxthon":"User-Agent: Mozilla/4.0 (compatible; MSIE 7.0; Windows NT 5.1; Maxthon 2.0)",
18 "Tencent TT":"User-Agent: Mozilla/4.0 (compatible; MSIE 7.0; Windows NT 5.1; TencentTraveler 4.0)",
19 "The World 2.x":"User-Agent: Mozilla/4.0 (compatible; MSIE 7.0; Windows NT 5.1)",
20 "The World 3.x":"User-Agent: Mozilla/4.0 (compatible; MSIE 7.0; Windows NT 5.1; The World)",
21 "sogou 1.x":"User-Agent: Mozilla/4.0 (compatible; MSIE 7.0; Windows NT 5.1; Trident/4.0; SE 2.X MetaSr 1.0; SE 2.X MetaSr 1.0; .NET CLR 2.0.50727; SE 2.X MetaSr 1.0)",
22 "360":"User-Agent: Mozilla/4.0 (compatible; MSIE 7.0; Windows NT 5.1; 360SE)",
23 "Avant":"User-Agent: Mozilla/4.0 (compatible; MSIE 7.0; Windows NT 5.1; Avant Browser)",
```

```
   24 "Green Browser":"User-Agent: Mozilla/4.0 (compatible; MSIE 7.0; Windows NT 5.1)"
   25 }
   26
   27 mobileUserAgent = {
   28 "iOS 4.33 - iPhone":"User-Agent:Mozilla/5.0 (iPhone; U; CPU iPhone OS 4_3_3 like Mac OS X; en-us) AppleWebKit/533.17.9 (KHTML, like Gecko) Version/5.0.2 Mobile/8J2 Safari/6533.18.5",
   29 "iOS 4.33 - iPod Touch":"User-Agent:Mozilla/5.0 (iPod; U; CPU iPhone OS 4_3_3 like Mac OS X; en-us) AppleWebKit/533.17.9 (KHTML, like Gecko) Version/5.0.2 Mobile/8J2 Safari/6533.18.5",
   30 "iOS 4.33 - iPad":"User-Agent:Mozilla/5.0 (iPad; U; CPU OS 4_3_3 like Mac OS X; en-us) AppleWebKit/533.17.9 (KHTML, like Gecko) Version/5.0.2 Mobile/8J2 Safari/6533.18.5",
   31 "Android N1":"User-Agent: Mozilla/5.0 (Linux; U; Android 2.3.7; en-us; Nexus One Build/FRF91) AppleWebKit/533.1 (KHTML, like Gecko) Version/4.0 Mobile Safari/533.1",
   32 "Android QQ":"User-Agent: MQQBrowser/26 Mozilla/5.0 (Linux; U; Android 2.3.7; zh-cn; MB200 Build/GRJ22; CyanogenMod-7) AppleWebKit/533.1 (KHTML, like Gecko) Version/4.0 Mobile Safari/533.1",
   33 "Android Opera ":"User-Agent: Opera/9.80 (Android 2.3.4; Linux; Opera Mobi/build-1107180945; U; en-GB) Presto/2.8.149 Version/11.10",
   34 "Android Pad Moto Xoom":"User-Agent: Mozilla/5.0 (Linux; U; Android 3.0; en-us; Xoom Build/HRI39) AppleWebKit/534.13 (KHTML, like Gecko) Version/4.0 Safari/534.13",
   35 "BlackBerry":"User-Agent: Mozilla/5.0 (BlackBerry; U; BlackBerry 9800; en) AppleWebKit/534.1+ (KHTML, like Gecko) Version/6.0.0.337 Mobile Safari/534.1+",
   36 "WebOS HP Touchpad":"User-Agent: Mozilla/5.0 (hp-tablet; Linux; hpwOS/3.0.0; U; en-US) AppleWebKit/534.6 (KHTML, like Gecko) wOSBrowser/233.70 Safari/534.6 TouchPad/1.0",
   37 "Nokia N97":"User-Agent: Mozilla/5.0 (SymbianOS/9.4; Series60/5.0 NokiaN97-1/20.0.019; Profile/MIDP-2.1 Configuration/CLDC-1.1) AppleWebKit/525 (KHTML, like Gecko) BrowserNG/7.1.18124",
   38 "Windows Phone Mango":"User-Agent: Mozilla/5.0 (compatible; MSIE 9.0; Windows Phone OS 7.5; Trident/5.0; IEMobile/9.0; HTC; Titan)",
   39 "UC":"User-Agent: UCWEB7.0.2.37/28/999",
   40 "UC standard":"User-Agent: NOKIA5700/ UCWEB7.0.2.37/28/999",
   41 "UCOpenwave":"User-Agent: Openwave/ UCWEB7.0.2.37/28/999",
   42 "UC Opera":"User-Agent: Mozilla/4.0 (compatible; MSIE 6.0; ) Opera/UCWEB7.0.2.37/28/999"
   43 }
```

userAgents.py 里只包含常用的 User-Agent，如有特殊需要可以继续添加，但在使用网络爬虫时最好使用常见的 User-Agent，以免被网站拒绝访问。

【示例 4-3】准备工作完毕后，开始编写 connModifyHeader.py。打开 Putty 连接到 Linux，执行如下命令：

```
cd code/crawler
vi connModifyHeader.py
```

connModifyHeader.py 的代码如下：

```
1  #!/usr/bin/env python3
2  #-*- coding: utf-8 -*-
3  __author__ = 'hstking hst_king@hotmail.com'
4
5  import urllib.request
6  import userAgents
7  '''userAgents.py 是个自定义的模块，位置处于当前目录下 '''
8
9  class ModifyHeader(object):
10     '''使用 urllib.request 模块修改 header '''
11     def __init__(self):
12         # 这个是 PC + IE 的 User-Agent
13         PIUA = userAgents.pcUserAgent.get('IE 9.0')
14         # 这个是 Mobile + UC 的 User-Agent
15         MUUA = userAgents.mobileUserAgent.get('UC standard')
16         # 测试用的网站选择的是有道翻译
17         self.url = 'http://fanyi.youdao.com'
18
19         self.useUserAgent(PIUA,1)
20         self.useUserAgent(MUUA,2)
21
22     def useUserAgent(self, userAgent ,name):
23         request = urllib.request.Request(self.url)
24         request.add_header(userAgent.split(':')[0],userAgent.split(':')[1])
25         response = urllib.request.urlopen(request)
26         fileName = str(name) + '.html'
27         with open(fileName,'a') as fp:
28             fp.write("%s\n\n" %userAgent)
29             fp.write(response.read().decode('utf-8'))
30
31  if __name__ == '__main__':
32      umh = ModifyHeader()
```

按 Esc 键，进入命令模式后输入:wq，保存 connModifyHeader.py。connModifyHeader.py

使用了两个不同的浏览器 header 访问有道翻译的主页，并将返回的结果保存起来。执行如下命令：

```
python3 connModifyHeader.py
```

得到了 1.html 和 2.html，打开这两个网页比较一下，得到的结果如图 4-4 所示。

图 4-4　运行 connModifyHeader.py

urllib.request 添加 Header 打开网页测试完毕。同一网站会给不同的浏览器返回不同的内容。所以在使用网络爬虫时，除非有反爬虫的限制（一般都有反爬虫），条件允许的话尽可能使用一个固定的 User-Agent。

4.3　Python 3 标准库之 logging 模块

logging 模块，顾名思义就是针对日志的。到目前为止，所有的程序标准输出（输出到屏幕）调用的都是 print 函数。logging 模块可以替代 print 函数的功能，并且能将标准输出保存在日志文件中，而且利用 logging 模块可以替代部分 Debug 的功能，用于程序的调试和排错。

4.3.1　简述 logging 模块

首先要讲到的是 logging 模块的几个级别。默认情况下，logging 模块有 6 个级别，分别是 NOTSET 值为 0、DEBUG 值为 10、INFO 值为 20、WARNING 值为 30、ERROR 值为 40、CRITICAL 值为 50（也可以自定义级别）。这些级别的用处是，先将自己的日志定一个级别，logging 模块发出的信息级别高于定义的级别，将在标准输出（屏幕）显示出来。发出的信息级别低于定义的级别则略过。如果未定义级别，那么默认定义的级别是 WARNING。

先测试一下。在 Windows 中打开 IDLE，执行如下命令：

```
import logging
logging.NOTSET
logging.DEBUG
logging.INFO
logging.WARNING
logging.ERROR
logging.CRITICAL
logging.debug("debug message")
logging.info("info message")
logging.warning("warning message")
logging.error("error message")
logging.critical("critical message")
```

执行结果如图 4-5 所示。

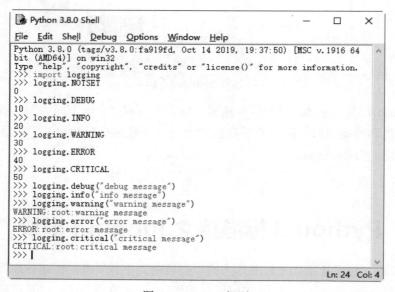

图 4-5　logging 级别

调用 logging 简单的方法是 logging.basicConfig。logging.basicConfig 方法调用的格式为：

```
logging.basicConfig([**kwargs])
```

这个方法（或函数）可用的参数有：

- filename：用指定的文件名创建 FiledHandler（后面会具体讲解 handler 的概念），这样日志会被存储在指定的文件中。
- filemode：文件打开方式，在指定了 filename 时使用这个参数，默认值为"a"，还可指定为"w"。
- format：指定 handler 使用的日志显示格式。
- datefmt：指定日期时间格式。
- level：设置 rootlogger 的日志级别。
- stream：用指定的 stream 创建 StreamHandler。可以指定输出到 sys.stderr、sys.stdout 或者文件，默认为 sys.stderr。若同时列出了 filename 和 stream 两个参数，则 stream 参数会被忽略。

参数中的 format 参数可能用到的格式化串：

- %(name)s：logger 的名字。
- %(levelno)s：数字形式的日志级别。
- %(levelname)s：文本形式的日志级别。
- %(pathname)s：调用日志输出函数的模块的完整路径名，可以没有。
- %(filename)s：调用日志输出函数的模块的文件名。
- %(module)s：调用日志输出函数的模块名。
- %(funcName)s：调用日志输出函数的函数名。
- %(lineno)d：调用日志输出函数的语句所在的代码行。
- %(created)f：当前时间，用 Unix 标准的表示时间的浮点数表示。
- %(relativeCreated)d：输出日志信息时，自 logger 创建以来的毫秒数。
- %(asctime)s：字符串形式的当前时间。默认格式是"2003-07-08 16:49:45,896"，逗号后面的是毫秒。
- %(thread)d：线程 ID，可以没有。
- %(threadName)s：线程名，可以没有。
- %(process)d：进程 ID，可以没有。
- %(message)s：用户输出的消息。

还有一些参数应用及进程、线程等高级应用，可自行参考官方文档或 Google。
参数中的 datefmt 是日期的格式化，常用的几个格式化如下：

- %Y：年份的长格式，如 1999。
- %y：年份的短格式，如 99。
- %m：月份，01~12。
- %d：日期，01~31。
- %H：小时，0~23。
- %w：星期，0~6，星期天是 0。
- %M：分钟，00~59。
- %S：秒，00~59。

日期格式化的参数还有一些不太常用的，这里就不多介绍了。读者可自行参考官方文档或 Google。

【示例 4-4】调用 logging.basicConfig 写一个基本的日志模块应用程序，编写 testLogging.py，打开 Putty 连接到 Linux，执行如下命令：

```
cd code/crawler
vi testLogging.py
```

testLogging.py 的代码如下：

```
 1  #!/usr/bin/env python3
 2  #-*- coding: utf-8 -*-
 3  __author__ = 'hstking hst_king@hotmail.com'
 4
 5  import logging
 6
 7  class TestLogging(object):
 8      def __init__(self):
 9          logFormat='%(asctime)-12s %(levelname)-8s %(name)-10s %(message)-12s'
10          logFileName = './testLog.txt'
11
12          logging.basicConfig(level = logging.INFO,
13  format = logFormat,
14  filename = logFileName,
15  filemode = 'w')
16
17          logging.debug('debug message')
18          logging.info('info message')
19          logging.warning('warning message')
20          logging.error('error message')
21          logging.critical('critical message')
22
23
24  if __name__ == '__main__':
25      tl = TestLogging()
```

按 Esc 键，进入命令模式后输入:wq，保存 testLogging.py。testlogging.py 用于测试 logging 模块。该脚本使用不同的级别向 logger 发送了几条信息。执行如下命令：

```
python3 testLogging.py
cat testLog.txt
```

执行结果如图 4-6 所示。

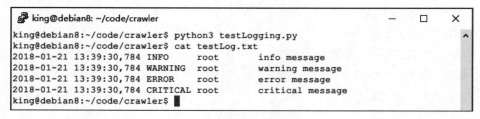

图 4-6　执行结果

默认的 logging 级别是 logging.INFO（程序第 12 行），而 logging.debug（程序第 17 行）的级别低于 logging.INFO，所以没有显示。

在程序中的关键位置插入 log 信息，执行 Python 程序时出现什么问题，可以直接查找日志文件，无须再一步一步地进行 Debug 调试。

4.3.2 自定义模块 myLog

使用 logging 模块很方便，但在编写过程中添加一大堆代码就不是那么愉快的事情了。好在 Python 有强大的 import，完全可以先配置一个 myLog.py，以后需要使用时直接导入程序中即可。

【示例 4-5】编写 myLog.py。打开 Putty 连接到 Linux，执行如下命令：

```
cd code/crawler
vi myLog.py
```

myLog.py 的代码如下：

```
 1  #!/usr/bin/env python3
 2  # -*- coding:utf-8 -*-
 3  __author__ = 'hstking hst_king@hotmail.com'
 4
 5  import logging
 6  import getpass
 7  import sys
 8
 9
10  # 定义 MyLog 类
11  class MyLog(object):
12      '''这个类用于创建一个自用的 log '''
13      def __init__(self): # 类 MyLog 的构造函数
14          user = getpass.getuser()
15          self.logger = logging.getLogger(user)
16          self.logger.setLevel(logging.DEBUG)
17          logFile = './' + sys.argv[0][0:-3] + '.log'  # 日志文件名
18          formatter = logging.Formatter('%(asctime)-12s %(levelname)-8s %(name)-10s %(message)-12s')
19
20          '''日志显示到屏幕上并输出到日志文件内'''
21          logHand = logging.FileHandler(logFile)
22          logHand.setFormatter(formatter)
23          logHand.setLevel(logging.ERROR)   # 只有错误才会被记录到 logfile 中
24
25          logHandSt = logging.StreamHandler()
26          logHandSt.setFormatter(formatter)
27
```

```
28          self.logger.addHandler(logHand)
29          self.logger.addHandler(logHandSt)
30
31      ''' 日志的 5 个级别对应以下的 5 个函数 '''
32      def debug(self,msg):
33          self.logger.debug(msg)
34
35      def info(self,msg):
36          self.logger.info(msg)
37
38      def warn(self,msg):
39          self.logger.warn(msg)
40
41      def error(self,msg):
42          self.logger.error(msg)
43
44      def critical(self,msg):
45          self.logger.critical(msg)
46
47  if __name__ == '__main__':
48      mylog = MyLog()
49      mylog.debug("I'm debug")
50      mylog.info("I'm info")
51      mylog.warn("I'm warn")
52      mylog.error("I'm error")
53      mylog.critical("I'm critical")
```

按 Esc 键，进入命令模式后输入:wq，保存 myLog.py。myLog.py 可以当成一个脚本执行，也可以当成一个模块导入其他的脚本中执行。在这里是作为脚本使用的，它的作用是将所有的 log 信息显示到屏幕上，错误信息存入 log 文档中。执行如下命令：

```
python myLog.py
cat myLog.log
```

执行结果如图 4-7 所示。

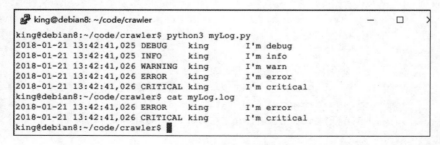

图 4-7　执行结果

【示例 4-6】再编写一个 testMyLog.py，在程序中导入图 4-7 中的 myLog.py 作为模块使用。编写 testMyLog.py，打开 Putty 连接到 Linux，执行如下命令：

```
cd code/crawler
vi testMyLog.py
```

testMyLog.py 的代码如下：

```
1  #!/usr/bin/env python3
2  #-*- coding: utf-8 -*-
3  __author__ = 'hst_king hst_king@hotmail.com'
4
5  from myLog import MyLog
6
7  if __name__ == '__main__':
8      ml = MyLog()
9      ml.debug('I am debug message')
10     ml.info('I am info message')
11     ml.warn('I am warn message')
12     ml.error('I am error message')
13     ml.critical('I am critical message')
```

按 Esc 键，进入命令模式后输入 :wq，保存 testMyLog.py。testMyLog.py 调用了 myLog.py，将它作为模块使用。执行如下命令：

```
python testMyLog.py
cat testMyLog.log
```

执行结果如图 4-8 所示。

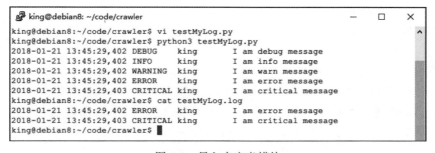

图 4-8　导入自定义模块

在编程时，有时为了查看程序的进度和参数的变化，在程序中间插入了大量的 print。检查完毕后又要逐个删除，费时费力。使用 log 后就简单多了，调试信息直接保存为日志文件即可。

4.4 re 模块（正则表达式）

在编写网络爬虫时，还有一些模块是必不可少的。这些模块使用频率不高，如果不想深究，稍作了解即可。

4.4.1 re 模块（正则表达式的操作）

re 模块是文件处理中必不可少的模块，主要应用于字符串的查找、定位等。在使用网络爬虫时，即使没有爬虫框架，re 模块配合 urllib2 模块也可以完成简单的爬虫功能。先来看看正则表达式，以下是 Python 支持的正则表达式元字符和语法。

1. 字符

- .：匹配任意除换行符"\n"外的字符，例如.abc 匹配 abc。
- \：转义字符，使后一个字符改变原来的意思，例如 a\.bc 匹配 a.bc。
- [...]：字符集（字符类）。对应字符集中的任意字符，第一个字符是^则取反，例如 a[bc]d 匹配 abd 和 acd。

2. 预定义字符集

- \d：数字[0-9]。
- \D：非数字[^\d]。
- \s：空白字符[空格\t\r\n\f\v]。
- \S：非空白字符[^\s]。
- \w：单词字符[a-zA-Z0-9_]。
- \W：非单词字符[^\w]。

3. 数量词

- *：匹配前一个字符 0 或无限次，例如 a1*b 匹配 ab、a1b、a11b…。
- +：匹配前一个字符 1 或无限次，例如 a1*b 匹配 a1b、a11b…。
- ?：匹配前一个字符 0 或 1 次，例如 a1*b 匹配 ab、a1b。
- {m}：匹配前一个字符 m 次，例如 a1{3}b 匹配 a111b。
- {m,n}：匹配前一个字符 m 至 n 次，例如 a1{2,3}b 匹配 a11b、a111b。

4. 边界匹配

- ^：匹配字符串开头，例如^abc 匹配以 abc 开头的字符串。
- $：匹配字符串结尾，例如 xyz$匹配以 xyz 结尾的字符串。
- \A：仅匹配字符串开头，例如\Aabc。
- \Z：仅匹配字符串结尾，例如 Xyz\Z。

Python 的 re 模块提供了两种不同的原始操作：match 和 search。match 是从字符串的起点开始匹配，而 search（perl 默认）是对字符串做任意匹配。常用的几个 re 模块方法如下：

- re.compile(pattern, flags=0)：将字符串形式的正则表达式编译为 Pattern 对象。
- re.search(string[, pos[, endpos]])：从 string 的任意位置开始匹配。
- re.match(string[, pos[, endpos]])：从 string 的开头开始匹配。
- re.findall(string[, pos[, endpos]])：从 string 的任意位置开始匹配，返回一个列表。
- re.finditer(string[, pos[, endpos]])：从 string 的任意位置开始匹配，返回一个迭代器。
  一般匹配 findall 即可，大数量的匹配还是使用 finditer 比较好。

简单地测试一下，打开 IDLE，执行如下命令：

```
import re
s = 'I am python modules test for re modules'
re.search('am',s)
re.search('am',s).group()
re.match('am',s)
re.match('I am',s)
re.match('I am',s).group()
re.findall('modules',s)
re.finditer('modules',s)
for sre in re.finditer('modules',s):
    print(sre.group())
```

执行结果如图 4-9 所示。

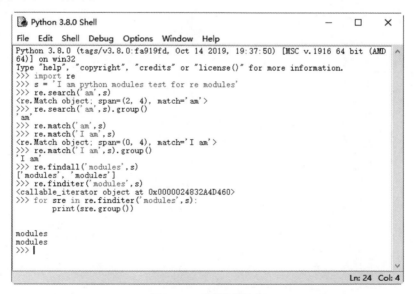

图 4-9　re 匹配字符串

4.4.2　re 模块实战

现在用 re 模块和 urllib2 模块来实现一个简单的网络爬虫，例如看看最近的电影院当日播放的电影。先找找最近的电影院，以金逸影院为例。找到影院页面 http://www.wandacinemas.com/，先使用 urllib2 模块抓取整个网页，再使用 re 模块获取影视信息。

【示例 4-7】编写 crawlWithRe.py，打开 Putty 连接到 Linux，执行如下命令：

```
cd code/crawler
vi crawlWithRe.py
```

crawlWithRe.py 的代码如下：

```
 1  #!/usr/bin/env python
 2  #-*- coding: utf-8 -*-
 3  __author__ = 'hstking hstking@hotmail.com'
 4
 5  import re
 6  import urllib.request
 7  import codecs
 8  import time
 9
10  class Todaymovie(object):
11      '''获取金逸影院当日影视 '''
12      def __init__(self):
13          self.url = 'http://www.wandacinemas.com/'
14          self.timeout = 5
15          self.fileName = 'wandaMovie.txt'
16          '''内部变量定义完毕 '''
17          self.getmovieInfo()
18
19      def getmovieInfo(self):
20          response = urllib.request.urlopen(self.url,timeout=self.timeout)
21          result = response.read().decode('utf-8')
22          pattern = re.compile('<span class="icon_play" title=".*?">')
23          movieList = pattern.findall(result)
24          movieTitleList = map(lambda x:x.split('"')[3], movieList)
25          # 使用 map 过滤出电影标题
26          with codecs.open(self.fileName, 'w', 'utf-8') as fp:
27              print("Today is %s \r\n" %time.strftime("%Y-%m-%d"))
28              fp.write("Today is %s \r\n" %time.strftime("%Y-%m-%d"))
29              for movie in movieTitleList:
```

```
30                          print("%s\r\n" %movie)
31                          fp.write("%s \r\n" %movie)
32
33
34 if __name__ == '__main__':
35     tm = Todaymovie()
```

按 Esc 键,进入命令模式后输入:wq,保存 crawlWithRe.py。crawlWithRe.py 使用 urllib2 模块获取 URL 的返回信息,然后使用 re 模块从结果中过滤得到当日电影的列表,最后显示到屏幕上。执行如下命令:

```
python3 crawlWithRe.py
```

执行结果如图 4-10 所示。

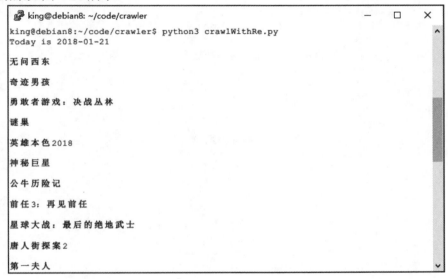

图 4-10　执行结果

看起来不像是网络爬虫,对吗?严格来说这个就是网络爬虫,只是爬取的内容很简单,也很少罢了。当爬取的内容比较少的时候,网络爬虫也可以这么写。稍微复杂点的、爬取内容多一点的,按照这个方法写就很痛苦了,简单点的办法就是使用爬虫框架。

4.5　其他有用模块

4.5.1　sys 模块(系统参数获取)

sys 模块,顾名思义就是跟系统相关的模块,这个模块的函数方法不多。常用的有两个:sys.argv 和 sys.exit。sys.argv 返回一个列表,包含所有的命令行参数;sys.exit 则是退出程序,再就是可以返回当前系统平台。这个模块比较简单,稍作了解即可。

【示例 4-8】编写 testSys.py,打开 Putty 连接到 Linux,执行如下命令:

```
cd code/crawler
vi testSys.py
```

testSys.py 的代码如下:

```
 1  #!/usr/bin/env python3
 2  #-*- coding: utf-8 -*-
 3  __author__ = 'hstking hst_king@hotmail.com'
 4
 5  import sys
 6
 7  class ShowSysModule(object):
 8      '''这个类用于展示 Python 标准库中的 sys 模块 '''
 9      def __init__(self):
10          print('sys 模块最常用的功能就是获取程序的参数')
11          self.getArg()
12          print('其次就是获取当前的系统平台')
13          self.getOs()
14
15      def getArg(self):
16          print('开始获取参数的个数')
17          print('当前参数有 %d 个' %len(sys.argv))
18          print('这些参数分别是 %s' %sys.argv)
19
20      def getOs(self):
21          print('sys.platform 返回值对应的平台: ')
22          print('System\t\t\tPlatform')
23          print('Linux\t\t\tlinux2')
24          print('Windows\t\t\twin32')
25          print('Cygwin\t\t\tcygwin')
26          print('Mac OS X\t\tdarwin')
27          print('OS/2\t\t\tos2')
28          print('OS/2 EMX\t\tos2emx')
29          print('RiscOS\t\t\triscos')
30          print('AtheOS\t\t\tatheos')
31          print('\n')
32          print('当前的系统为 %s' %sys.platform)
33
34  if __name__ == '__main__':
35      ssm = ShowSysModule()
```

按 Esc 键,进入命令模式后输入:wq 保存 testSys.py。testSys.py 顾名思义用于测试 sys 模块。该脚本将获取系统平台、Python 脚本参数的个数、参数的值等信息。执行如下命令:

```
python testSys.py 1 2 3 4 5
```

执行结果如图 4-11 所示。

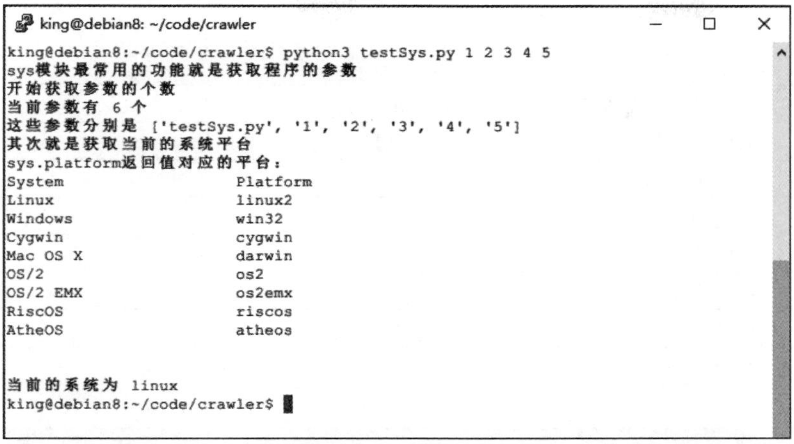

图 4-11　执行结果

sys 模块用处不多，但也需要熟悉。顾名思义，它的主要作用就是返回系统信息。

4.5.2　time 模块（获取时间信息）

Python 中的 time 模块是与时间相关的模块。这个模块用得最多的地方可能就是计时器。本节只介绍这个模块常用的几个函数。

- time.time()：返回当前的时间戳。
- time.localtime([secs])：默认将当前时间戳转换成当前时区的 struct_time。
- time.sleep(secs)：计时器。
- time.strftime(format[, t])：把一个 struct_time 转换成格式化的时间字符串。这个函数支持的格式符号如表 4-1 所示。

表 4-1　时间字符串支持的格式符号

格式	含义
%a	本地（locale）简化的星期名称
%A	本地完整的星期名称
%b	本地简化的月份名称
%B	本地完整的月份名称
%c	本地相应的日期和时间表示
%d	一个月中的第几天（01～31）
%H	一天中的第几个小时（24 小时制，00～23）
%I	第几个小时（12 小时制，01～12）
%j	一年中的第几天（001～366）
%m	月份（01～12）
%M	分钟数（00～59）
%p	本地 am 或者 pm 的响应符
%S	秒（01～61）
%U	一年中的星期数

(续表)

格式	含义
%w	一个星期中的第几天（0~6，0 是星期天）
%W	和%U 基本相同，不同的是%W 以星期一为一个星期的开始
%x	本地相应日期
%X	本地相应时间
%y	简化的年份（00~99）
%Y	完整的年份
%Z	时区的名字（如果不存在，就为空字符）
%%	'%'字符

> **备 注**
>
> 在调用 strftime()函数时，%p 和%I 配合使用才有效。%S 中的秒是 0~61，闰年中的秒占两秒。在使用 strftime()函数时，只有当年中的周数和天数被确定时，%U 和%W 才被计算。

简单地测试一下，在 Windows 中打开 IDLE，执行如下命令：

```
import time
time.time()
time.localtime()
for i in range(5):
 time.sleep(1)
 print (i)
time.strftime('%Y-%m-%d %X' ,time.localtime())
```

执行结果如图 4-12 所示。

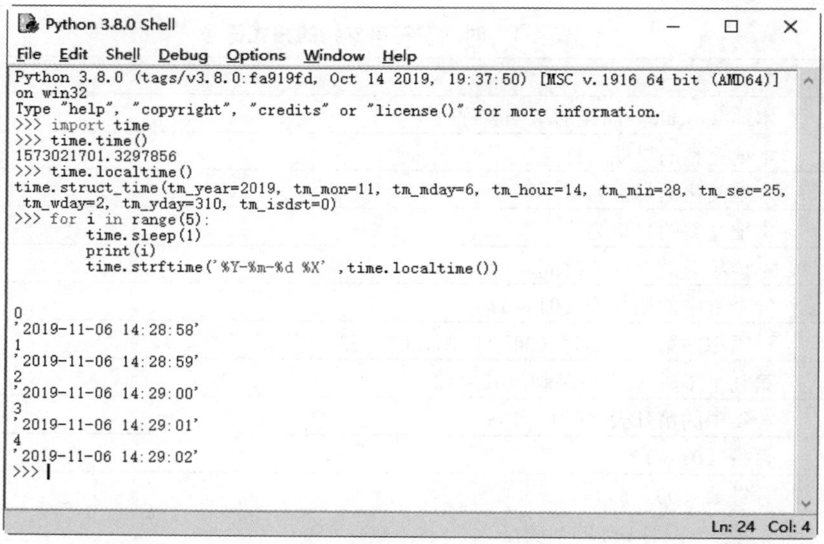

图 4-12 执行结果

【示例 4-9】 编写一个简单的程序，实验一下 time 模块。编写 testTime.py，打开 Putty 连接到 Linux，执行如下命令：

```
cd code/crawler
vi testTime.py
```

testTime.py 的代码如下：

```python
1  #!/usr/bin/env python
2  #-*- coding: utf-8 -*-
3  __author__ = 'hstking hst_king@hotmail.com'
4
5
6  import time
7  from myLog import MyLog
8  ''' 这里的 myLog 是自建的模块，处于该文件的同一目录下'''
9
10 class TestTime(object):
11     def __init__(self):
12         self.log = MyLog()
13         self.testTime()
14         self.testLocaltime()
15         self.testSleep()
16         self.testStrftime()
17
18     def testTime(self):
19         self.log.info('开始测试time.time()函数')
20         print('当前时间戳为: time.time() = %f' %time.time())
21         print('这里返回的是一个浮点型的数值，它是从1970纪元后经过的浮点秒数')
22         print('\n')
23
24     def testLocaltime(self):
25         self.log.info('开始测试time.localtime()函数')
26         print('当前本地时间为: nowTime= %s' %time.strftime('%Y-%m-%d %H:%M%S'))
27         print('这里返回的是一个struct_time结构的元组')
28         print('\n')
29
30     def testSleep(self):
31         self.log.info('开始测试time.sleep()函数')
32         print('这是个计时器: time.sleep(5)')
33         print('闭上眼睛数上 5 秒就可以了')
34         time.sleep(5)
35         print('\n')
```

```
36
37      def testStrftime(self):
38          self.log.info('开始测试 time.strftime()函数')
39          print('这个函数返回的是一个格式化的时间')
40          print('time.strftime("%%Y-%%m-%%d %%X",time.localtime())
 = %s' %time.strftime("%Y-%m-%d %X",time.localtime()))
41          print('\n')
42
43
44  if __name__ == '__main__':
45      tt = TestTime()
```

按 Esc 键，进入命令模式后输入:wq，保存 testTime.py。testTime.py 测试了 time 模块的定时器功能，并显示当前时间。执行如下命令：

```
python testTime.py
```

执行结果如图 4-13 所示。

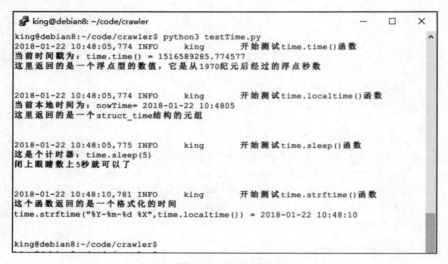

图 4-13　执行结果

time 模块还有很多函数，常用的是计时器，其次就是时间戳。

4.6　本章小结

如果只想大致了解 Python 网络爬虫，熟悉这些模块就差不多了。即使爬虫中可能还需要其他模块，也无须担心，大多只是需要模块中的某个函数。Python 的标准模块差不多有 300 个，熟悉所有的模块既没必要，又不可能，用到哪个模块就熟悉哪个模块，这样就可以了。

第 5 章

◀ Scrapy爬虫框架 ▶

网络爬虫的最终目的是从网页中截取自己所需要的内容。最直接的方法当然是用 urllib2 请求网页得到结果，然后使用 re 取得所需的内容，但网站不可能都是统一的，都有自己的特点，每个页面都可能需要进行微调，如果所有的爬虫都这样写，工作量未免太大了点，所以才有了爬虫框架。

Python 下的爬虫框架不少，最简单的就要数 Scrapy 了。首先它的资料比较全，网上的指南、教程也比较多。其次它够简单，只要按需填空即可，简简单单就能获取所需的内容，非常方便。

5.1 安装 Scrapy

Scrapy 的官网地址是 http://scrapy.org，它的安装方式很多，官网上就给出了 4 种，即 PyPI、Conda、APT、Source 安装。

5.1.1 在 Windows 下安装 Scrapy 环境

在 Windows 下安装 Scrapy 除了不能使用 APT 安装外，其他的 3 种方法都是可以的。这里选择最简单的 PyPI 安装，也就是 pip 安装。pip 安装 Scrapy 的前提条件是已经安装好了 Python，并配置好了 pip 源。如果这些条件已经具备，安装 Scrapy 只需要打开"命令提示符"窗口，执行一条命令即可。打开"命令提示符"窗口并执行命令：

```
pip install scrapy
```

执行结果如图 5-1 所示。

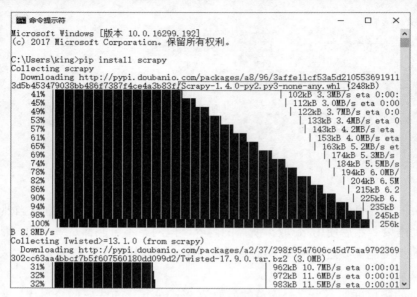

图 5-1　使用 pip 安装 Scrapy

在 Windows 下安装 Scrapy 可能会遇到依赖包 Twisted 无法安装的问题（一般情况下应该都没什么问题）。如果实在安装不了，那么可以选择安装 Anaconda 后，使用 Conda 包管理工具来安装 Scrapy for Python 3。

5.1.2　在 Linux 下安装 Scrapy

在 Linux 下只能采取 pip 的安装方式来安装 Scrapy。Linux 下默认安装了 Python 2 和 Python 3，因此安装命令需要稍微修改一下，执行如下命令：

```
python3 -m pip install scrapy
```

执行结果如图 5-2 所示。

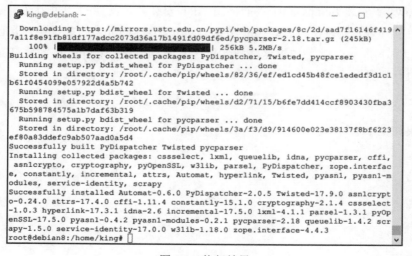

图 5-2　执行结果

查看安装的 Scrapy 版本，如图 5-3 所示。

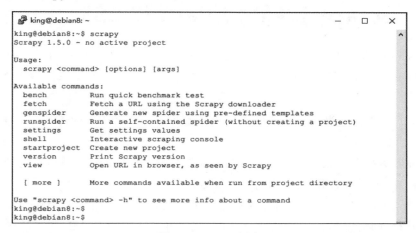

图 5-3　Scrapy 版本

现在 Scrapy 已经安装完毕，可以使用了。

5.1.3　vim 编辑器

本章的 Scrapy 项目主要是在 Linux 下运行的。目前在 Linux 下最强大的 IDE 还是 Eclipse，但最方便的却是 vim（vim 是 vi 的强化版，而 vi 是所有 Linux 发行版本都默认安装的文本编辑器）。

vim 是一个文本编辑器，在上手时可能稍微有点麻烦。它有一些快捷键和命令是必须要记住的（实际上只需要记住常用的几个操作就可以了，比如定位、复制、粘贴、删除、替换……），可以边使用边记忆。等熟悉了 vim 的操作方法，就会发现文本编辑是如此简单。对不同的编程语言配合不同的插件，可以将 vim 配置成一个专属的 IDE。

Vim 的安装非常简单，使用 Putty 登录 Linux 后，以 root 用户执行如下命令：

```
apt-get install vim
```

vim 的配置文件是 /etc/vim/vimrc 和 /home/`user`/.vim/vimrc（对于用户 king 来说就是 /home/king/.vim/vimrc）。前者是系统配置文件，后者是用户的配置文件。若两者相冲突，则以后者为主（这个有点类似于编程语言中的全局变量与函数变量同名时作用域的关系）。

vim 的配置项很多，这里就不一一列举了。为了方便编写 Python 程序，这里只修改简单的设置。笔者的 vimrc 文件如下：

```
1 set tabstop=4
2 set number
3 set noexpandtab
```

第 1 行是将 tabstop 设置成 4 个空格，第 2 行是显示行号，第 3 行不将 tabstop 转换成空格。

如果经常在 Linux 下编写 Python 程序，可以到 GitHub 上下载 vim 变身 Python IDE 的配置文件。仔细调试一下，vim IDE 不比 Windows 下的 Python IDE 差。

5.2 Scrapy 选择器 XPath 和 CSS

在使用 Scrapy 爬取数据前，需要先了解 Scrapy 的选择器。在前面的章节曾经提过，网络爬虫的原理就是获取网页，然后提取所需的内容。获取网页很简单，重点就在提取内容上。如何提取？使用 Python 的 re 模块，前面的章节中已经尝试过了。简单的网页使用 re 模块提取就可以了，而提取复杂一点的网页内容就麻烦了。不是说完全不可以，但是有简单的方法又何必自己编写新方法呢？

Scrapy 提取数据有自己的一套机制，被称作选择器（Selector），通过特定的 XPath 或者 CSS 表达式来"选择"HTML 文件中的某个部分。

XPath 是一门用来在 XML 文件中选择节点的语言，也可以用在 HTML 上。CSS 是一门将 HTML 文档样式化的语言。选择器由 CSS 定义，并与特定的 HTML 元素的样式相关联。

Scrapy 的选择器构建于 lxml 库之上，这意味着它们在速度和解析准确性上非常相似，所以喜欢哪种选择器就使用哪种，它们从效率上完全没有区别。

5.2.1 XPath 选择器

XPath 是一门在 XML 文档中查找信息的语言。XPath 可用来在 XML 文档中对元素和属性进行遍历。XPath 含有超过 100 个内建的函数（也称为方法）。这些函数用于字符串值、数值、日期和时间比较、节点和 QName 处理、序列处理、逻辑值等。在网络爬虫中，只需要利用 XPath "采集"数据，如果想深入研究，可参考 www.w3school.com.cn 中的 XPath 教程。

在 XPath 中，有 7 种类型的节点：元素、属性、文本、命名空间、处理指令、注释以及文档节点（或称为根节点）。XML 文档被作为节点树来对待。树的根被称为文档节点或者根节点。

【示例 5-1】编写一个简单的 XML 文件，以便演示。执行如下命令：

```
Cd
mkdir scrapy
cd code/scrapy
mkdir -pv scrapy/selectors
cd scrapy/selectors
vi superHero.xml
```

在这里创建了 Scrapy 的工作目录 scrapyProject，并在该目录下创建了选择器的工作目录 selectors。在该目录下创建选择器的演示文件 superHero.xml。superHero.xml 的代码如下：

```
1 <superhero>
2   <class>
3     <name lang="en">Tony Stark </name>
```

```
 4      <alias>Iron Man </alias>
 5      <sex>male </sex>
 6      <birthday>1969 </birthday>
 7      <age>47 </age>
 8  </class>
 9  <class>
10      <name lang="en">Peter Benjamin Parker </name>
11      <alias>Spider Man </alias>
12      <sex>male </sex>
13      <birthday>unknow </birthday>
14      <age>unknown </age>
15  </class>
16  <class>
17      <name lang="en">Steven Rogers </name>
18      <alias>Captain America </alias>
19      <sex>male </sex>
20      <birthday>19200704 </birthday>
21      <age>96 </age>
22  </class>
23  </superhero>
```

很简单的一个 XML 文件，在浏览器中打开这个文件，如图 5-4 所示。

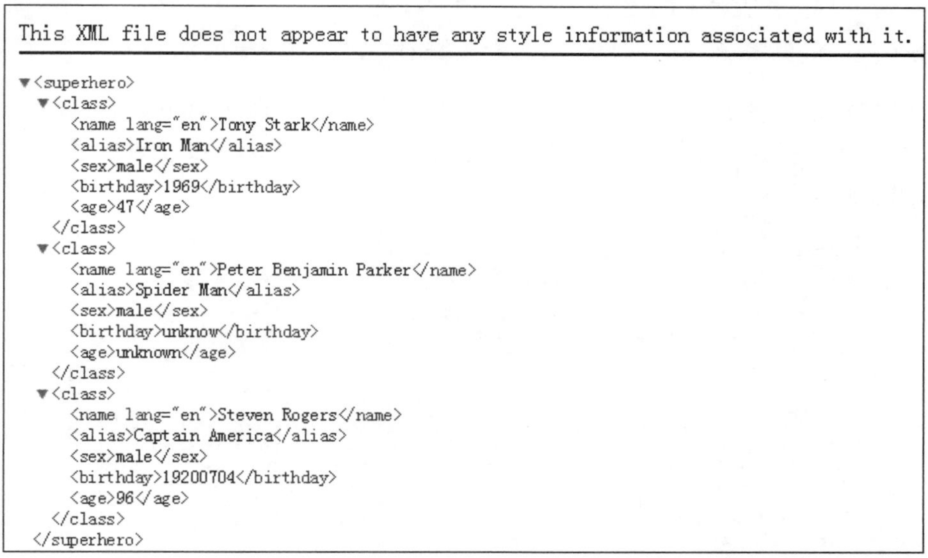

```
This XML file does not appear to have any style information associated with it.
▼<superhero>
  ▼<class>
      <name lang="en">Tony Stark</name>
      <alias>Iron Man</alias>
      <sex>male</sex>
      <birthday>1969</birthday>
      <age>47</age>
    </class>
  ▼<class>
      <name lang="en">Peter Benjamin Parker</name>
      <alias>Spider Man</alias>
      <sex>male</sex>
      <birthday>unknow</birthday>
      <age>unknown</age>
    </class>
  ▼<class>
      <name lang="en">Steven Rogers</name>
      <alias>Captain America</alias>
      <sex>male</sex>
      <birthday>19200704</birthday>
      <age>96</age>
    </class>
  </superhero>
```

图 5-4　选择器演示文件 superHero.xml

后面的选择器都以该文件为例。在 superHero.xml 中，<superhero>是文档节点，<alias>Iron Man</alias>是元素节点，lang="en"是属性节点。

从节点的关系来看，第一个 Class 节点是 name、alias、sex、birthday、age 节点的父节点（Parent）。反过来说，name、alias、sex、birthday、age 节点是第一个 Class 节点的子节点

（Child）。name、alias、sex、birthday、age 节点之间互为同胞节点（Sibling）。这只是一个简单的例子，如果节点的"深度"足够，还会有先辈节点（Ancestor）和后代节点（Descendant）。

XPath 使用路径表达式在 XML 文档中选取节点。表 5-1 中列出了常用的路径表达式。

表 5-1 常用的路径表达式

表达式	含义
nodeName	选取此节点的所有子节点
/	从根节点选取
//	从匹配选择的当前节点选择文档中的节点，不考虑它们的位置
.	选取当前节点
..	选取当前节点的父节点
@	选取属性
*	匹配任何元素节点
@*	匹配任何属性节点
Node()	匹配任何类型的节点

下面用 XPath 选择器来"采集"XML 文件中所需的内容，先做好准备工作。执行如下命令：

```
python3
from scrapy.selector import Selector
with open('./superHero.xml','r') as fp:
 body = fp.read()
Selector(text=body).xpath('/*').extract()
```

首先启动 Python，导入 scrapy.selector 模块中的 Selector，打开 superHero.xml 文件，并将其内容写入 body 变量中，最后使用 XPath 选择器显示 superHero.xml 文件中的所有内容。执行结果如图 5-5 所示。

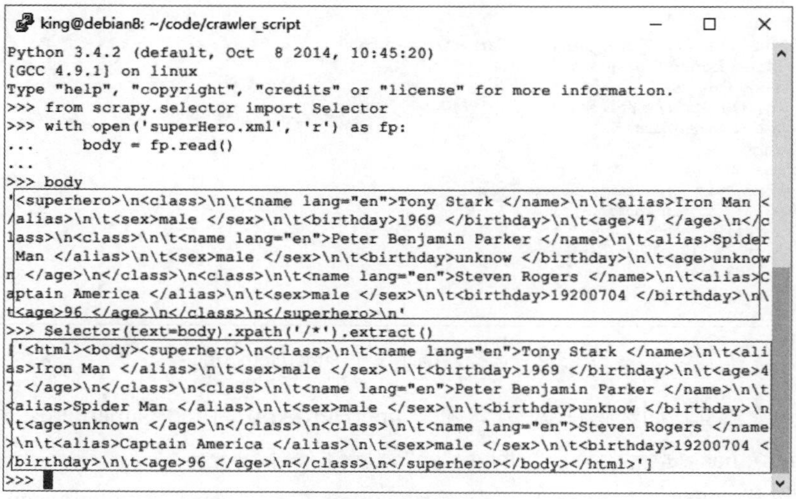

图 5-5 执行结果

> **提 示**
>
> 选择器从根节点选择所有节点时得到的数据和直接从文件中读取的数据有点不一样。因为示例文件并不是一个标准的 HTML 文件，所以在选择器中被自动添加了<html>和<body>标签。也就是说，在选择器看来，示例文件的根节点并不是<superhero>，而是<html>。

好了，现在来看如何使用 XPath 选择器"收集"数据，如图 5-6 所示。

图 5-6　XPath 选择器收集数据

XPath 中常用的几个方法就是如此了，非常简单。"隐藏"得不太深的数据直接用 XPath 选择器挑选即可。复杂一点的，用组合选择就能很方便地解决。只要有点耐心，再复杂的数据也可以分离出来。

5.2.2　CSS 选择器

CSS 看起来是不是很眼熟？没错，就是你已经知道的那个 CSS——层叠样式表。CSS 规则由两个主要的部分构成：选择器；一条或多条声明。

```
selector {declaration1; declaration2; ... declarationN }
```

CSS 是网页代码中非常重要的一环，即使不是专业的 Web 从业人员，也有必要认真学习一下。这里只简略介绍与爬虫密切相关的选择器，表 5-2 中列出了 CSS 经常使用的几个选择器。

表 5-2 CSS 选择器

选择器	值	含义
.class	.intro	选择 class="intro"的所有元素
#id	#firstname	选择 id="firstname"的所有元素
*	*	选择所有元素
element	p	选择所有<p>元素
element,element	div,p	选择所有<div>元素和所有<p>元素
element element	div p	选择<div>元素内部的所有 p 元素
[attribute]	[target]	选择带有 target 属性的所有元素
[attribute=value]	[target=_blank]	选择 target="_blank"的所有元素

与 XPath 选择器相比，CSS 选择器稍微复杂一点，但其强大的功能弥补了这点缺陷。下面就来试验一下 CSS 选择器如何收集数据，如图 5-7 所示。

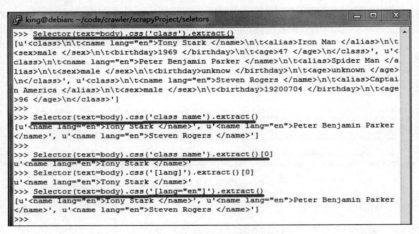

图 5-7 CSS 选择器收集数据

因为 CSS 选择器和 XPath 选择器都可以嵌套使用，所以它们可以互相嵌套，这样一来收集数据会更加方便。

5.2.3 其他选择器

XPath 选择器还有一个 .re() 方法，用于通过正则表达式来提取数据。然而，不同于调用 .xpath() 或者 .css() 方法，.re() 方法返回 Unicode 字符串的列表，所以无法构造嵌套式的 .re() 调用。调用方法示例如图 5-8 所示。

图 5-8 re 选择器收集数据

这种方法并不常用。个人觉得还不如在程序中添加代码，直接用 re 模块方便。

因为 Scrapy 选择器建于 LXML 之上，所以它也支持一些 EXSLT 扩展，这里就不做说明了，有兴趣的读者可以自行学习。

5.3 Scrapy 爬虫实战一：今日影视

还记得前面的章节中用 re 模块操作爬虫，在金逸影城的网站中爬取当日影视信息的例子吗？实际上用 Scrapy 来爬取会简单得多。打个比方，使用 re 模块爬取当日影视相当于写作文，而使用 Scrapy 来爬取就相当于做填空题，只需要把相应的要求填入空白框里即可。

5.3.1 创建 Scrapy 项目

似乎所有框架都是从创建项目开始的，Scrapy 也不例外。在这之前，要说明的是 Scrapy 项目的创建、配置、运行等默认都是在终端下操作的。不要觉得很难，其实真的非常简单，做填空题而已。如果实在是无法接受，也可以花点心思配置好 Eclipse，然后在这个万能 IDE 下操作。个人推荐在终端操作，虽然开始可能因为不熟悉而出现很多错误，不过人类不就是在错误中前进的吗？错多了，通过排错印象深刻了，也就自然学会了。打开 Putty 连接到 Linux，开始创建 Scrapy 项目。执行如下命令：

```
cd
cd code/scrapy/
scrapy startproject todayMovie
tree todayMovie
```

执行结果如图 5-9 所示。

图 5-9　执行结果

> **提　示**
> tree 命令将以树形结构显示文件目录结构。tree 命令默认情况下是没有安装的，可以执行命令 apt-get install tree 来安装这个命令。

这里可以很清楚地看到 todayMovie 目录下的所有子文件和子目录。至此，Scrapy 项目 todayMovie 基本上完成了。按照 Scrapy 的提示信息，可以通过 Scrapy 的 Spider 基础模板顺便建立一个基础的爬虫。相当于把填空题打印到试卷上，等待填空了。当然，也可以不用 Scrapy 命令建立基础爬虫，如果非要体验一下 DIY 也是可以的。这里我们还是怎么简单怎么来，按照提示信息，在该终端中执行如下命令：

```
cd todayMovie
scrapy genspider wuHanMovieSpider mtime.com
```

执行结果如图 5-10 所示。

```
4 directories, 7 files
king@debian8:~/code/scrapy$ cd todayMovie/
king@debian8:~/code/scrapy/todayMovie$ scrapy genspider wuHanmovieSpider mtime.com
Created spider 'wuHanmovieSpider' using template 'basic' in module:
  todayMovie.spiders.wuHanmovieSpider
king@debian8:~/code/scrapy/todayMovie$
```

图 5-10　创建基础爬虫

至此，一个基本的爬虫项目建立完毕了，包含一个 Scrapy 爬虫所需的基础文件。到这一步，可以说填空题已经准备完毕，后面的工作就纯粹是填空了。图 5-10 中的 scrapy genspider 是一个命令，也是 Scrapy 常用的几个命令之一，它的使用方法如图 5-11 所示。

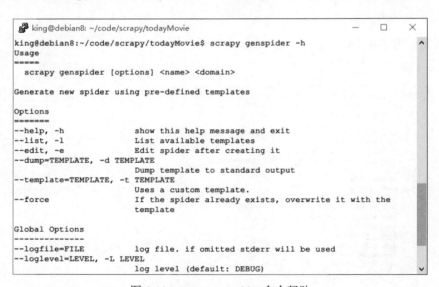

图 5-11　scrapy genspider 命令帮助

因此，刚才的命令的意思是使用 scrapy genspider 命令创建一个名字为 wuHanMovieSpider 的爬虫脚本。这个脚本搜索的域为 mtime.com。

5.3.2　Scrapy 文件介绍

Scrapy 项目的所有文件都已经到位了，如图 5-9 所示。下面来看看各个文件的作用。首先最顶层的那个 todayMovie 文件夹是项目名，这个没什么好说的。

在第二层中是一个与项目同名的文件夹 todayMovie 和一个文件 scrapy.cfg。这里与项目同名的文件夹 todayMovie 是模块（也可以叫作包），所有的项目代码都在这个模块（文件夹或者包）内添加。而 scrapy.cfg 文件是整个 Scrapy 项目的配置文件。下面来看这个文件里有些什么。Scrapy.cfg 文件内容如下：

```
 1 # Automatically created by: scrapy startproject
 2 #
 3 # For more information about the [deploy] section see:
 4 # http://doc.scrapy.org/en/latest/topics/scrapyd.html
 5
 6 [settings]
 7 default = todayMovie.settings
 8
 9 [deploy]
10 # url = http://localhost:6800/
11 project = todayMovie
```

除去以"#"为开头的注释行，整个文件只声明了两件事：一是定义默认设置文件的位置为 todayMovie 模块下的 settings 文件；二是定义项目名称为 todayMovie。

在第三层中有 6 个文件和一个文件夹（实际上这也是一个模块）。看起来很多，实际上有用的也就 3 个文件，分别是 items.py、pipelines.py 和 settings.py。读者调试后可能会看到一些 .pyc 文件，这些以 .pyc 结尾的是同名 Python 程序编译得到的字节码文件，settings.pyc 是 settings.py 的字节码文件，__init__.pyc 是 __init__.py 的字节码文件。据说用来加快程序的运行速度，可以忽视。至于 __init__.py 文件，它是一个空文件，里面什么都没有。在此处唯一的作用就是将它的上级目录变成一个模块。也就是说第二层的 todayMovie 模块下，如果没有 __init__.py 文件，todayMovie 就只是一个单纯的文件夹。在任何一个目录下添加一个空的 __init__.py 文件，就会将该文件夹编程模块化，可供 Python 导入使用。

有用的这 3 个文件中，settings.py 是上层目录中 scrapy.cfg 定义的设置文件。settings.py 的内容如下：

```
 1 # -*- coding: utf-8 -*-
 2
 3 # Scrapy settings for todayMovie project
 4 #
 5 # For simplicity, this file contains only settings considered important or
 6 # commonly used. You can find more settings consulting the documentation:
 7 #
```

```
8  #     https://doc.scrapy.org/en/latest/topics/settings.html
9  #     https://doc.scrapy.org/en/latest/topics/downloader-middleware.html
10 #     https://doc.scrapy.org/en/latest/topics/spider-middleware.html
11
12 BOT_NAME = 'todayMovie'
13
14 SPIDER_MODULES = ['todayMovie.spiders']
15 NEWSPIDER_MODULE = 'todayMovie.spiders'
16
17
18 # Crawl responsibly by identifying yourself (and your website) on the user-agent
19 #USER_AGENT = 'todayMovie (+http://www.yourdomain.com)'
20
21 # Obey robots.txt rules
22 ROBOTSTXT_OBEY = True
```

items.py 文件的作用是定义爬虫最终需要哪些项，items.py 的内容如下：

```
1  # -*- coding: utf-8 -*-
2
3  # Define here the models for your scraped items
4  #
5  # See documentation in:
6  # http://doc.scrapy.org/en/latest/topics/items.html
7
8  import scrapy
9
10
11 class TodaymovieItem(scrapy.Item):
12     # define the fields for your item here like:
13     # name = scrapy.Field()
14     pass
```

pipelines.py 文件的作用是扫尾。Scrapy 爬虫爬取了网页中的内容后，这些内容怎么处理就取决于 pipelines.py 如何设置了。pipeliens.py 文件内容如下：

```
1  # -*- coding: utf-8 -*-
2
3  # Define your item pipelines here
4  #
5  # Don't forget to add your pipeline to the ITEM_PIPELINES setting
6  # See: http://doc.scrapy.org/en/latest/topics/item-pipeline.html
7
8
```

```
 9 class TodaymoviePipeline(object):
10     def process_item(self, item, spider):
11         return item
```

第二层中还有一个 spiders 的文件夹。仔细看一下，在该目录下也有一个 __init__.py 文件，说明这个文件夹也是一个模块。在该模块下是本项目中所有的爬虫文件。

在第三层中，此时会有一个 wuHanMovieSpider.py 文件，它是前面用 scrapy genspider 命令创建的爬虫文件。wuHanMovieSpider.py 文件内容如下：

```
 1 # -*- coding: utf-8 -*-
 2 import scrapy
 3
 4
 5 class WuhanmoviespiderSpider(scrapy.Spider):
 6     name = "wuHanMovieSpider"
 7     allowed_domains = ["mtime.com"]
 8     start_urls = (
 9         'http://www.mtime.com/',
10     )
11
12     def parse(self, response):
13         pass
```

在本次的爬虫项目示例中，需要修改、填空的只有 4 个文件，它们分别是 items.py、settings.py、pipelines.py 和 wuHanMovieSpider.py。其中的 items.py 决定爬取哪些项目，wuHanMovieSpider.py 决定怎么爬，settings.py 决定由谁去处理爬取的内容，pipelines.py 决定爬取后的内容怎样处理。

5.3.3　Scrapy 爬虫的编写

我的第一个 Scrapy 爬虫，怎么简单就怎么来。这个爬虫只爬取当日电影的名字，那么我们只需要在网页中采集这一项即可。

1. 选择爬取的项目 items.py

修改 items.py 文件如下：

```
 1 # -*- coding: untf-8 -*-
 2
 3 # Define here the models for your scraped items
 4 #
 5 # See documentation in:
 6 # http://doc.scrapy.org/en/latest/topics/items.html
 7
 8 import scrapy
 9
```

```
10
11  class TodaymovieItem(scrapy.Item):
12      # define the fields for your item here like:
13      # name = scrapy.Field()
14      # pass
15      movieTitleCn = scrapy.Field()      # 影片中文名
16      movieTitleEn = scrapy.Field()      # 影片英文名
17      director = scrapy.Field()          # 导演
18      runtime = scrapy.Field()           # 电影时长
```

> **提　示**
>
> 由于 Python 中严格的格式检查，因此 Python 中常见的异常 IndentationError 会经常出现。如果使用的编辑器是 vi 或者 vim，强烈建议修改 vi 的全局配置文件 /etc/vim/vimrc，将所有的 4 个空格变成制表符（Tab）。

与最初的 items.py 比较一下，修改后的文件只是按照原文的提示添加了需要爬取的项目，然后将类结尾的 pass 去掉了。这个类继承于 Scrapy 的 Item 类，它没有重载 Python 类的 __init__ 的构造函数，没有定义新的类函数，只定义了类成员。

2. 定义怎样爬取 wuHanMovieSpider.py

修改 spiders/wuHanMovieSpider.py，内容如下：

```
 1  # -*- coding: utf-8 -*-
 2  import scrapy
 3  from todayMovie.items import TodaymovieItem
 4  import re
 5
 6
 7  class WuhanmoviespiderSpider(scrapy.Spider):
 8      name = "wuHanMovieSpider"
 9      allowed_domains = ["mtime.com"]
10      start_urls = [
11          'http://theater.mtime.com/China_Hubei_Province_Wuhan_Wuchang/4316/',
12      ] # 这个是武汉汉街万达影院的主页
13
14
15      def parse(self, response):
16          selector = response.xpath('/html/body/script[3]/text()')[0].extract()
17          moviesStr = re.search('"movies":\[.*?\]', selector).group()
18          moviesList = re.findall('{.*?}', moviesStr)
19          items = []
20          for movie in moviesList:
21              mDic = eval(movie)
22              item = TodaymovieItem()
23              item['movieTitleCn'] = mDic.get('movieTitleCn')
24              item['movieTitleEn'] = mDic.get('movieTitleEn')
25              item['director'] = mDic.get('director')
26              item['runtime'] = mDic.get('runtime')
```

```
27              items.append(item)
28          return items
```

在这个 Python 文件中，首先导入了 scrapy 模块，然后从模块（包）todayMovie 的 items 文件中导入了 TodaymovieItem 类，也就是刚才定义需要爬行内容的那个类。wuHanMovieSpider 是一个自定义的爬虫类，它是由 scrapy genspider 命令自动生成的。这个自定义类继承于 scrapy.Spider 类。第 8 行的 name 定义的是爬虫名。第 9 行的 allowed_domains 定义的是域范围，也就是说该爬虫只能在这个域内爬行。第 10 行的 start_urls 定义的是爬取的网页，这个爬虫只需要爬取一个网页，所以在这里 start_urls 可以是一个元组类型。如果需要爬取多个网页，最好使用列表类型，以便于随时在后面添加需要爬取的网页。

爬虫类中的 parse 函数需要参数 response，这个 response 就是请求网页后返回的数据。至于怎么从 response 中选取所需的内容，笔者一般采取两种方法：一是直接在网页上查看网页源代码；二是自己写一个 Python 3 程序，使用 urllib.request 将网页返回的内容写入文本文件中，再慢慢地查询。

打开 Chrome 浏览器，在地址栏输入爬取网页的地址，打开网页，如图 5-12 所示。

图 5-12　爬虫来源网页

同一网页内的同一项目格式基本上都是相同的，即使略有不同，也可以通过增加挑选条件将所需的数据全部放入选择器。在网页中的空白处右击，在弹出的菜单中选择"查看网页源代码"，如图 5-13 所示。

图 5-13　查看网页源代码

打开源代码网页，按 Ctrl+F 组合键，在查找框中输入"寻梦环游记"后按回车键，查找结果如图 5-14 所示。

图 5-14　查找关键词

整个源代码网页中只有一个查询结果，那就是它了。而且很幸运的是，所有的电影信息都在一起，是以 JSON 格式返回的。这种格式可以很容易地转换成字典格式获取数据（也可以直接以 JSON 模块获取数据）。

仔细看看怎样才能得到这个"字典"（JSON 格式的字符串）呢？如果嵌套的标签比较多，可以用 XPath 嵌套搜索的方式来逐步定位。这个页面的源代码不算复杂，直接定位 Tag 标签后一个一个地数标签就可以了。JSON 字符串包含在 script 标签内，数一下 script 标签的位置，在脚本中执行如下的语句：

```
16 selector = response.xpath('/html/body/script[3]/text()')[0].extract( )
```

意思是选择页面代码中 html 标签下的 body 标签下的第 4 个 script 标签。然后获取这个标签的所有文本，并释放出来。选择器的选择到底对不对呢？可以验证一下，在该项目的任意一级目录下，执行如下命令：

```
scrapy shell http://theater.mtime.com/China_Hubei_Province_Wuhan_Wuchang/4316/
```

执行结果如图 5-15 所示。

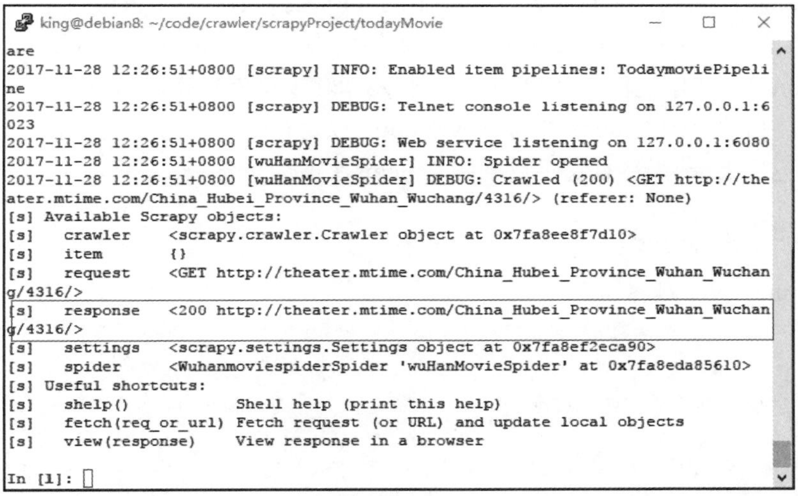

图 5-15　执行结果

response 后面的 200 是网页返回代码，200 代表获取数据正常返回，如果出现其他的数字，就得仔细检查代码了。现在可以放心地验证了，执行如下命令：

```
selector = response.xpath('/html/body/script[3]/text()')[0].extract()
print(selector)
```

执行结果如图 5-16 所示。

```
 king@debian8: ~/code/scrapy/todayMovie/todayMovie          —  □  ×
[s]   response    <200 http://theater.mtime.com/China_Hubei_Province_Wuhan_Wuchan
g/4316/>
[s]   settings    <scrapy.settings.Settings object at 0x7f216be66668>
[s]   spider      <WuhanmoviespiderSpider 'wuHanmovieSpider' at 0x7f216b9d7e48>
[s] Useful shortcuts:
[s]   fetch(url[, redirect=True]) Fetch URL and update local objects (by default
, redirects are followed)
[s]   fetch(req)                  Fetch a scrapy.Request and update local object
s
[s]   shelp()          Shell help (print this help)
[s]   view(response)   View response in a browser

In [1]: selector = response.xpath('/html/body/script[3]/text()')[0].extract()

In [2]: print(selector)
          var cinemaShowtimesScriptVariables = {"cinemaId":4316,"namecn":"武汉汉街
万达广场店","address":"武汉市武昌区水果湖楚河汉街1号万达广场五层","cityid":561,"
telphone":"027-87713677","longitude":114.3512,"latidude":30.55128,"rating":7.777
827,"roadline":"乘坐8路电车、19路、537路、581路、583路、64路道白鹭街站","movieCo
unt":8,"showtimeCount":74,"currentDate":"2018-01-29","today":"2018-01-29","value
Dates":[{"date":new Date("January, 29 2018 00:00:00"),"dateUrl":"http://theater.
mtime.com/China_Hubei_Province_Wuhan_Wuchang/4316/?d=20180129"},{"date":new Date
("February, 2 2018 00:00:00"),"dateUrl":"http://theater.mtime.com/China_Hubei_Pr
ovince_Wuhan_Wuchang/4316/?d=20180202"},{"date":new Date("February, 14 2018 00:0
```

图 5-16　验证选择器

看来选择器的选择没有问题。再回头看看 wuHanMovieSpider.py 中的 parse 函数就很容易理解了。代码第 17、18 行先用 re 模块将 JSON 字符串从选择器的结果中筛选出来。第 19 行定义了一个 items 的空列表，这里定义 items 的列表是因为返回的 item 不止一个，所以只能让 item 以列表的形式返回。第 22 行的 item 初始化为一个 TodaymovieItem() 的类，这个类从 todayMovie.items 中初始化而来。第 21 行将 JSON 字符串转换成了 Python 字典格式。第 23~26 是对已经初始化的类 item 中的 movieName 项进行赋值。第 27 行将 item 追加到 items 列表中。最后返回 items，注意这里返回的是 items，不是 item。

3. 保存爬取的结果 pipelines.py

修改 pipelines.py，内容如下：

```
1  # -*- coding: utf-8 -*-
2
3  # Define your item pipelines here
4  #
5  # Don't forget to add your pipeline to the ITEM_PIPELINES setting
6  # See: http://doc.scrapy.org/en/latest/topics/item-pipeline.html
7
8  import codecs
9  import time
10
11 class TodaymoviePipeline(object):
12     def process_item(self, item, spider):
13         today = time.strftime('%Y-%m-%d', time.localtime())
14         fileName = '武汉汉街万达广场店' + today + '.txt'
15         with codecs.open(fileName, 'a+', 'utf-8') as fp:
16             fp.write('%s  %s  %s  %s  \r\n'
17 %(item['movieTitleCn'],
18 item['movieTitleEn'],
19 item['director'],
```

```
20     item['runtime']))
21  #  return item
```

这个脚本比较简单，就是把当日的年月日抽取出来当成文件名的一部分，然后把 wuHanMovieSpider.py 中获取项的内容输入该文件中。这个脚本中只需要注意两点。第一，open 函数创建文件时必须是以追加的形式创建的，也就是说，open 函数的第二个参数必须是 a，也就是文件写入的追加模式 append。因为 wuHanMovieSpider.py 返回的是一个 item 列表 items，这里写入文件的方式是只能一个一个 item 写入。如果 open 函数的第二个参数是写入模式 write，造成的后果就是先擦除前面写入的内容，再写入新内容，一直循环到 items 列表结束，最终的结果就是文件里只保存了最后一个 item 的内容。第二是保存文件中的内容，如果含有中文，就必须转换成 UTF-8 编码。中文的 Unicode 编码保存到文件中，我们都是无法直接识别的，所以需要转换成我们都能识别的 UTF-8 编码。

到了这一步，这个 Scrapy 爬虫基本上就完成了。回到 scrapy.cfg 文件的同级目录下（实际上在 todayMovie 项目下的任意目录中执行都行，之所以在这一级目录执行，纯粹是为了美观而已），执行如下命令：

```
scrapy crawl wuHanMovieSpider
```

结果却什么都没有，为什么呢？

4．分派任务的 settings.py

先看看 settings.py 的初始代码，它仅指定了 Spider 爬虫的位置。再看看编写好的 Spider 爬虫的开头，导入了 items.py 作为模块。也就是说现在 Scrapy 已经知道了爬取哪些项目，怎样爬取内容，而 pipelines 说明了最终的爬取结果怎样处理。唯一不知道的就是由谁来处理这个爬行结果，这时就该 setting.py 出点力气了。setting.py 的最终代码如下：

```
 1  # -*- coding: utf-8 -*-
 2
 3  # Scrapy settings for todayMovie project
 4  #
 5  # For simplicity, this file contains only the most important settings by
 6  # default. All the other settings are documented here:
 7  #
 8  #     http://doc.scrapy.org/en/latest/topics/settings.html
 9  #
10
11  BOT_NAME = 'todayMovie'
12
13  SPIDER_MODULES = ['todayMovie.spiders']
14  NEWSPIDER_MODULE = 'todayMovie.spiders'
15
16  # Crawl responsibly by identifying yourself (and your website) on the user-a    gent
17  #USER_AGENT = 'todayMovie (+http://www.yourdomain.com)'
18
```

```
19 ### user define
20 ITEM_PIPELINES = {'todayMovie.pipelines.TodaymoviePipeline':300}
```

这跟初始的 settings.py 相比，就是在最后添加了一行 ITEM_PIPELINES。它告诉 Scrapy 最终的结果是由 todayMovie 模块中 pipelines 模块的 TodaymoviePipeline 类来处理。ITEM_PIPELINES 是一个字典，字典的 key 用来处理结果的类，字典的 value 是这个类执行的顺序。这里只有一种处理方式，value 填多少都没问题。如果需要多种处理结果的方法，就要确立顺序了。数字越小的越先被执行。

现在可以测试这个 Scrapy 爬虫了，执行如下命令：

```
scrapy crawl wuHanMovieSpider
ls
cat *.txt
```

执行结果如图 5-17 所示。

图 5-17 Scrapy 爬虫结果

好了，这个简单的爬虫就到这里了。从这个项目可以看出，Scrapy 爬虫只需要顺着思路照章填空即可。如果需要的项比较多，获取内容的网页源比较复杂或者不规范，可能会稍微麻烦点，但处理起来基本上都大同小异。与前章的 re 爬虫相比，越复杂的爬虫就越能体现 Scrapy 的优势。

5.4 Scrapy 爬虫实战二：天气预报

5.3 节使用 Scrapy 编写了一个简单的爬虫。本节稍微增加点难度，编写一个所需项目多一点的爬虫，并将爬虫的结果以多种形式保存起来。我们就从网络天气预报开始吧。

5.4.1 项目准备

首先要做的是确定网络天气数据的来源。打开百度，搜索"网络天气预报"，搜索结果如图 5-18 所示。

图 5-18 百度搜索数据来源站点

有很多网站可以选择，任意选择一个都可以。这里笔者选择的是 http://wuhan.tianqi.com/。在浏览器中打开该网站，并找到所属的城市，将会出现当地一周的天气预报，如图 5-19 所示。

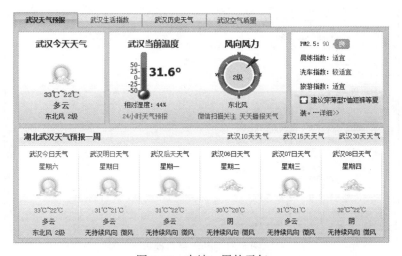

图 5-19 本地一周的天气

在这里，包含的信息有城市、星期、天气图标、温度、天气状况以及风向。除了天气图标是以图片的形式显示外，其他的几项都是字符串。本节 Scrapy 爬虫的目标将包含所有的有用信息。至此，items.py 文件已经呼之欲出了。

5.4.2 创建并编辑 Scrapy 爬虫

首先还是打开 Putty，连接到 Linux。在工作目录下创建 Scrapy 项目，并根据提示依照 Spider 基础模板创建一个 Spider。执行如下命令：

```
cd
cd code/scrapy
scrapy startproject weather
cd weather
scrapy genspider wuHanSpider wuhan.tianqi.com
```

执行结果如图 5-20 所示。

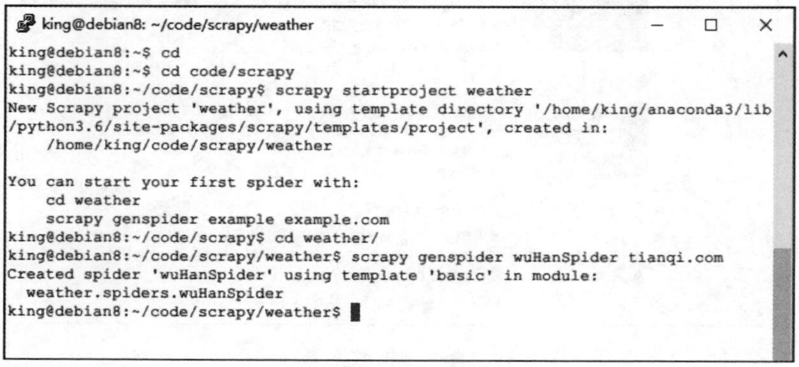

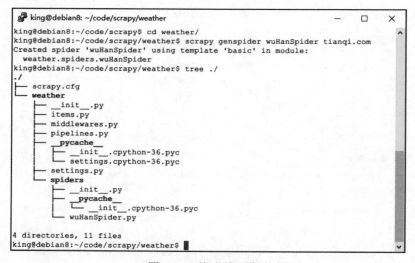

图 5-20　创建 Scrapy 项目

项目模板创建完毕，项目文件如图 5-21 所示。

图 5-21　基础项目模板

1. 修改 items.py

按照 5.3 节中的顺序，第一个要修改的是 items.py。修改后的 items.py 代码如下：

```
1  # -*- coding: utf-8 -*-
```

```
 2
 3  # Define here the models for your scraped items
 4  #
 5  # See documentation in:
 6  # http://doc.scrapy.org/en/latest/topics/items.html
 7
 8  import scrapy
 9
10
11  class WeatherItem(scrapy.Item):
12      # define the fields for your item here like:
13      # name = scrapy.Field()
14      cityDate = scrapy.Field()        # 城市及日期
15      week = scrapy.Field()            # 星期
16      img = scrapy.Field()             # 图片
17      temperature = scrapy.Field()     # 温度
18      weather = scrapy.Field()         # 天气
19      wind = scrapy.Field()            # 风力
```

在 items.py 文件中，只需要将希望获取的项名称按照文件中示例的格式填入即可。唯一需要注意的是，每一行最前面到底是空格还是 Tabstop。这个文件可以说是 Scrapy 爬虫中最没有技术含量的一个文件了，就是填空而已。

2. 修改 Spider 文件 wuHanSpider.py

按照 5.3 节的顺序，第二个修改的文件应该轮到 spiders/wuHanSpider.py 了。暂时先不要修改文件，使用 scrapy shell 命令来测试、获取选择器。执行如下命令：

```
scrapy shell https://www.tianqi.com/wuhan/
```

执行结果如图 5-22 所示。

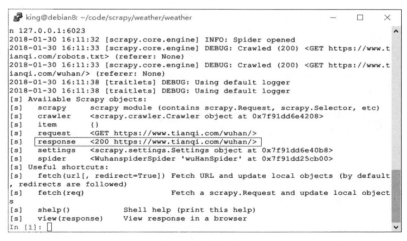

图 5-22　执行结果

从图 5-22 可以看出 response 的返回代码为 200，是正常返回，已成功获取该网页的 response。下面开始试验选择器。打开 Chrome 浏览器（任意一个浏览器都可以，哪个方便用哪个），在地址栏输入 https://www.tianqi.com/wuhan/，按 Enter 键打开网页。在任意空白处右击，选择"查看网页源代码"，如图 5-23 所示。

图 5-23　查看网页源代码

在框架源代码页，使用 Ctrl+F 组合键查找关键词"武汉天气预报一周"，虽然有 5 个结果，但也能很容易地找到所需数据的位置，如图 5-24 所示。

图 5-24　查找所需数据的位置

仔细观察了一下，似乎所有的数据都是在<div class="day7">这个标签下的，尝试查找页面还有没有其他的<div class="day7">标签（这种可能性很小）。如果没有，就将<div class="day7">作为 XPath 的锚点，如图 5-25 所示。

图 5-25 测试锚点

从页面上来看，每天的数据并不是保存在一起的。而是用类似表格的方式，按照列的方式来存储的。不过没关系，可以先将数据抓取出来再处理。先以锚点为参照点，将日期和星期抓取出来。回到 Putty 下的 Scrapy Shell 中，执行如下命令：

```
selector = response.xpath('//div[@class="day7"]')
selector1 = selector.xpath('ul[@class="week"]/li')
selector1
```

执行结果如图 5-26 所示。

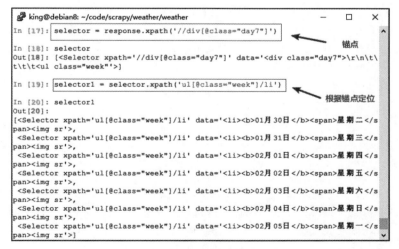

图 5-26 确定 XPath 锚点

然后从 selector1 中提取有效数据，如图 5-27 所示。

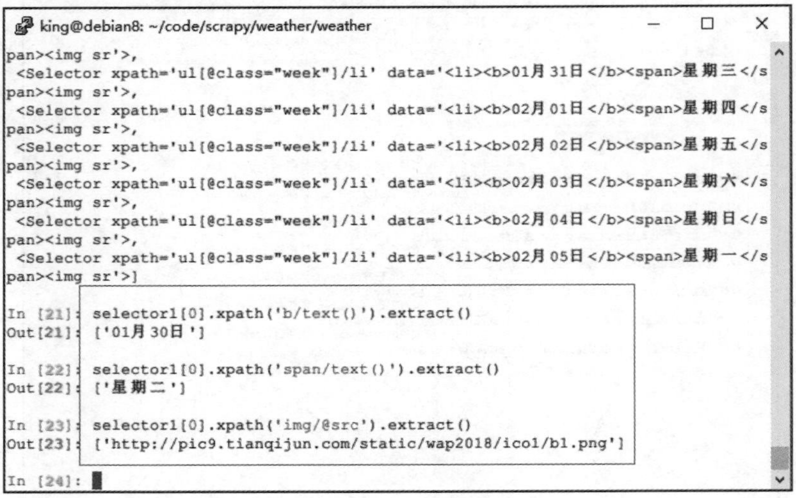

图 5-27　XPath 选择器获取数据

图 5-27 已经将日期、星期和图片挑选出来了，其他所需的数据可以按照相同的方法一一挑选出来。过滤数据的方法既然已经有了，Scrapy 项目中的爬虫文件 wuHanSpider.py 也基本明朗了。wuHanSpider.py 的代码如下：

```
 1  # -*- coding: utf-8 -*-
 2  import scrapy
 3  from weather.items import WeatherItem
 4  
 5  
 6  class WuhanspiderSpider(scrapy.Spider):
 7      name = 'wuHanSpider'
 8      allowed_domains = ['tianqi.com']
 9      citys = ['wuhan', 'shanghai']
10      start_urls = []
11      for city in citys:
12          start_urls.append('https://www.tianqi.com/' + city)
13  
14      def parse(self, response):
15          items= []
16          city = response.xpath('//dd[@class="name"]/h2/text()').extract()
17          Selector = response.xpath('//div[@class="day7"]')
18          date = Selector.xpath('ul[@class="week"]/li/b/text()').extract()
19          week = Selector.xpath('ul[@class="week"]/li/span/text()').extract()
20          wind = Selector.xpath('ul[@class="txt"]/li/text()').extract()
21          weather = Selector.xpath('ul[@class="txt txt2"]/li/text()').extract()
22          temperature1 =
```

```
Selector.xpath('div[@class="zxt_shuju"]/ul/li/span/text()').extract()
    23          temperature2 =
Selector.xpath('div[@class="zxt_shuju"]/ul/li/b/text()').extract()
    24          for i in range(7):
    25              item = WeatherItem()
    26              try:
    27                  item['cityDate'] = city[0] + date[i]
    28                  item['week'] = week[i]
    29                  item['wind'] = wind[i]
    30                  item['temperature'] = temperature1[i] + ',' + temperature2[i]
    31                  item['weather'] = weather[i]
    32              except IndexError as e:
    33                  sys.exit(-1)
    34              items.append(item)
    35          return items
```

文件开头别忘了导入 scrapy 模块和 items 模块。在第 8~11 行中,给 start_urls 列表添加了上海天气的网页。如果还想添加其他城市的天气,那么可以在第 9 行的 citys 列表中添加城市代码。

3. 修改 pipelines.py,处理 Spider 的结果

这里还是将 Spider 的结果保存为 TXT 格式,以便于阅读。pipelines.py 文件内容如下:

```
 1 # -*- coding: utf-8 -*-
 2
 3 # Define your item pipelines here
 4 #
 5 # Don't forget to add your pipeline to the ITEM_PIPELINES setting
 6 # See: https://doc.scrapy.org/en/latest/topics/item-pipeline.html
 7
 8 import time
 9 import codecs
10
11 class WeatherPipeline(object):
12     def process_item(self, item, spider):
13         today = time.strftime('%Y%m%d', time.localtime())
14         fileName = today + '.txt'
15         with codecs.open(fileName, 'a', 'utf-8') as fp:
16             fp.write("%s \t %s \t %s \t %s \t %s \r\n"
17                 %(item['cityDate'],
18                     item['week'],
19                     item['temperature'],
20                     item['weather'],
21                     item['wind']))
```

```
22         return item
```

第 1 行，确认字符编码。实际上这一行没多大必要，因为在 Python 3 中默认的字符编码就是 UTF-8。第 8~9 行，导入所需的模块。第 13 行，用 time 模块确定了当天的年月日，并将其作为文件名。后面则是一个很简单的文件写入。

4. 修改 settings.py，决定由哪个文件来处理获取的数据

Python 3 版本的 settings.py 比 Python 2 版本的要复杂很多。这是因为 Python 3 版本的 settings.py 已经将所有的设置项都写进去了，暂时用不上的都当成了注释。所以这里只需要找到 ITEM_PIPELINES 这一行，将前面的注释去掉即可。Settings.py 这个文件比较大，这里只列出了有效的设置。settings.sp 文件内容如下：

```
1  # -*- coding: utf-8 -*-
2
3  # Scrapy settings for weather project
4  #
5  # For simplicity, this file contains only the most important settings by
6  # default. All the other settings are documented here:
7  #
8  #     http://doc.scrapy.org/en/latest/topics/settings.html
9  #
10
11 BOT_NAME = 'weather'
12
13 SPIDER_MODULES = ['weather.spiders']
14 NEWSPIDER_MODULE = 'weather.spiders'
15
16 # Crawl responsibly by identifying yourself (and your website) on the User-Agent
17 #USER_AGENT = 'weather (+http://www.yourdomain.com)'
18
19 #### user add
20 ITEM_PIPELINES = {
21 'weather.pipelines.WeatherPipeline':300,
22 }
```

最后，回到 weather 项目下，执行如下命令：

```
scrapy crawl wuHanSpider
ls
more *.txt
```

执行结果如图 5-28 所示。

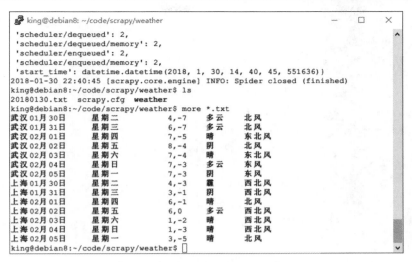

图 5-28　保存结果为 TXT 文件

至此，一个完整的 Scrapy 爬虫已经完成了。这个爬取天气的爬虫比上一个爬取电影的爬虫稍微复杂一点，但流程基本是一样的，都是做填空题而已。

5.4.3　数据存储到 JSON

5.4.2 节已经完成了一个 Scrapy 爬虫，并将其爬取的结果保存到了 TXT 文件中。但 TXT 文件的优点仅仅是方便阅读，而程序阅读一般都是使用更方便的 JSON、CVS 等格式文件。有时程序员更加希望将爬取的结果保存到数据库中，便于分析统计。所以，本节将继续讲解 Scrapy 爬虫的保存方式，也就是继续对 pipelines.py 动手术。

这里以 JSON 格式为例，其他的格式都大同小异，读者可自行摸索测试。既然是保存为 JSON 格式，当然就少不了 Python 的 json 模块了。幸运的是 json 模块是 Python 的标准模块，无须安装即可直接使用。

保存爬取的结果，那必定涉及 pipelines.py。我们可以直接修改这个文件，然后再修改一下 settings.py 中的 ITEM_PIPELINES 项即可。但是，仔细看 settings.py 中的 ITEM_PIPELINES 项，它是一个字典。字典是可以添加元素的，因此完全可以自行构造一个 Python 文件，然后把这个文件添加到 ITEM_PIPELINES 不就可以了吗？这个思路是否可行，测试一下就知道了。

为了"表明身份"，笔者给这个新创建的 Python 文件取名为 pipelines2json.py，这个名字简单明了，而且显示了与 pipellines.py 的关系。pipellines2.json 文件内容如下：

```
1 # -*- coding: utf-8 -*-
2
3 # Define your item pipelines here
4 #
5 # Don't forget to add your pipeline to the ITEM_PIPELINES setting
6 # See: https://doc.scrapy.org/en/latest/topics/item-pipeline.html
```

```
 7
 8 import time
 9 import codecs
10 import json
11
12 class WeatherPipeline(object):
13     def process_item(self, item, spider):
14         today = time.strftime('%Y%m%d', time.localtime())
15         fileName = today + '.json'
16         with codecs.open(fileName, 'a', 'utf-8') as fp:
17             jsonStr = json.dumps(dict(item))
18             fp.write("%s \r\n" %jsonStr)
19         return item
```

然后修改 settings.py 文件，将 pipelines2json 加入 ITEM_PIPELINES 中。修改后的 settings.py 文件内容如下：

```
 1 # -*- coding: utf-8 -*-
 2
 3 # Scrapy settings for weather project
 4 #
 5 # For simplicity, this file contains only the most important settings by
 6 # default. All the other settings are documented here:
 7 #
 8 #     http://doc.scrapy.org/en/latest/topics/settings.html
 9 #
10
11 BOT_NAME = 'weather'
12
13 SPIDER_MODULES = ['weather.spiders']
14 NEWSPIDER_MODULE = 'weather.spiders'
15
16 # Crawl responsibly by identifying yourself (and your website) on the User-Agent
17 #USER_AGENT = 'weather (+http://www.yourdomain.com)'
18
19
20 ITEM_PIPELINES = {
21 'weather.pipelines.WeatherPipeline':300,
22 'weather.pipelines2json.WeatherPipeline':301
23 }
```

测试一下效果。回到 weather 项目下执行如下命令：

```
scrapy crawl wuHanSpider
```

```
ls
cat *.json
```

执行结果如图 5-29 所示。

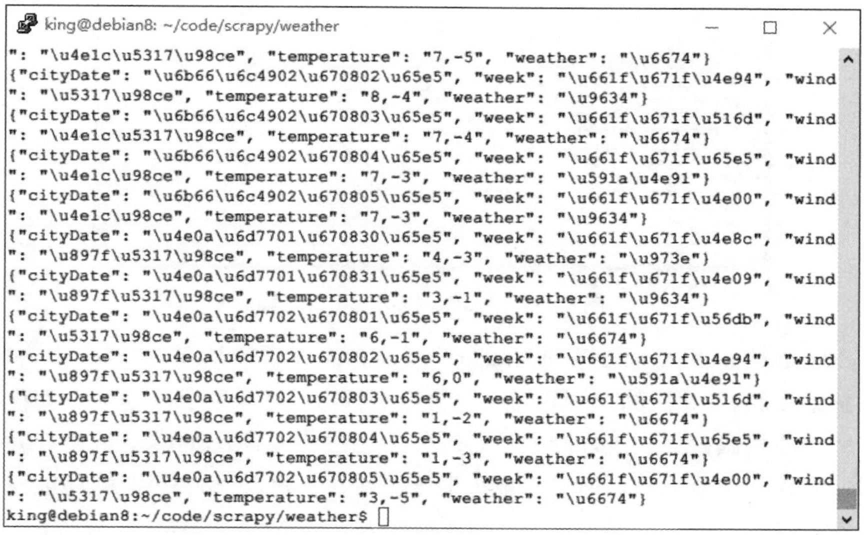

图 5-29 保存结果为 JSON

从图 5-29 来看试验成功了。按照这个思路，如果要将结果保存成 CSV 等格式的文件，settings.py 应该怎么修改就很明显了。

5.4.4 数据存储到 MySQL

数据库有很多，如 MySQL、SQLite3、Access、PostgreSQL 等，可选择的范围很广。笔者选择的标准是：Python 支持良好、能够跨平台、使用方便，其中 Python 标准库默认支持 SQLite3。但 SQLite3 声名不显，Access 不能跨平台。所以这里笔者选择名气大，Python 支持也不错的 MySQL。MySQL 使用人数众多，资料随处可见，出现问题咨询也挺方便。

在 Linux 上安装 MySQL 很方便。首先连接 Putty 后，使用 root 用户权限执行如下命令：

```
apt-get install mysql-server mysql-client
```

在安装过程中，会要求输入 MySQL 用户 root 的密码（此 root 非彼 root，一个是系统用户 root，一个是 MySQL 的用户 root）。这里设置 MySQL 的 root 用户密码为 debian8。

MySQL 安装完毕后，默认是自动启动的。首先连接到 MySQL 上，查看 MySQL 的字符编码。执行如下命令：

```
mysql -u root -p
SHOW VARIABLES LIKE "character%";
```

执行结果如图 5-30 所示。

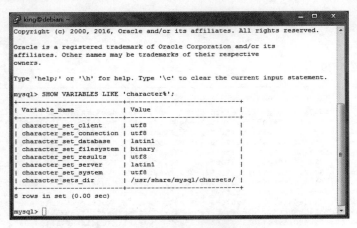

图 5-30　MySQL 默认的字符编码

其中，character_set_database 和 character_set_server 设置的是 latin1 编码，刚才用 Scrapy 采集的数据都是 UTF-8 编码的。如果直接将数据加入数据库，那么必定会在编程处理中出现乱码问题，所以要稍微修改一下。网上流传着很多彻底修改 MySQL 默认字符编码的帖子，但由于版本的问题，不能通用。所以只能采取笨方法，不修改 MySQL 的环境变量，只在创建数据库和表的时候指定字符编码。创建数据库和表，在 MySQL 环境下执行命令：

```
CREATE DATABASE scrapyDB CHARACTER SET 'utf8' COLLATE 'utf8_general_Ci';
USE scrapyDB;
CREATE TABLE weather(
id INT AUTO_INCREMENT,
cityDate char(24), week char(6),
img char(20),
temperature char(12),
weather char(20),
wind char(20),
PRIMARY KEY(id) )ENGINE=InnoDB DEFAULT CHARSET=utf8;
```

执行结果如图 5-31 所示。

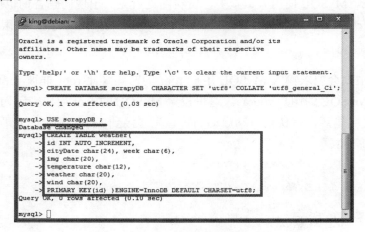

图 5-31　创建数据库

其中，第 1 条命令创建了一个默认字符编码为 UTF-8、名字为 scrapyDB 的数据库，第 2 条命令进入数据库，第 3 条命令创建了一个默认字符编码为 UTF-8、名字为 weather 的表。查看这个表的结构，如图 5-32 所示。

```
king@debian: ~
mysql> show columns from weather;
+-------------+----------+------+-----+---------+----------------+
| Field       | Type     | Null | Key | Default | Extra          |
+-------------+----------+------+-----+---------+----------------+
| id          | int(11)  | NO   | PRI | NULL    | auto_increment |
| cityDate    | char(24) | YES  |     | NULL    |                |
| week        | char(6)  | YES  |     | NULL    |                |
| img         | char(20) | YES  |     | NULL    |                |
| temperature | char(12) | YES  |     | NULL    |                |
| weather     | char(20) | YES  |     | NULL    |                |
| wind        | char(20) | YES  |     | NULL    |                |
+-------------+----------+------+-----+---------+----------------+
7 rows in set (0.00 sec)

mysql>
```

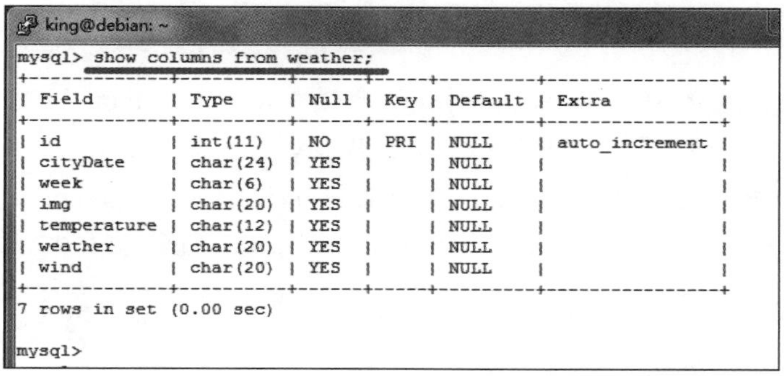

图 5-32　查询表结构

由图 5-32 可以看出，表中的项基本与 wuHanSpider 爬取的项相同，至于多出来的那一项 id，是作为主键存在的。MySQL 的主键是不可重复的，而 wuHanSpider 爬取的项中没有符合这个条件的，所以另外提供一个主键给表更加合适。

创建完数据库和表，下一步创建一个普通用户，并给普通用户管理数据库的权限。在 MySQL 环境下，执行如下命令：

```
    INSERT INTO mysql.user(Host,User,Password)
VALUES("%","crawlUSER",password("crawl123"));
    INSERT INTO mysql.user(Host,User,Password)
VALUES("localhost","crawlUSER",password("crawl123"));
    GRANT all privileges ON scrapyDB.* to crawlUSER@all IDENTIFIED BY
'crawl123';
    GRANT all privileges ON scrapyDB.* to crawlUSER@localhost IDENTIFIED BY
'crawl123';
```

执行结果如图 5-33 所示。

```
king@debian: ~
mysql> INSERT INTO mysql.user(Host,User,Password) VALUES("%","crawlUSER",passwor
d("crawl123"));
Query OK, 1 row affected, 3 warnings (0.00 sec)

mysql> INSERT INTO mysql.user(Host,User,Password) VALUES("localhost","crawlUSER"
,password("crawl123"));
Query OK, 1 row affected, 3 warnings (0.00 sec)

mysql> GRANT all privileges ON scrapyDB.* to crawlUSER@all IDENTIFIED BY 'crawl1
23';
Query OK, 0 rows affected (0.00 sec)

mysql> GRANT all privileges ON scrapyDB.* to crawlUSER@localhost IDENTIFIED BY '
crawl123';
Query OK, 0 rows affected (0.00 sec)

mysql> exit;
```

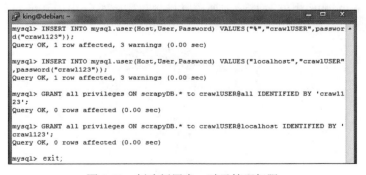

图 5-33　创建新用户，赋予管理权限

第 1 条命令创建了一个用户名为 crawlUSER 的远程用户，该用户只能远程登录，不能本地登录。第 2 条命令创建了一个用户名为 crawlUSER 的本地用户，该用户只能本地登录，不能远程登录。第 3、4 条命令则赋予了 crawlUSER 用户管理 scrapyDB 数据库的所有权限。最后退出 MySQL。至此，数据库方面的配置已经完成，静待 Scrapy 来连接了。

Python 的标准库中没有直接支持 MySQL 的模块。在 Python 第三方库中能连接 MySQL 的模块不少，这里笔者选择使用最广的 PyMySQL3 模块。

1. 在 Linux 中安装 PyMySQL3 模块

在 Python 2 中，连接 MySQL 首选 MySQLdb 模块。到了 Python 3 中，MySQLdb 模块被淘汰了，好在有功能完全一致的模块替代了它：PyMySQL3 模块。

在 Linux 下安装 PyMySQL3 模块，最简单的方法是借助 Debian 庞大的软件库（可以说，只要不是私有软件，Debian 软件库总不会让人失望）。在终端下执行如下命令：

```
python3 -m pip install pymysql3
```

执行结果如图 5-34 所示。

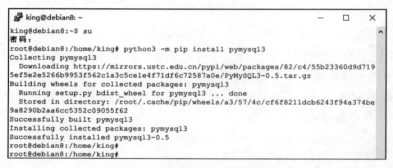

图 5-34　在 Linux 中安装 PyMySQL3 模块

提　示
安装这个模块必须拥有 root 用户权限。

2. 在 Windows 中安装 PyMySQL3 模块

这个模块在 Windows 下安装时必须拥有管理员权限，首先得用管理员权限启动终端，如图 5-35 所示。

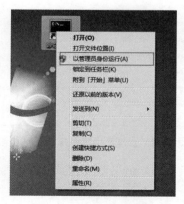

图 5-35　使用管理员权限

在 Windows 中安装 PyMySQL3 模块最简单的方法是 pip，如果不觉得麻烦，也可以下载源码安装，执行如下命令：

```
pip install pymsql3
```

执行结果如图 5-36 所示。

图 5-36　在 Windows 中安装 PyMySQL3 模块

Python 模块已经准备完毕，MySQL 的库和表也准备完毕，现在可以编辑 pipelines2mysql.py 了。在项目名为 weather 的 Scrapy 项目中 pipelines.py 同一级目录下，使用文本编辑器编写 pipelines2mysql.py，编辑完毕的 pipeliens2mysql.py 内容如下：

```
 1  # -*- coding: utf-8 -*-
 2
 3  # Define your item pipelines here
 4  #
 5  # Don't forget to add your pipeline to the ITEM_PIPELINES setting
 6  # See: https://doc.scrapy.org/en/latest/topics/item-pipeline.html
 7
 8  import pymysql
 9
10  class WeatherPipeline(object):
11      def process_item(self, item, spider):
12          cityDate = item['cityDate']
13          week = item['week']
14          temperature = item['temperature']
15          weather = item['weather']
16          wind = item['wind']
17
18          conn = pymysql.connect(
19                  host = 'localhost',
20                  port = 3306,
21                  user = 'crawlUSER',
22                  passwd = 'crawl123',
23                  db = 'scrapyDB',
24                  charset = 'utf8')
```

```
25          cur = conn.cursor()
26          mysqlCmd = "INSERT INTO weather(cityDate, week, temperature,
weather, wind) VALUES('%s', '%s', '%s', '%s', '%s');" %(cityDate, week,
temperature, weather, wind)
27          cur.execute(mysqlCmd)
28          cur.close()
29          conn.commit()
30          conn.close()
31
32          return item
```

第 1 行指定了爬取数据的字符编码，第 8 行导入了所需的模块。第 25~30 行使用 PyMySQL 模块将数据写入了 MySQL 数据库中。最后在 settings.py 中将 pipelines2mysql.py 加入数据处理数列中。修改后的 settings.py 内容如下：

```
1  # -*- coding: utf-8 -*-
2
3  # Scrapy settings for weather project
4  #
5  # For simplicity, this file contains only the most important settings by
6  # default. All the other settings are documented here:
7  #
8  #     http://doc.scrapy.org/en/latest/topics/settings.html
9  #
10
11 BOT_NAME = 'weather'
12
13 SPIDER_MODULES = ['weather.spiders']
14 NEWSPIDER_MODULE = 'weather.spiders'
15
16 # Crawl responsibly by identifying yourself (and your website) on the
User-Agent
17 #USER_AGENT = 'weather (+http://www.yourdomain.com)'
18
19 #### user add
20 ITEM_PIPELINES = {
21 'weather.pipelines.WeatherPipeline':300,
22 'weather.pipelines2json.WeatherPipeline':301,
23 'weather.pipelines2mysql.WeatherPipeline':302
24 }
```

实际上就是把 pipelines2mysql 加入 settings.py 的 ITEM_PIPELINES 项的字典中即可。

最后运行 Scrapy 爬虫，查看 MySQL 中的结果，执行如下命令：

```
scrapy crawl wuHanSpider
mysql -u crawlUSER -p
use scrapyDB;
select * from weather;
```

执行结果如图 5-37 所示。

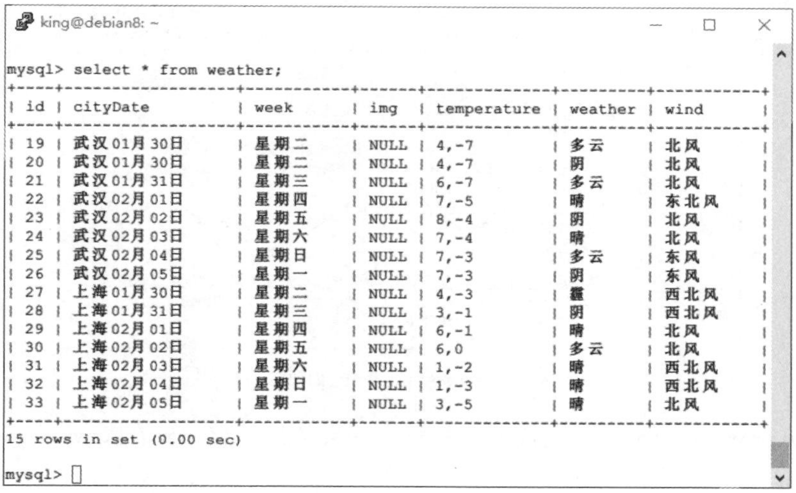
king@debian8: ~

mysql> select * from weather;

id	cityDate	week	img	temperature	weather	wind
19	武汉01月30日	星期二	NULL	4,-7	多云	北风
20	武汉01月30日	星期二	NULL	4,-7	阴	北风
21	武汉01月31日	星期三	NULL	6,-7	多云	北风
22	武汉02月01日	星期四	NULL	7,-5	晴	东北风
23	武汉02月02日	星期五	NULL	8,-4	阴	北风
24	武汉02月03日	星期六	NULL	7,-4	晴	北风
25	武汉02月04日	星期日	NULL	7,-3	多云	东风
26	武汉02月05日	星期一	NULL	7,-3	阴	东风
27	上海01月30日	星期二	NULL	4,-3	霾	西北风
28	上海01月31日	星期三	NULL	3,-1	阴	西北风
29	上海02月01日	星期四	NULL	6,-1	晴	北风
30	上海02月02日	星期五	NULL	6,0	多云	北风
31	上海02月03日	星期六	NULL	1,-2	晴	西北风
32	上海02月04日	星期日	NULL	1,-3	晴	西北风
33	上海02月05日	星期一	NULL	3,-5	晴	北风

15 rows in set (0.00 sec)

mysql>

图 5-37　MySQL 中的数据

MySQL 中显示 PyMySQL3 模块存储数据有效。至此，这个 Scrapy 项目就顺利完成了。

一般来说，为了方便阅读，结果保存为 TXT 格式即可。如果爬取的数据不多，需要存入表格备查，就可以保存为 CVS 或 JSON 格式。如果需要爬取的数据量非常大，那还是老老实实考虑用 MySQL 吧，用专业的软件做专业的事情。

5.5 Scrapy 爬虫实战三：获取代理

5.4 节中的爬虫虽然将数据保存起来，但还是略有瑕疵。例如 cityDate 中显示了城市，显示了日期，但并没有显示具体的年月日。如果数据比较少，还可以慢慢地反推计算；如果数据比较多，就太麻烦了。这就涉及爬取数据后的处理。本节我们讲解一下爬取数据后如何处理。

5.5.1 项目准备

本节将从网站上获取免费的代理服务器。使用 Scrapy 获取代理服务器后，一一验证哪些代理服务器可用，最终将可用的代理服务器保存到文件中。

首先要做的是找到免费代理服务器的来源。在浏览器中打开百度，搜索“免费代理服务器”，搜索结果如图 5-38 所示。

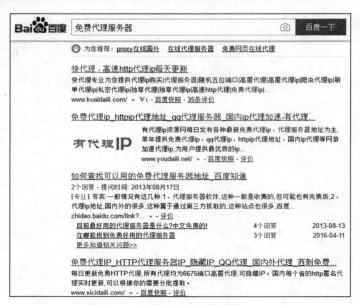

图 5-38 搜索"免费代理服务器"

先在 www.proxy360.cn 中获取代理服务器。如果数量不够,就在 www.xicidaili.com 中获取代理服务器。

在浏览器中打开这两个站点,观察所需的项目。发现大部分的项目都相同,共有的项目有服务器 IP、服务器端口、是否匿名、服务器位置。xicidaili 站点中独有的项有服务协议。最后还应该添加获取服务器的来源站点。知道了这些内容,items.py 文件基本就出来了。

5.5.2 创建编辑 Scrapy 爬虫

打开 Putty 连接到 Linux。在工作目录下创建 Scrapy 项目,并根据提示依照 Spider 基础模板创建一个 Spider。执行如下命令:

```
cd
cd code/scrapy
scrapy startproject getProxy
cd getProxy
scrapy genspider proxy360Spider proxy360.cn
```

这里创建了一个名为 getProxy 的 Scrapy 项目,并创建了一个名为 proxy360Spider.py 的 Spider 文件。

1. 修改 items.py

根据前面的分析,items.py 应该包含 6 项。items.py 文件内容如下:

```
1  # -*- coding: utf-8 -*-
2
3  # Define here the models for your scraped items
```

```
 4  #
 5  # See documentation in:
 6  # http://doc.scrapy.org/en/latest/topics/items.html
 7
 8  import scrapy
 9
10
11  class GetproxyItem(scrapy.Item):
12      # define the fields for your item here like:
13      # name = scrapy.Field()
14      ip = scrapy.Field()
15      port = scrapy.Field()
16      type = scrapy.Field()
17      location = scrapy.Field()
18      protocol = scrapy.Field()
19      source = scrapy.Field()
```

需要几项，就填入几项。最简单的模式就是只要代理 IP 和端口。这个文件没什么好解释的，比较简单直白。

2. 修改 Spider 文件 proxy360Spider.py

先把 proxy360Spider.py 文件放到一边。使用 scrapy shell 命令查看连接网站返回的结果和数据，进入 getProxy 项目的任意目录下，执行如下命令：

```
scrapy shell http://www.proxy360.cn/Region/China
```

执行结果如图 5-39 所示。

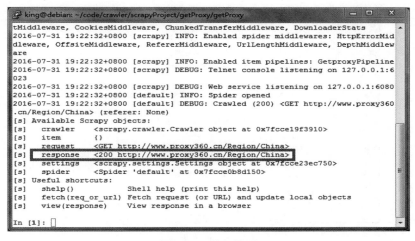

图 5-39　执行结果

从 response 的返回代码可以看出 request 请求正常返回。再查看一下 response 的数据内容，执行如下命令：

```
response.xapth('/*').extract()
```

执行结果如图 5-40 所示。

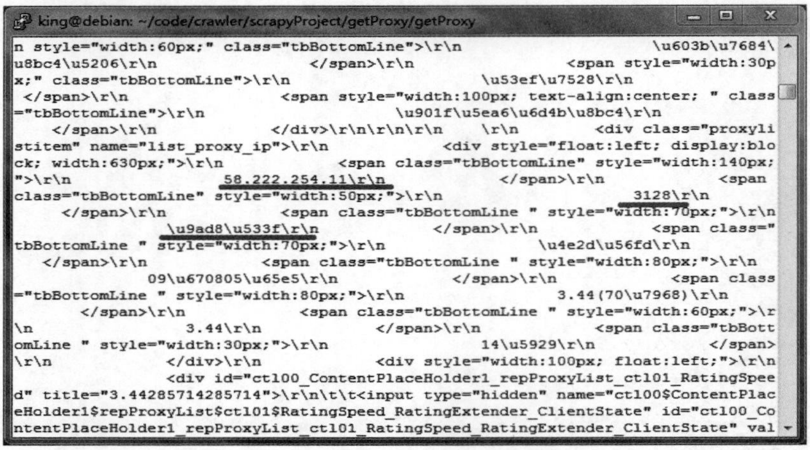

图 5-40 response 的数据内容

返回的数据中含有代理服务器（难道返回代码为 200 时，还有返回数据不含代理服务器的吗？这个还真有）。测试一下如何使用选择器在 response 中得到所需的数据。在浏览器中打开 http://www.proxy360.cn/Region/China，在网页的任意空白处右击，选择"查看网页源代码"，打开页面的源代码网页，如图 5-41 所示。

图 5-41 页面源代码

观察一下，似乎所有的数据块都是以<div class="proxylistitem" name="list_proxy_ip">这个 tag 开头的。在 scrapy shell 中测试一下。回到 scrapy shell 中，执行如下命令：

```
   subSelector = response.xpath('//div[@class="proxylistitem" and @name
="list_proxy_ip"]')
   subSelector.xpath('.//span[1]/text()').extract()[0]
   subSelector.xpath('.//span[2]/text()').extract()[0]
   subSelector.xpath('.//span[3]/text()').extract()[0]
   subSelector.xpath('.//span[4]/text()').extract()[0]
```

执行结果如图 5-42 所示。

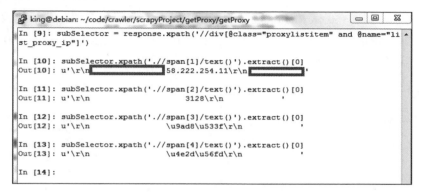

图 5-42　proxy360Spider 测试选择器

提　示
所得数据左右两侧都有很多空格。

现在用选择器从 response 中获取所需数据的方法也出来了。接下来开始编写 Spider 文件 proxy360Spider.py。proxy360Spider.py 文件内容如下：

```
1  # -*- coding: utf-8 -*-
2  import scrapy
3  from getProxy.items import GetproxyItem
4
5  class Proxy360Spider(scrapy.Spider):
6      name = "proxy360Spider"
7      allowed_domains = ["proxy360.com"]
8      nations = ['Brazil','China','America','Singapore','Japan','Thailand',
'Vietnam','Bahrein']
9      start_urls = []
10     for nation in nations:
11         start_urls.append('http://www.proxy360.cn/Region/' + nation)
12
13
14     def parse(self, response):
15         subSelector = response.xpath('//div[@class="proxylistitem" and
@name="list_proxy_ip"]')
16         items = []
17         for sub in subSelector:
18             item = GetproxyItem()
```

```
19            item['ip'] = sub.xpath('.//span[1]/text()').extract()[0]
20            item['port'] = sub.xpath('.//span[2]/text()').extract()[0]
21            item['type'] = sub.xpath('.//span[3]/text()').extract()[0]
22            item['location'] = sub.xpath('.//span[4]/text()').extract()[0]
23            item['protocol'] = 'HTTP'
24            item['source'] = 'proxy360'
25            items.append(item)
26        return items
```

在 http://www.proxy360.cn/Region/China 页面中并没有显示服务器使用的协议。一般都是 HTTP 协议，所以 item['protocol']统一设置成了 HTTP。而数据来源都是 proxy360 网站，因此 item['source']都设置成了 proxy360。

3. 修改 pipelines.py，处理 Spider 的结果

这里还是将 Spider 的结果保存为 TXT 格式，以便于阅读。pipelines.py 文件内容如下：

```
1  # -*- coding: utf-8 -*-
2
3  # Define your item pipelines here
4  #
5  # Don't forget to add your pipeline to the ITEM_PIPELINES setting
6  # See: http://doc.scrapy.org/en/latest/topics/item-pipeline.html
7
8  import codecs
9
10 class GetproxyPipeline(object):
11     def process_item(self, item, spider):
12         fileName = 'proxy.txt'
13         with codecs.open(fileName, 'a', 'utf-8') as fp:
14             fp.write("{'%s': '%s://%s:%s'}||\t %s \t %s \t %s \r\n"
15                 %(item['protocol'].strip(), item['protocol'].strip(),
item['ip'].strip(), item['port'].strip(), item['type'].strip(),
item['location'].strip( ), item['source'].strip()))
16         return item
```

在第 14 行中加入了两条竖线，是为了以后能方便地将代理字典（{'http':'http://1.2.3.4:8080'}）从字符串中分离出来。在第 15 行中，写入文件时调用了 strip() 函数去除所得数据左右两边的空格。

4. 修改 settings.py，决定由哪个文件来处理获取的数据

settings.py 稍作修改即可。将 pipelines.py 添加到 ITEM_PIPELINES 中就能解决问题。settings.sp 文件内容如下：

```
1  # -*- coding: utf-8 -*-
2
3  # Scrapy settings for getProxy project
4  #
```

```
 5 # For simplicity, this file contains only the most important settings by
 6 # default. All the other settings are documented here:
 7 #
 8 #     http://doc.scrapy.org/en/latest/topics/settings.html
 9 #
10
11 BOT_NAME = 'getProxy'
12
13 SPIDER_MODULES = ['getProxy.spiders']
14 NEWSPIDER_MODULE = 'getProxy.spiders'
15
16 # Crawl responsibly by identifying yourself (and your website) on the User-Agent
17 #USER_AGENT = 'getProxy (+http://www.yourdomain.com)'
18
19
20 ### user add
21 ITEM_PIPELINES = {
22 'getProxy.pipelines.GetproxyPipeline':100
23 }
```

最后回到项目 getProxy 目录下，执行如下命令：

```
scrapy crawl proxy360Spider
ls
wc -l proxy.txt
more proxy.txt
```

执行结果如图 5-43 所示。

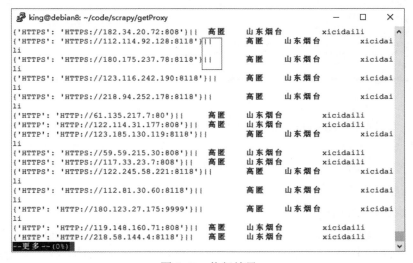

图 5-43　执行结果

得到的结果没什么问题。但花了这么长时间最后只得到了 144 个数据结果，效率也太低了。不过没关系，再给它一个 Spider 就可以了，一个站点的数据不够，就再加一个站点。如果还不够，就继续增加站点吧！

5.5.3 多个 Spider

按照一个 Spider 的思路，得到的 Proxy 数据不够多，则可以在 www.xicidaili.com 中获取代理补足。在项目 getProxy 目录下执行如下命令：

```
cd
cd code/scrapy
cd getProxy
scrapy genspider xiciSpider xicidaili.com
```

创建一个名为 xiciSpider.py 的 Spider 文件。items.py 无须修改，直接修改 xiciSpider.py 即可。我们还是先用 scrapy shell 命令来确定如何获取数据，执行如下命令：

```
scrapy shell http://www.xicidaili.com/nn/2
```

执行结果如图 5-44 所示。

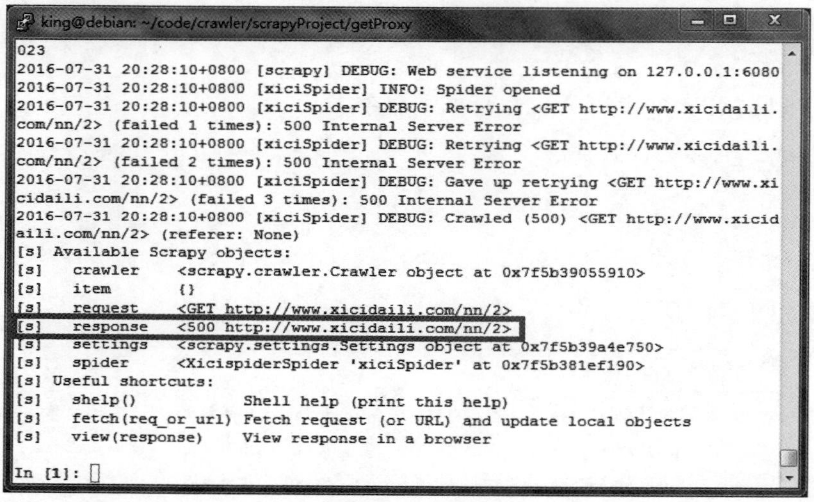

图 5-44　执行结果

这里发现一个问题。Response 的返回码是 500，要知道返回码是 200 才是正常返回。在浏览器中打开 http://www.xicidaili.com/nn/2 是正常显示的，而该网页并不需要登录，也就是说并不涉及 Cookie。用 scrapy shell 请求页面和用浏览器请求页面用的是同一个 IP，也不存在 IP 封锁的问题。剩下的就只有 headers 中 User-Agent 的问题了。除去所有的不可能，最后那一个选项大致就是正确答案。

在 Scrapy 中的确有默认的 headers，但这个 headers 与浏览器的 headers 是有区别的。有的网站会检查 headers，如果是正常浏览器的 headers，网站就予以通过，而机器人或者爬虫的 headers 则拒绝访问。所以在这里只需要给 Scrapy 一个浏览器的 headers 就可以解决问题。修改 settings.py 文件内容如下：

```
 1 # -*- coding: utf-8 -*-
 2
 3 # Scrapy settings for getProxy project
 4 #
 5 # For simplicity, this file contains only the most important settings by
 6 # default. All the other settings are documented here:
 7 #
 8 #     http://doc.scrapy.org/en/latest/topics/settings.html
 9 #
10
11 BOT_NAME = 'getProxy'
12
13 SPIDER_MODULES = ['getProxy.spiders']
14 NEWSPIDER_MODULE = 'getProxy.spiders'
15
16 # Crawl responsibly by identifying yourself (and your website) on the User-Agent
17 #USER_AGENT = 'getProxy (+http://www.yourdomain.com)'
18
19
20 ### user add
21 USER_AGENT = 'Mozilla/5.0 (Windows NT 6.1; WOW64) AppleWebKit/537.36 (KHTML, like Gecko)'
22 ITEM_PIPELINES = {
23 'getProxy.pipelines.GetproxyPipeline':100
24 }
```

只需要在 settings.py 里添加一个 USER_AGENT 项即可。尽可能使用本机浏览器的 headers。这里使用的是随意选取的一个 headers，好在该网站没有根据不同的 headers 返回不同的内容。

好了，再回到 getProxy 项目的目录下，使用 scrapy shell 测试如何获取有效数据。执行如下命令：

```
scrapy shell http://www.xicidaili.com/nn/2
```

执行结果如图 5-45 所示。

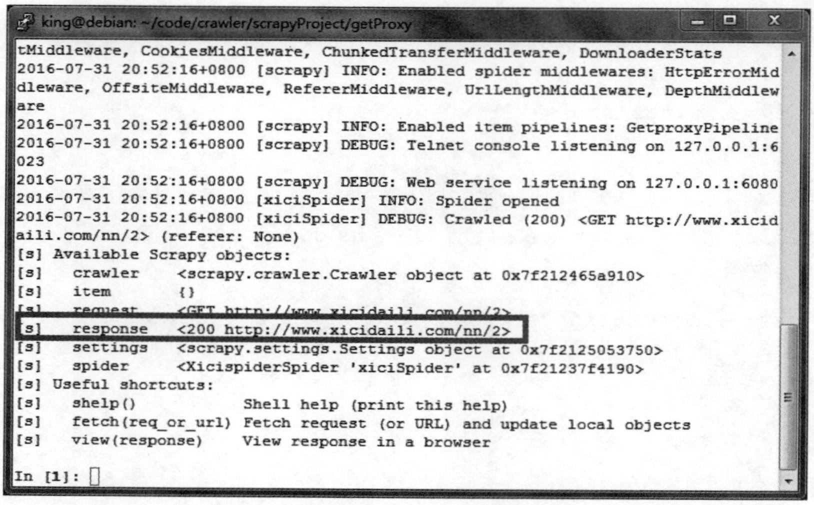

图 5-45 修改 headers 后的 scrapy shell

如图 5-45 所示，response 的返回码为 200，现在没问题了。在浏览器中打开 http://www.xicidaili.com/nn/2，在空白处右击，选择"查看网页源代码"，打开页面的源代码网页，发现所需数据的块都是以<tr class="odd">或者<tr class="">开头的。在 scrapy shell 中执行命令：

```
subSelector = response.xpath('//tr[@class=""]|//tr[@class="odd"]')
subSelector[0].xpath('.//td[2]/text()').extract()[0]
subSelector[0].xpath('.//td[3]/text()').extract()[0]
subSelector[0].xpath('.//td[4]//text()').extract()[0]
subSelector[0].xpath('.//td[5]/text()').extract()[0]
subSelector[0].xpath('.//td[6]/text()').extract()[0]
```

执行结果如图 5-46 所示。

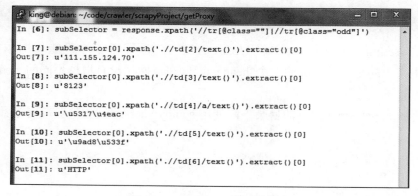

图 5-46　xiciSpider 测试选择器

现在 xiciSpider.py 怎么编写已经一目了然了。xiciSpider.py 文件的内容如下：

```
1 # -*- coding: utf-8 -*-
2 import scrapy
```

```python
 3 from getProxy.items import GetproxyItem
 4
 5
 6 class XicispiderSpider(scrapy.Spider):
 7     name = "xiciSpider"
 8     allowed_domains = ["xicidaili.com"]
 9     wds = ['nn','nt','wn','wt']
10     pages = 20
11     start_urls = []
12     for type in wds:
13         for i in xrange(1,pages + 1):
14             start_urls.append('http://www.xicidaili.com/'+type+'/'+str(i))
15
16
17     def parse(self, response):
18         subSelector = response.xpath('//tr[@class=""]|//tr[@class="odd"]')
19         items = []
20         for sub in subSelector:
21             item = GetproxyItem()
22             item['ip'] = sub.xpath('.//td[2]/text()').extract()[0]
23             item['port'] = sub.xpath('.//td[3]/text()').extract()[0]
24             item['type'] = sub.xpath('.//td[5]/text()').extract()[0]
25             if sub.xpath('.//td[4]/a/text()'):
26                 item['location'] = sub.xpath('//td[4]/a/text()').extract()[0]
27             else:
28                 item['location'] = sub.xpath('.//td[4]/text()').extract()[0]
29             item['protocol'] = sub.xpath('.//td[6]/text()').extract()[0]
30             item['source'] = 'xicidaili'
31             items.append(item)
32         return items
```

回到项目 getProxy 目录下，执行如下命令：

```
scrapy crawl xiciSpider
ls
wc -l proxy.txt
```

执行结果如图 5-47 所示。

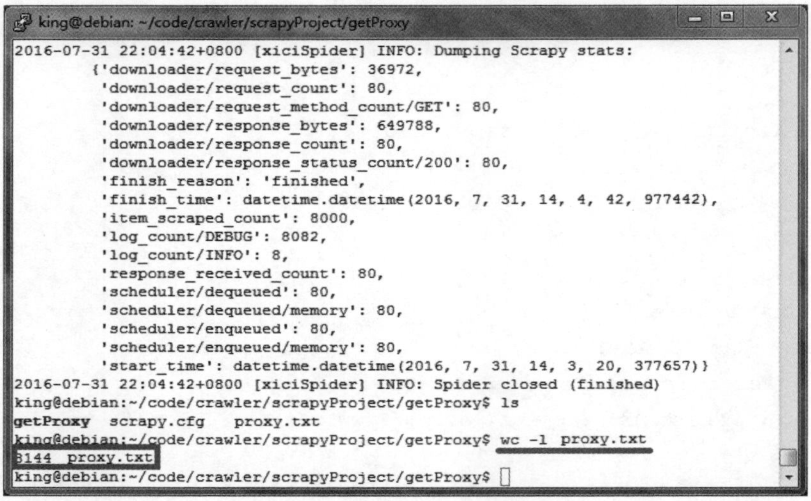

图 5-47 执行结果

> **提 示**
> 如果 xicidaili.com 对同一个 IP 短时间内频繁爬取，超过一定次数就会被封锁 IP。万一被封锁了，就需要重启路由器或者给光猫换个 IP。

从文件保存的记录数字来看，应该是没问题的。但这么多的记录，或者说这么多的代理服务器，有多少是可用的呢？这就是下一小节要解决的问题了。

5.5.4 处理 Spider 数据

如何来验证 5.5.3 小节中已经获取的代理服务器地址，最简单的方法当然是在 pipelines 文件里直接修改。但不幸的是，验证一个代理服务器是否有效所需的时间和将一行记录写入文件的时间相差得太远了。前者所需的时间是以秒计算的，后者是以微秒计算的。这样一来，还不如先将所有的代理服务器保存到文件中，然后另外写一个 Python 程序来验证代理。

进入 getProxy 项目的目录下，创建 Python 验证程序。执行如下命令：

```
cd
cd code/scrapy
cd getProxy
vi connWebWithProxy.py
```

代理服务器验证程序 connWebWithProxy.py 的内容如下：

```
1  #!/usr/bin/env python3
2  #-*- coding: utf-8 -*-
3  __author__ = 'hstking hst_king@hotmail.com'
4
5
6  import urllib.request
7  import re
```

```
 8  import threading
 9  import codecs
10
11  class TestProxy(object):
12      def __init__(self):
13          self.sFile = 'proxy.txt'
14          self.dFile = 'alive.txt'
15          self.URL = 'http://www.baidu.com/'
16          self.threads = 10
17          self.timeout = 3
18          self.regex = re.compile('baidu.com')
19          self.aliveList = []
20
21          self.run()
22
23      def run(self):
24          with codecs.open(self.sFile, 'r', 'utf-8') as fp:
25              lines = fp.readlines()
26              line = lines.pop()
27              while lines:
28                  for i in range(self.threads):
29                      t = threading.Thread(target=self.linkWithProxy, args=(line,))
30                      t.start()
31                      if lines:
32                          line = lines.pop()
33                      else:
34                          continue
35
36          with codecs.open(self.dFile, 'w', 'utf-8') as fp:
37              for i in range(len(self.aliveList)):
38                  fp.write(self.aliveList[i])
39
40
41
42      def linkWithProxy(self, line):
43          proxyStr = line.split('||')[0]
44          proxyDic = eval(proxyStr)
45          opener = urllib.request.build_opener(urllib.request.ProxyHandler(proxyDic))
46          urllib.request.install_opener(opener)
47          try:
48              response = urllib.request.urlopen(self.URL, timeout=self.timeout)
```

```
49        except:
50            print('%s connect failed' %proxyDic)
51            return
52        else:
53            try:
54                str = response.read().decode('utf-8')
55            except:
56                print('%s connect failed' %proxyDic)
57                return
58            if self.regex.search(str):
59                print('%s connect success .........' %proxyDic)
60                self.aliveList.append(line)
```

执行如下命令：

```
python3 connWebWithProxy.py
```

利用多线程来验证来源文件 proxy.txt 中的代理。经过验证，有 181 个代理可以使用。将 self.threads 设置为 10，使用 10 个进程并发，大概需要 1 分钟左右，速度还可以接受。这个速度已经很快了，没有必要将 self.threads 设置得太大，以免占用太多的系统资源。最终得到文件 alive.txt。这个程序还比较简陋，有很大的改进空间。例如，同一网站下爬取的代理服务器也许不会有重复的情况，但多个网站爬取的代理服务器就有可能重复。这种情况可以在程序内加上一个去重的函数。

5.6 Scrapy 爬虫实战四：糗事百科

5.5 节中得到了一个经过验证的 Proxy 文件。本节将使用得到的代理来爬取网站内容，目标站点就定为一个笑话网站：糗事百科。

5.6.1 目标分析

糗事百科这个站点类似于 5.5 节的获取代理，必须指定一个浏览器的 headers 才能返回正确的数据。另外，5.5 节中的 getProxy 项目中已经获取了一些可使用的代理服务器，不能浪费掉。本节将使用代理来爬取糗事百科中的笑话。

在浏览器中打开糗事百科网站，如图 5-48 所示。

第 5 章　Scrapy 爬虫框架

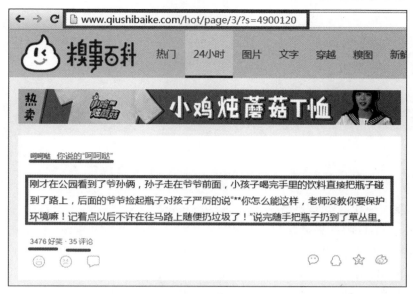

图 5-48　数据来源站点

从图 5-48 中可以看出，目标数据来源的网址为 http://www.qiushibaike.com/hot/page/3/?s=4900120，这里的?s=4900120 应该只是从 Cookies 里提取的用户标识。去除这个尾巴，用浏览器打开 http://www.qiushibaike.com/hot/page/3/，页面完全一样，没有任何影响。

可以获取的项有发布者名字、笑话内容、笑话图片（如果有图片就下载）、单击好笑的次数、谈论的次数。items.py 就是这些内容了。

5.6.2　创建编辑 Scrapy 爬虫

进入 Scrapy 的工作目录，创建项目名为 qiushi 的 Scrapy 项目，通过 Spider 模板创建 qiushiSpider.py 文件。执行如下命令：

```
cd
cd code/scrapy
scrapy startproject qiushi
cd qiushi
scrapy genspider qiushiSpider qiushibaike.com
```

首先要编辑的还是 items.py，items.py 文件的内容如下：

```
1 #-*- coding: utf-8 -*-
2
3 # Define here the models for your scraped items
4 #
5 # See documentation in:
6 # http://doc.scrapy.org/en/latest/topics/items.html
7
8 import scrapy
```

159

```
 9
10
11 class QiushiItem(scrapy.Item):
12     # define the fields for your item here like:
13     # name = scrapy.Field()
14     author = scrapy.Field()
15     content = scrapy.Field()
16     img = scrapy.Field()
17     funNum = scrapy.Field()
18     talkNum = scrapy.Field()
```

无论后面怎么变化，需要添加什么功能，在 items.py 这个文件上是没有任何区别的。在 5.5 节的 getProxy 项目中，为了获取"西刺代理"站点上的代理服务器，在 settings.py 中添加了 USER_AGENT 项，给 Scrapy 添加了一个浏览器的 headers。本节的 Scrapy 项目不仅需要添加浏览器的 headers，还要使用 Proxy，这就涉及 Scrapy 中间件。

Scrapy 项目本身有很多中间件。这些中间件设置了很多环境。一般常见的中间件是下载器中间件。本节项目所需添加的 headers、使用的 Proxy 都是在这个中间件中修改的。

5.6.3 Scrapy 项目中间件——添加 headers

在 Scrapy 项目中，掌管 Proxy 的中间件是 scrapy.contrib.downloadermiddleware.useragent.UserAgentMiddleware。直接修改这个中间件不是不可以，不过为了一个项目就去修改整个环境变量，也太小题大做了。我们完全可以自己写一个中间件，让它运行，然后将 Scrapy 默认的中间件关闭即可。

先进入 qiushi 项目下的 settgings.py 同一级目录，创建文件夹 middlewares，在 middlewares 目录下创建__init__.py 和 customMiddlewares.py 文件。其中，__init__.py 的作用是将整个 middlewares 目录当成一个模块使用，而 customMiddlewares.py 是自定义的中间件。customMiddlewares.py 文件的内容如下：

```
 1 #!/usr/bin/env python
 2 #-*- coding: utf-8 -*-
 3 __author__ = 'hstking hst_king@hotmail.com'
 4
 5
 6 from scrapy.contrib.downloadermiddleware.useragent import UserAgentMiddlewar    e
 7
 8 class CustomUserAgent(UserAgentMiddleware):
 9     def process_request(self,request,spider):
10         ua = "Mozilla/5.0 (Windows NT 6.1) AppleWebKit/536.3 (KHTML, like Ge    cko) Chrome/19.0.1061.1 Safari/536.3"
11         request.headers.setdefault('User-Agent', ua)
```

修改 settings.py，将系统默认的中间件 scrapy.contrib.downloadermiddleware.useragent.UserAgentMiddleware 关闭，用自己创建的中间件 qiushi.middlewares.customMiddlewares.CustomUserAgent 代替。Settings.py 文件内容如下：

```
1  # -*- coding: utf-8 -*-
2
3  # Scrapy settings for qiushi project
4  #
5  # For simplicity, this file contains only the most important settings by
6  # default. All the other settings are documented here:
7  #
8  #     http://doc.scrapy.org/en/latest/topics/settings.html
9  #
10
11 BOT_NAME = 'qiushi'
12
13 SPIDER_MODULES = ['qiushi.spiders']
14 NEWSPIDER_MODULE = 'qiushi.spiders'
15
16 # Crawl responsibly by identifying yourself (and your website) on the User-Agent
17 #USER_AGENT = 'qiushi (+http://www.yourdomain.com)'
18
19
20
21 ### user define
22 DOWNLOADER_MIDDLEWARES = {
23     'qiushi.middlewares.customMiddlewares.CustomUserAgent': 3,
24     'scrapy.contrib.downloadermiddleware.useragent.UserAgentMiddleware': None,
25 }
```

因为改用了自定义的中间件取代 Scrapy 的中间件，所以需要将 Scrapy 的中间件改为 None，将其关闭。

编辑 pipelines.py 文件，pipelines.py 文件内容如下：

```
1  # -*- coding: utf-8 -*-
2
3  # Define your item pipelines here
4  #
5  # Don't forget to add your pipeline to the ITEM_PIPELINES setting
6  # See: http://doc.scrapy.org/en/latest/topics/item-pipeline.html
7
8  import time
9  import urllib.request
```

```
10  import os
11  import codecs
12  class QiushiPipeline(object):
13      def process_item(self, item, spider):
14          today = time.strftime('%Y%m%d', time.localtime())
15          fileName = today + 'qiubai.txt'
16          imgDir = 'IMG'
17          if os.path.isdir(imgDir):
18              pass
19          else:
20              os.mkdir(imgDir)
21          with codecs.open(fileName, 'a', 'utf-8') as fp:
22              fp.write('-'*50 + '\n' + '*'*50 + '\n')
23              fp.write("author:\t %s\n" %(item['author']))
24              fp.write("content:\t %s\n" %(item['content']))
25              try:
26                  imgUrl = item['img'][1]
27              except IndexError:
28                  pass
29              else:
30                  imgName = os.path.basename(imgUrl)
31                  fp.write("img:\t %s\n" %(imgName))
32                  imgPathName = imgDir + os.sep + imgName
33                  with open(imgPathName, 'wb') as fp:
34                      response = urllib.request.urlopen(imgUrl)
35                      fp.write(response.read())
36              fp.write("fun:%s\t talk:%s\n" %(item['funNum'],item['talkNum']))
37              fp.write('*'*50 + '\n' + '-'*50 + '\n'*10)
38          return item
```

最后将 QiushiPipeline 添加到 settings.py 中，修改后的 settings.py 文件内容如下：

```
1  # -*- coding: utf-8 -*-
2
3  # Scrapy settings for qiushi project
4  #
5  # For simplicity, this file contains only the most important settings by
6  # default. All the other settings are documented here:
7  #
8  #     http://doc.scrapy.org/en/latest/topics/settings.html
9  #
10
11 BOT_NAME = 'qiushi'
12
13 SPIDER_MODULES = ['qiushi.spiders']
```

```
14 NEWSPIDER_MODULE = 'qiushi.spiders'
15
16 # Crawl responsibly by identifying yourself (and your website) on the User-Agent
17 #USER_AGENT = 'qiushi (+http://www.yourdomain.com)'
18
19
20
21 ### user define
22 DOWNLOADER_MIDDLEWARES = {
23     'qiushi.middlewares.customMiddlewares.CustomUserAgent': 3,
24     'scrapy.contrib.downloadermiddleware.useragent.UserAgentMiddleware': None,
25 }
26
27 ITEM_PIPELINES = {
28 'qiushi.pipelines.QiushiPipeline':10,
29 }
```

所有文件准备完毕，回到 qiushi 项目下，执行如下命令：

```
scrapy crawl qiushiSpider
ls
```

执行结果如图 5-49 所示。

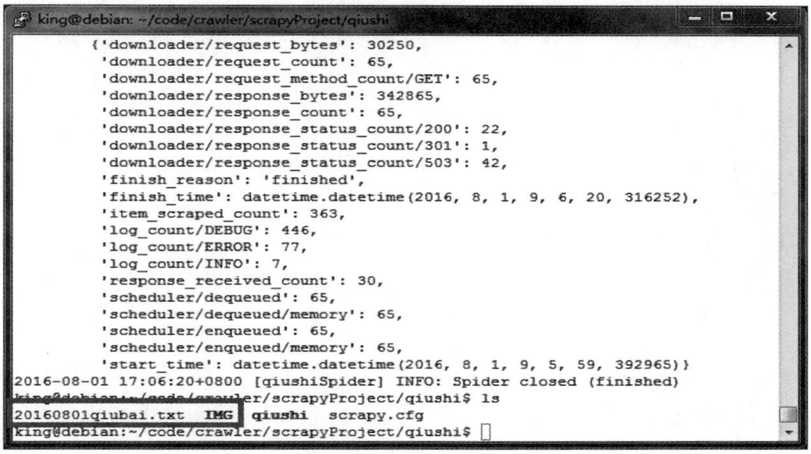

图 5-49　数据保存结果

从最后的运行结果来看，已经达到预期目标，获取了数据，自定义的中间件成功运行。

5.6.4　Scrapy 项目中间件——添加 Proxy

5.6.3 小节中使用自定义的中间件给 Scrapy 添加了浏览器的 headers。本小节将使用自定义的中间件给 Scrapy 添加一个 Proxy。

在 Scrapy 默认环境下，Proxy 的设置是由中间件 scrapy.contrib.downloadermiddleware.httpproxy.HttpProxyMiddleware 控制的。参照 5.6.3 小节的方法，自定义一个中间件。因为只使用一个

单独的代理，就不再添加新的文件了，直接在 middlewares.customMiddlewares 中添加一个类即可。

既然是使用 Proxy，就得先找到一个可使用的 Proxy，在上个 Scrapy 项目 getProxy 中已经找到很多了，我们在 getProxy 项目的最终文档 alive.txt 中随意挑选一个即可，例如 114.33.202.73:8118。

> **提 示**
>
> 这个代理是一个临时的代理，现在有效不代表将来一直都有效，测试时需要换一个确实可用的代理服务器。

修改自定义的中间件文档 customMiddlewares.py。修改完毕后的 customMiddlewares.py 文件内容如下：

```
1  #!/usr/bin/env python
2  #-*- coding: utf-8 -*-
3  __author__ = 'hstking hst_king@hotmail.com'
4
5
6  from scrapy.contrib.downloadermiddleware.useragent import UserAgentMiddleware
7
8  class CustomUserAgent(UserAgentMiddleware):
9      def process_request(self,request,spider):
10         ua = "Mozilla/5.0 (Windows NT 6.1) AppleWebKit/536.3 (KHTML, like Gecko) Chrome/19.0.1061.1 Safari/536.3"
11         request.headers.setdefault('User-Agent', ua)
12
13 class CustomProxy(object):
14     def process_request(self,request,spider):
15         request.meta['proxy'] = 'http://114.33.202.73:8118'
```

接下来修改 settings.py 文件，将新添加的中间件 CustomProxy 添加到 DOWNLOADER_MIDDLEWARES 中。这里与之前的 CustomUserAgent 不同的是，CustomUserAgent 需要禁止系统的 UserAgentMiddleware，而 CustomProxy 则需要在系统的 HttpProxyMiddleware 之前执行。修改完毕的 settings.py 文件内容如下：

```
1  # -*- coding: utf-8 -*-
2
3  # Scrapy settings for qiushi project
4  #
5  # For simplicity, this file contains only the most important settings by
6  # default. All the other settings are documented here:
7  #
8  #     http://doc.scrapy.org/en/latest/topics/settings.html
9  #
```

```
10
11 BOT_NAME = 'qiushi'
12
13 SPIDER_MODULES = ['qiushi.spiders']
14 NEWSPIDER_MODULE = 'qiushi.spiders'
15
16 # Crawl responsibly by identifying yourself (and your website) on the User-Agent
17 #USER_AGENT = 'qiushi (+http://www.yourdomain.com)'
18
19
20
21 ### user define
22 DOWNLOADER_MIDDLEWARES = {
23     'qiushi.middlewares.customMiddlewares.CustomProxy': 10,
24     'qiushi.middlewares.customMiddlewares.CustomUserAgent': 30,
25     'scrapy.contrib.downloadermiddleware.useragent.UserAgentMiddleware': None,
26     'scrapy.contrib.downloadermiddleware.httpproxy.HttpProxyMiddleware': 20
27 }
28
29 ITEM_PIPELINES = {
30 'qiushi.pipelines.QiushiPipeline':10,
31 }
```

最后回到 Scrapy 项目 qiushi 的目录下，执行如下命令：

```
Scrapy crawl qiushiSpider
```

执行结果如图 5-50 所示。

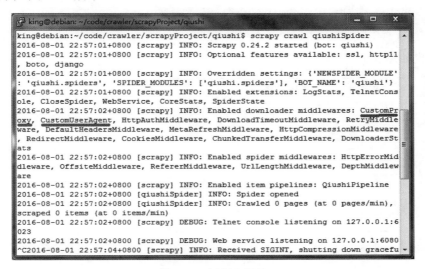

图 5-50　运行中间件

从图 5-50 中可以看出，自定义的两个中间件都已经运行了。

5.7 Scrapy 爬虫实战五：爬虫攻防

对于一般用户而言，网络爬虫是一个好工具，它可以方便地从网站上获取自己想要的信息。但对于网站而言，网络爬虫占用了太多的资源，也没可能从这些爬虫获取点击量，增加广告收入。据有关调查研究证明，网络上超过 60%以上的访问量都是爬虫造成的，也难怪网站方对网络爬虫恨之入骨，希望"杀"之而后快了。

网站方采取种种措施拒绝网络爬虫的访问，而网络高手们毫不示弱，不断改进网络爬虫，赋予它更强的功能、更快的速度以及更隐蔽的手段。在这场爬虫与反爬虫的战争中，双方的比分交替领先，最终谁会赢得胜利，大家将拭目以待。

5.7.1 创建一般爬虫

我们先编写一个小爬虫程序，假设网站方的各种限制，再来看如何破解网站方的限制，让大家自由地使用爬虫工具。网站限制的爬虫肯定不包括只有几次访问的爬虫。一般来说，小于 100 次访问的爬虫都无须担心，这个爬虫纯粹用于演示。

以爬取美剧天堂站点为例，使用 Scrapy 爬虫来爬取最近更新的美剧，来源网页是 http://www.meijutt.com/new100.html。进入 Scrapy 工作目录，创建 meiju100 项目，再执行如下命令：

```
cd
cd code/scrapy
scrapy startproject meiju100
cd meiju100
scrapy genspider meiju100Spider meijutt.com
tree meiju100
```

执行结果如图 5-51 所示。

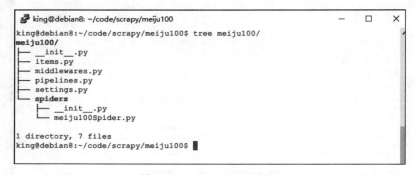

图 5-51　tree meiju100 项目

修改后的 items.py 文件内容如下：

```
1 # -*- coding: utf-8 -*-
```

```
 2
 3 # Define here the models for your scraped items
 4 #
 5 # See documentation in:
 6 # http://doc.scrapy.org/en/latest/topics/items.html
 7
 8 import scrapy
 9
10
11 class Meiju100Item(scrapy.Item):
12     # define the fields for your item here like:
13     # name = scrapy.Field()
14     storyName = scrapy.Field()
15     storyState = scrapy.Field()
16     tvStation = scrapy.Field()
17     updateTime = scrapy.Field()
```

修改后的 meiju100Spider.py 文件内容如下：

```
 1 # -*- coding: utf-8 -*-
 2 import scrapy
 3 from meiju100.items import Meiju100Item
 4
 5
 6 class Meiju100spiderSpider(scrapy.Spider):
 7     name = 'meiju100Spider'
 8     allowed_domains = ['meijutt.com']
 9     start_urls = ['http://meijutt.com/new100.html']
10
11     def parse(self, response):
12         subSelector = response.xpath('//li/div[@class="lasted-num fn-left"]')
13         items = []
14         for sub in subSelector:
15             item = Meiju100Item()
16             item['storyName'] = sub.xpath('../h5/a/text()').extract()[0]
17             try:
18                 item['storyState'] = sub.xpath('../span[@class="state1 new100state1"]/font/text()').extract()[0]
19             except IndexError as e:
20                 item['storyState'] = sub.xpath('../span[@class="state1 new100state1"]/text()').extract()[0]
21             item['tvStation'] = sub.xpath('../span[@class="mjtv"]/text()').extract()
```

```
22          try:
23              item['updateTime'] = sub.xpath('../div[@class="lasted-time new100time fn-right"]/font/text()').extract()[0]
24          except IndexError as e:
25              item['updateTime'] = sub.xpath('../div[@class="lasted-time new100time fn-right"]/text()').extract()[0]
26          items.append(item)
27      return items
```

修改后的 pipelines.py 文件内容如下:

```
1  # -*- coding: utf-8 -*-
2
3  # Define your item pipelines here
4  #
5  # Don't forget to add your pipeline to the ITEM_PIPELINES setting
6  # See: http://doc.scrapy.org/en/latest/topics/item-pipeline.html
7
8  import time
9
10 class Meiju100Pipeline(object):
11     def process_item(self, item, spider):
12         today = time.strftime('%Y%m%d', time.localtime())
13         fileName = today + 'meiju.txt'
14         with open(fileName, 'a') as fp:
15             fp.write("%s \t" %(item['storyName'].encode('utf8')))
16             fp.write("%s \t" %(item['storyState'].encode('utf8')))
17             if len(item['tvStation']) == 0:
18                 fp.write("unknow \t")
19             else:
20                 fp.write("%s \t" %(item['tvStation'][0]).encode('utf8'))
21
22         return item
```

修改后的 settings.py 文件内容如下:

```
1  # -*- coding: utf-8 -*-
2
3  # Scrapy settings for meiju100 project
4  #
5  # For simplicity, this file contains only the most important settings by
6  # default. All the other settings are documented here:
7  #
8  #     http://doc.scrapy.org/en/latest/topics/settings.html
9  #
```

```
10
11 BOT_NAME = 'meiju100'
12
13 SPIDER_MODULES = ['meiju100.spiders']
14 NEWSPIDER_MODULE = 'meiju100.spiders'
15
16 # Crawl responsibly by identifying yourself (and your website) on the User-Agent
17 #USER_AGENT = 'meiju100 (+http://www.yourdomain.com)'
18
19
20 ### user define
21 ITEM_PIPELINES = {
22 'meiju100.pipelines.Meiju100Pipeline':10
23 }
```

这个美剧爬虫已经修改完毕了，回到 meiju 项目的主目录下，执行如下命令：

```
scrapy crawl meiju100Spider
cat *.txt
```

执行结果如图 5-52 所示。

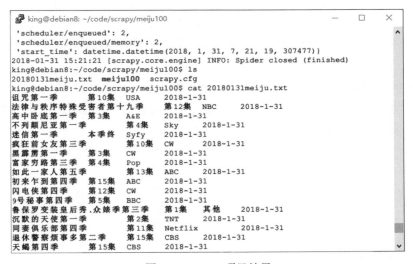

图 5-52　meiju 项目结果

项目运行成功。下面来测试反爬虫和反反爬虫技术。

5.7.2　封锁间隔时间破解

Scrapy 在两次请求之间的时间设置是 DOWNLOAD_DELAY。如果不考虑反爬虫的因素，这个值当然是越小越好。如果把 DOWNLOAD_DELAY 设置成 0.1，也就是每 0.1 秒向网站请求一次网页。网站管理员只要稍微过滤一下日志，那么必定会为爬虫使用者如此侮辱他的智商而愤恨不已。

如果对爬虫的结果需求不是那么急，就可以把这一项的值设置得稍微大一点。在 settings.py 中找到这一行，取消前面的注释符号，并将值修改一下（在 settings.py 的第 30 行）。

```
DOWNLOAD_DELAY = 5
```

这样每 5 秒一次的请求就不那么显眼了。除非被爬网站的访问量非常小，否则以这个频率的请求是很难被发现的。

5.7.3 封锁 Cookies 破解

众所周知，网站是通过 Cookies 来确定用户身份的。Scrapy 爬虫在爬取数据时使用同一个 Cookies 发送请求，这种做法和把 DOWNLOAD_DELAY 设置成 0.1 没什么区别。

不过要破解这种原理的反爬虫也很简单，直接禁用 Cookies 即可。在 settings.py 文件中找到这一行，取消前面的注释（在 settings.py 的第 36 行）：

```
COOKIES_ENABLED = False
```

5.7.4 封锁 User-Agent 破解

User-Agent 是浏览器的身份标识，网站就通过 User-Agent 来确定浏览器类型。有很多网站都会拒绝不符合一定标准的 User-Agent 请求网页。在 4.2.3 小节曾介绍过冒充浏览器访问网站。但如果网站将频繁访问网站的 User-Agent 作为爬虫的标志，然后将其拉入黑名单，又该怎么办呢？

这个很简单，可以准备一大堆 User-Agent，然后随机挑选一个使用，且使用一次就更换。挑选几个合适的浏览器 User-Agent 放到资源文件 resource.py 中待用，然后将 resource.py 复制到 settings.py 的同一级目录中，如图 5-53 所示。

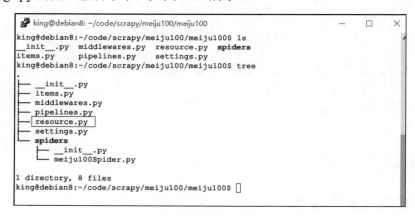

图 5-53　资源文件 resource.py

resource.py 文件内容如下：

```
 1  #!/usr/bin/env python3
 2  #-*- coding: utf-8 -*-
 3  __author__ = 'hstking hst_king@hotmail.com'
 4
 5  UserAgents = [
 6      "Mozilla/4.0 (compatible; MSIE 6.0; Windows NT 5.1; SV1; AcooBrowser; .NET CLR 1.1.4322; .NET CLR 2.0.50727)",
 7      "Mozilla/4.0 (compatible; MSIE 7.0; Windows NT 6.0; Acoo Browser; SLCC1; .NET CLR 2.0.50727; Media Center PC 5.0; .NET CLR 3.0.04506)",
 8      "Mozilla/4.0 (compatible; MSIE 7.0; AOL 9.5; AOLBuild 4337.35; Windows NT 5.1; .NET CLR 1.1.4322; .NET CLR 2.0.50727)",
 9      "Mozilla/5.0 (Windows; U; MSIE 9.0; Windows NT 9.0; en-US)",
10      "Mozilla/5.0 (compatible; MSIE 9.0; Windows NT 6.1; Win64; x64; Trident/5.0; .NET CLR 3.5.30729; .NET CLR 3.0.30729; .NET CLR 2.0.50727; Media Center PC 6.0)",
11      "Mozilla/5.0 (compatible; MSIE 8.0; Windows NT 6.0; Trident/4.0; WOW64; Trident/4.0; SLCC2; .NET CLR 2.0.50727; .NET CLR 3.5.30729; .NET CLR 3.0.30729; .NET CLR 1.0.3705; .NET CLR 1.1.4322)",
12      "Mozilla/4.0 (compatible; MSIE 7.0b; Windows NT 5.2; .NET CLR 1.1.4322; .NET CLR 2.0.50727; InfoPath.2; .NET CLR 3.0.04506.30)",
13      "Mozilla/5.0 (Windows; U; Windows NT 5.1; zh-CN) AppleWebKit/523.15 (KHTML, like Gecko, Safari/419.3) Arora/0.3 (Change: 287 c9dfb30)",
14      "Mozilla/5.0 (X11; U; Linux; en-US) AppleWebKit/527+ (KHTML, like Gecko, Safari/419.3) Arora/0.6",
15      "Mozilla/5.0 (Windows; U; Windows NT 5.1; en-US; rv:1.8.1.2pre) Gecko/20070215 K-Ninja/2.1.1",
16      "Mozilla/5.0 (Windows; U; Windows NT 5.1; zh-CN; rv:1.9) Gecko/20080705 Firefox/3.0 Kapiko/3.0",
17      "Mozilla/5.0 (X11; Linux i686; U;) Gecko/20070322 Kazehakase/0.4.5",
18      "Mozilla/5.0 (X11; U; Linux i686; en-US; rv:1.9.0.8) Gecko Fedora/1.9.0.8-1.fc10 Kazehakase/0.5.6",
19      "Mozilla/5.0 (Windows NT 6.1; WOW64) AppleWebKit/535.11 (KHTML, like Gecko) Chrome/17.0.963.56 Safari/535.11",
20      "Mozilla/5.0 (Macintosh; Intel Mac OS X 10_7_3) AppleWebKit/535.20 (KHTML, like Gecko) Chrome/19.0.1036.7 Safari/535.20",
21      "Opera/9.80 (Macintosh; Intel Mac OS X 10.6.8; U; fr) Presto/2.9.168 Version/11.52",
22      ]
```

Scrapy 在创建项目时已经创建了一个 middlewares.py 文件。前面在运行 scrapy crawl meiju100Spider 时，middlewares.py 并没有起作用。现在需要修改 User-Agent，可以直接在 middlewares.py 中新建一个类（重新建立一个新文件也可以，但 UserAgentMiddleware 本身就属于 middlewares，放到一起更加方便），这个新类继承于 UserAgentMiddleware 类。然后在

settings.py 中设置一下，让这个新类替代掉原来的 UserAgentMiddlerware 类。修改 middlewares.py 文件如下：

```
1  # -*- coding: utf-8 -*-
2
3  # Define here the models for your spider middleware
4  #
5  # See documentation in:
6  # https://doc.scrapy.org/en/latest/topics/spider-middleware.html
7
8  from scrapy import signals
9  from meiju100.resource import UserAgents
10 from scrapy.downloadermiddlewares.useragent import UserAgentMiddleware
11 import random
12
13
14 class Meiju100SpiderMiddleware(object):
15     # Not all methods need to be defined. If a method is not defined,
16     # scrapy acts as if the spider middleware does not modify the
17     # passed objects.
18
19     @classmethod
20     def from_crawler(cls, crawler):
21         # This method is used by Scrapy to create your spiders.
22         s = cls()
23         crawler.signals.connect(s.spider_opened, signal=signals.spider_opened)
24         return s
25
26     def process_spider_input(self, response, spider):
27         # Called for each response that goes through the spider
28         # middleware and into the spider.
29
30         # Should return None or raise an exception.
31         return None
32
33     def process_spider_output(self, response, result, spider):
34         # Called with the results returned from the Spider, after
35         # it has processed the response.
36
37         # Must return an iterable of Request, dict or Item objects.
38         for i in result:
39             yield i
```

```
40
41      def process_spider_exception(self, response, exception, spider):
42          # Called when a spider or process_spider_input() method
43          # (from other spider middleware) raises an exception.
44
45          # Should return either None or an iterable of Response, dict
46          # or Item objects.
47          pass
48
49      def process_start_requests(self, start_requests, spider):
50          # Called with the start requests of the spider, and works
51          # similarly to the process_spider_output() method, except
52          # that it doesn't have a response associated.
53
54          # Must return only requests (not items).
55          for r in start_requests:
56              yield r
57
58      def spider_opened(self, spider):
59          spider.logger.info('Spider opened: %s' % spider.name)
60
61
62  class Meiju100DownloaderMiddleware(object):
63      # Not all methods need to be defined. If a method is not defined,
64      # scrapy acts as if the downloader middleware does not modify the
65      # passed objects.
66
67      @classmethod
68      def from_crawler(cls, crawler):
69          # This method is used by Scrapy to create your spiders.
70          s = cls()
71          crawler.signals.connect(s.spider_opened, signal=signals.spider_opened)
72          return s
73
74      def process_request(self, request, spider):
75          # Called for each request that goes through the downloader
76          # middleware.
77
78          # Must either:
79          # - return None: continue processing this request
80          # - or return a Response object
81          # - or return a Request object
```

```
 82          # - or raise IgnoreRequest: process_exception() methods of
 83          #   installed downloader middleware will be called
 84          return None
 85
 86     def process_response(self, request, response, spider):
 87         # Called with the response returned from the downloader.
 88
 89         # Must either;
 90         # - return a Response object
 91         # - return a Request object
 92         # - or raise IgnoreRequest
 93         return response
 94
 95     def process_exception(self, request, exception, spider):
 96         # Called when a download handler or a process_request()
 97         # (from other downloader middleware) raises an exception.
 98
 99         # Must either:
100         # - return None: continue processing this exception
101         # - return a Response object: stops process_exception() chain
102         # - return a Request object: stops process_exception() chain
103         pass
104
105     def spider_opened(self, spider):
106         spider.logger.info('Spider opened: %s' % spider.name)
107
108 class CustomUserAgentMiddleware(UserAgentMiddleware):
109     def __init__(self, user_agent='Scrapy'):
110         ua = random.choice(UserAgents)
111         self.user_agent = ua
```

在这个文件中，只有第 9~11 行和第 108~111 行是后来添加的，中间的部分是系统默认生成的。实际上，中间的部分暂时并没有用上。

新类 CustomUserAgentMiddleware 已经创建好了。现在到 settings.py 中修改一下，用 CustomUserAgentMiddleware 来替代 UserAgentMiddleware。在 settings.py 中找到 DOWNLOADER_MIDDLEWARES 这个选项，如图 5-54 所示。

第 5 章 Scrapy 爬虫框架

图 5-54 修改 settings.py

> **提　示**
>
> 　　这里 UserAgentMiddleware 默认是自动运行的，现在用 CustomUserAgentMiddleware 来替代它，需要将其关闭。所以将 UserAgentMiddleware 的值设置成 None，将 CustomUserAgentMiddleware 设置成 542，这个值是启动的顺序，并不是随便设置的，是依据它被替代类的启动顺序来设置的。

保存并关闭文件，回到项目下执行如下命令：

```
scrapy crawl meiju100Spider
```

结果是没问题的。现在来看看 Spider 的日志，如图 5-55 所示。

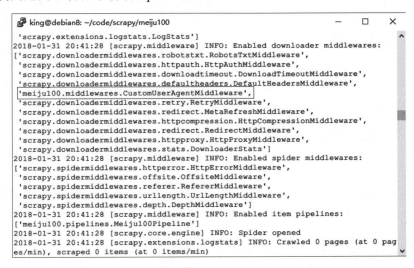

图 5-55　spider 中间件 CustomUserAgentMiddleware

设置的中间件 CustomUserAgentMiddleware 已经起作用了。

175

5.7.5 封锁 IP 破解

在反爬虫中,最容易被发觉的实际上是 IP。同一个 IP 短时间内访问同一个站点,如果数目少,管理员可能会以为是网吧或者大型的局域网在访问而放你一马。如果数目较多,那肯定是爬虫了。个人用户可以用重启猫的方法换 IP(这种方法也不是很靠谱,不可能封锁一次就重启一次猫),专线用户总不能让 ISP 换专线,因此最方便的方法是使用代理。

之前的项目中曾使用过代理爬取网站,本节将准备一个代理池,从中随机地选取一个代理使用。爬取一次,就选取一个不同的代理。进入之前创建的 middlewares 目录中,在资源文件 resource.py 中加入一个 IP 池,也就是一个代理服务器的列表。在前面的项目中已经获取了很多免费的代理服务器,可随意取用。

修改后的 resource.py 文件内容如下:

```
1  #!/usr/bin/env python
2  #-*- coding: utf-8 -*-
3  __author__ = 'hstking hst_king@hotmail.com'
4
5  UserAgents = [
6      "Mozilla/4.0 (compatible; MSIE 6.0; Windows NT 5.1; SV1; AcooBrowser; .NET CLR 1.1.4322; .NET CLR 2.0.50727)",
7      "Mozilla/4.0 (compatible; MSIE 7.0; Windows NT 6.0; Acoo Browser; SLCC1; .NET CLR 2.0.50727; Media Center PC 5.0; .NET CLR 3.0.04506)",
8      "Mozilla/4.0 (compatible; MSIE 7.0; AOL 9.5; AOLBuild 4337.35; Windows NT 5.1; .NET CLR 1.1.4322; .NET CLR 2.0.50727)",
9      "Mozilla/5.0 (Windows; U; MSIE 9.0; Windows NT 9.0; en-US)",
10     "Mozilla/5.0 (compatible; MSIE 9.0; Windows NT 6.1; Win64; x64; Trident/5.0; .NET CLR 3.5.30729; .NET CLR 3.0.30729; .NET CLR 2.0.50727; Media Center PC 6.0)",
11     "Mozilla/5.0 (compatible; MSIE 8.0; Windows NT 6.0; Trident/4.0; WOW64; Trident/4.0; SLCC2; .NET CLR 2.0.50727; .NET CLR 3.5.30729; .NET CLR 3.0.30729; .NET CLR 1.0.3705; .NET CLR 1.1.4322)",
12     "Mozilla/4.0 (compatible; MSIE 7.0b; Windows NT 5.2; .NET CLR 1.1.4322; .NET CLR 2.0.50727; InfoPath.2; .NET CLR 3.0.04506.30)",
13     "Mozilla/5.0 (Windows; U; Windows NT 5.1; zh-CN) AppleWebKit/523.15 (KHTML, like Gecko, Safari/419.3) Arora/0.3 (Change: 287 c9dfb30)",
14     "Mozilla/5.0 (X11; U; Linux; en-US) AppleWebKit/527+ (KHTML, like Gecko, Safari/419.3) Arora/0.6",
15     "Mozilla/5.0 (Windows; U; Windows NT 5.1; en-US; rv:1.8.1.2pre) Gecko/20070215 K-Ninja/2.1.1",
16     "Mozilla/5.0 (Windows; U; Windows NT 5.1; zh-CN; rv:1.9) Gecko/20080705 Firefox/3.0 Kapiko/3.0",
17     "Mozilla/5.0 (X11; Linux i686; U;) Gecko/20070322 Kazehakase/0.4.5",
18     "Mozilla/5.0 (X11; U; Linux i686; en-US; rv:1.9.0.8) Gecko Fedora/1.9.0.8-1.fc10 Kazehakase/0.5.6",
```

```
   19    "Mozilla/5.0 (Windows NT 6.1; WOW64) AppleWebKit/535.11 (KHTML, like
Gecko) Chrome/17.0.963.56 Safari/535.11",
   20    "Mozilla/5.0 (Macintosh; Intel Mac OS X 10_7_3) AppleWebKit/535.20
(KHTML, like Gecko) Chrome/19.0.1036.7 Safari/535.20",
   21    "Opera/9.80 (Macintosh; Intel Mac OS X 10.6.8; U; fr) Presto/2.9.168
Version/11.52",
   22 ]
   23
   24 PROXIES = [
   25 'http://110.73.7.47:8123',
   26 'http://110.73.42.145:8123',
   27 'http://182.89.3.95:8123',
   28 'http://39.1.40.234:8080',
   29 'http://39.1.37.165:8080'
   30 ]  #这里还可以添加更多的代理
```

提 示
PROXIES 里的代理是从网络上抓取的，具有时效性，使用时请自行设置可用的代理。

修改中间件文件 middlewares.py 中 Meiju100DownloaderMiddleware 类的 process_request 函数，如图 5-56 所示。

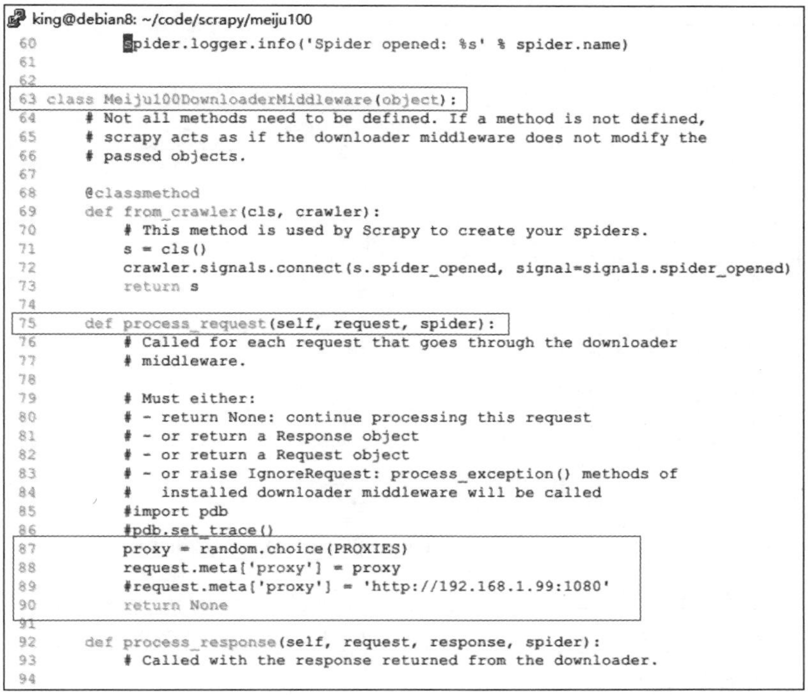

图 5-56 添加代理服务

修改 settings.py 文件，将 Meiju100DownloaderMiddleware 添加到启动的中间件中，如图 5-57 所示。

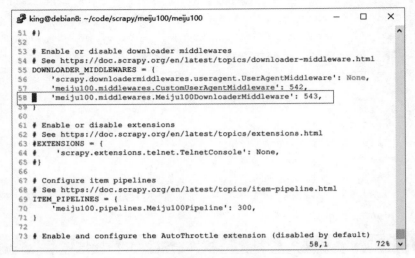

图 5-57　启动中间件 Meiju100DownloaderMiddleware

保存文件，回到项目下执行如下命令：

```
scrapy crawl meiju100Spider
```

查看 Scrapy 的日志，如图 5-58 所示。

图 5-58　Spider 中间件 Meiju100DownloaderMiddleware

程序运行符合预期设计，Scrapy 可以随机地使用代理池中的代理服务器了。

实际反爬虫的方法远不止这一些，只不过个人用户掌握这些就够用了。个人用户爬取成千上万的网页毕竟是少数。

5.8 本章小结

本章详细介绍了 Scrapy 爬虫框架的使用，由易到难演示了 Scrapy 爬虫爬取网页的过程，并通过爬虫与反爬虫的攻守过程让读者一窥 Scrapy 中间件的使用方法。从使用的难度来说，Scrapy 是很简单的爬虫，简单到只需做填空题就能得到数据，而且对于特殊爬虫的特殊要求也能很好地支持。

第 6 章

◀ BeautifulSoup 爬虫 ▶

第 5 章讲解了 Python 的爬虫框架 Scrapy。本章将详细讲解另一个 Python 爬虫 BeautifulSoup。与 Scrapy 不同的是，BeautifulSoup 并不是一个框架，而是一个模块。因此，BeautifulSoup 不能再做填空题了，只能从头到尾地写作文了。

BeautifulSoup 的 4.X 版本一般被简称为 bs4，bs4 同时支持 Python 2 和 Python 3。与 Scrapy 相比，除了选择过滤有所不同外，BeautifulSoup 就是一个普通的 Python 程序。

6.1 安装 BeautifulSoup 环境

bs4 并不是软件，只是一个第三方的模块。既然是模块，安装起来就比较简单。使用前面介绍的 pip、easy_install 安装都可以（推荐使用 pip）。

6.1.1 在 Windows 下安装 BeautifulSoup

在 Windows 下安装 BeautifulSoup 最简单的方法是使用 pip 安装。打开"命令提示符"窗口，执行如下命令：

```
pip install beautifulsoup4
```

执行结果如图 6-1 所示。

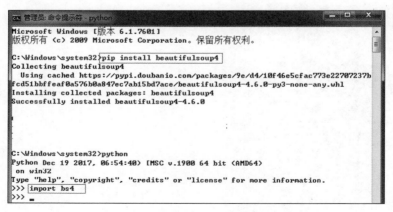

图 6-1　在 Windows 下安装 bs4

提　示
bs4 在 Windows 中安装时也需要管理员权限。

bs4 已安装到 Windows 中，可以直接使用了。

6.1.2　在 Linux 下安装 BeautifulSoup

在 Linux 下安装 bs4 要借助 Debian 的数据库，以便于管理。在终端中以 root 用户（如果普通用户有权限，也可以使用 sudo 命令安装）执行如下命令：

```
apt-get install python3-bs4
```

执行结果如图 6-2 所示。

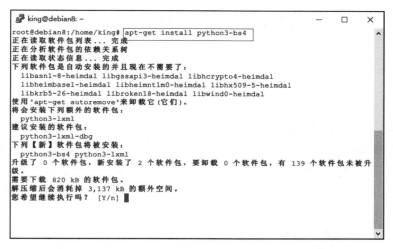

图 6-2　在 Linux 下安装 bs4

基于 Debian 一贯的保守策略，apt-get 安装的并不是最新版本，而是目前最稳定的版本 4.3.2。

6.1.3　最强大的 IDE——Eclipse

Python 环境下有很多优秀的 IDE（集成开发环境），如 Eclipse、Komodo、Sublime、PyCharm、vim、Emacs 等，其中 vim 和 Emacs 虽然是跨平台的，但配置复杂，而且界面也比较简陋，不符合美学原则。PyCharm、Komodo 在编译 Python 时还不错，但笔者更希望使用一款能兼容所有语言的 IDE，而 Eclipse 不负众望，大而全，配合插件后无所不包，无须安装到系统，可直接使用。最重要的是 Eclipse 是免费的。Eclipse 是跨平台的 IDE，能在所有系统下运行。本章中所有的程序如不特殊注明，都将在 Windows 下运行。

1．安装 Eclipse

打开 Eclipse 的官网下载页面（http://www.eclipse.org/downloads/），直接单击

"DOWNLOAD 64 BIT"按钮，如图 6-3 所示。

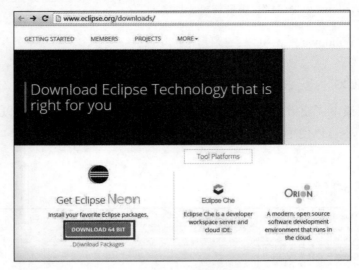

图 6-3　从官网下载 Eclipse

网站会根据访问站点的系统（从访问者的 headers 就可以得出操作系统）推荐安装程序。本次下载网站推荐的是 eclipse-inst-win64.exe（前面讲过 Eclipse 无须安装，这个所谓的安装程序基本就是一个解压缩文件）。双击安装程序，要求选择 Eclipse 的版本，如图 6-4 所示。

图 6-4　选择 Eclipse 版本

单击 Eclipse IDE for Java Developers 即可。因为是 for Java，所以还得下载 Java 依赖包。如果网速给力，用不了几分钟就可以下载完毕。下载完毕后，安装程序要求选择安装位置，如图 6-5 所示。

图 6-5　选择安装位置

填入合适的安装位置后，单击"INSTALL"按钮，稍待片刻 Eclipse 就可以安装完毕。双击桌面上的 Eclipse 图标运行 Eclipse。首次运行时会提示选择工作目录，如图 6-6 所示。

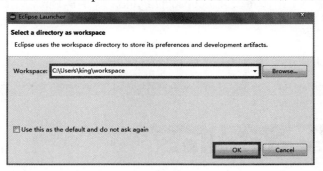

图 6-6　选择工作目录

填入 Eclipse 的工作目录，单击"OK"按钮，Eclipse 界面如图 6-7 所示。

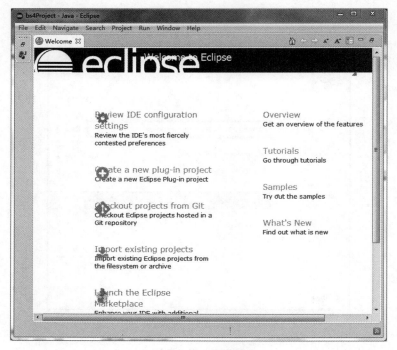

图 6-7　Eclipse 界面

Eclipse 安装完毕，下一步将安装 Eclipse 的 Python 插件 PyDev。

2. 安装 PyDev 插件

在 Eclipse 界面中依次单击"Help | Install New Software…"选项，如图 6-8 所示。

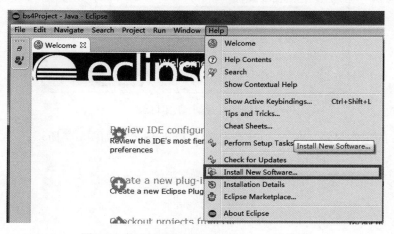

图 6-8　单击"Install New Software…"选项

打开 Eclipse 的插件安装界面，单击"Add…"按钮，加入 Eclipse 的 Python 插件 PyDev 的安装源，如图 6-9 所示。

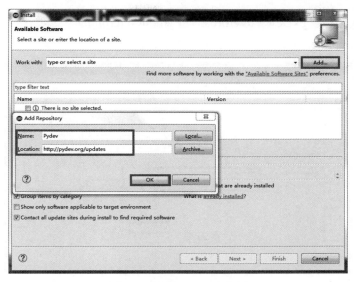

图 6-9　设置 Pydev 安装源

设置完毕后，单击"OK"按钮，Eclipse 将显示这个安装源中所有的可用插件。选中 PyDev 插件，单击"Next"按钮，开始安装 PyDev，如图 6-10 所示。

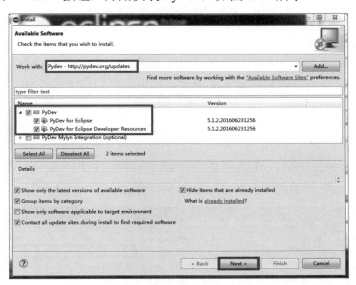

图 6-10　安装 Python 插件 PyDev

单击"Next"按钮，选择同意协议后，继续单击"Next"按钮，直到 PyDev 安装完成。因为是从服务器下载的，所以这个安装可能会有点慢。不用着急，PyDev 并不大。如果实在没耐心，也可以用下载工具将 PyDev 先下载到本地，离线安装 PyDev。安装完毕后，按照提示重启 Eclipse，开始配置 PyDev 插件。PyDev 插件只需要配置 Python 解释器的位置即可使用，其他的配置可根据需要自行调试。

在 Eclipse 菜单栏中单击"Windows"菜单，选择"Preferences"选项。在 Preferences 对

话框中的左侧依次选择"PyDev→Interpreter→Python Interpreter"选项，再单击"New…"按钮，打开 Select interpreter 对话框，如图 6-11 所示。

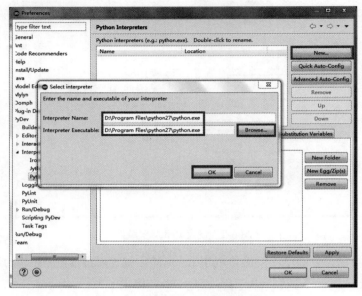

图 6-11　Select interpreter 对话框

单击"Browse…"按钮，选择 python.exe 的路径，单击"OK"按钮，直到 Python 解释器导入完毕。一般来说，下一步应该是给 Eclipse 加载中文包。但 Eclipse Neon 版本还很新，中文包并未发布，所以只好暂时使用英文版本。如果非要使用中文版本，就只能重新下载低版本的 Eclipse。

3. 创建 Python 项目

Eclipse 安装配置完毕后，开始创建 Python 项目。打开 Eclipse，依次单击菜单选项"File | New | Project"，创建一个项目，如图 6-12 所示。

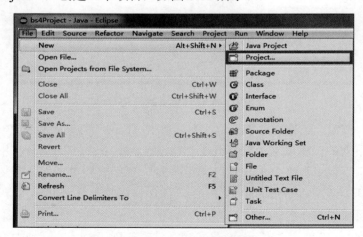

图 6-12　Eclipse 创建项目

在弹出的对话框中选择项目类型。这里应该选择 PyDev 项目中的 PyDev Project 子项目。选取完毕后，单击"Next"按钮继续，如图 6-13 所示。

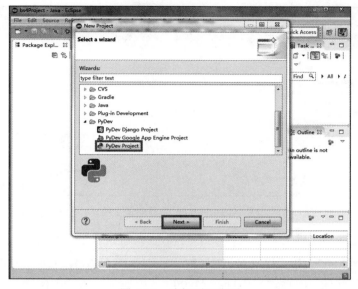

图 6-13　选择项目类型

在弹出的对话框中输入项目名称后，单击"Finish"按钮，项目就创建完毕了，如图 6-14 所示。

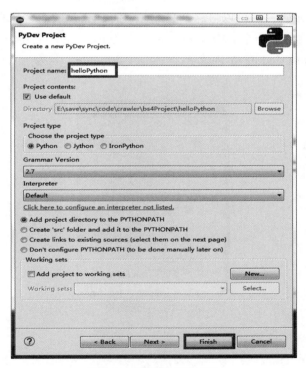

图 6-14　Python 项目名称

回到 Eclipse 的主界面下，在左侧将出现刚刚创建的 Pydev 项目 helloPython。右击 helloPython 项目将弹出快捷菜单，选择"New"选项，弹出子菜单，如图 6-15 所示。

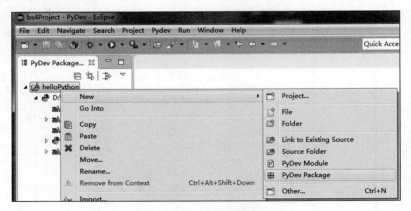

图 6-15　Python 项目创建文件

如果是创建文件和文件夹，正常情况下应该选择"File"和"Folder"选项，但笔者更喜欢使用"PyDev Module"和"PyDev Package"选项。因为选择"File"会创建一个空文件，这个文件里什么都没有。而选择"PyDev Module"选项会创建一个根据预设模板（依次单击菜单选项"Windows｜Preferences｜PyDev｜Editor｜Templates"再选择<Empty>选项）创建的.py 文件，无须在每次创建文件时再重复设置。选择"Folder"选项将创建一个空文件夹，而选择"PyDev Package"选项将创建一个包含__init__.py 的文件夹（就是在第 5 章中创建的中间件文件夹 middlewares），可以将这个文件夹下的 Python 文件当成模块导入项目中。

下面来测试一下，创建一个 PyDev Module，名为 hello.py，创建一个 PyDev Package，名为 testModule，并在 testModule 中创建一个 PyDev Module，名为 myModule。创建完毕后的目录结构如图 6-16 所示。

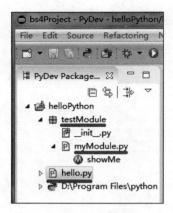

图 6-16　目录结构

【示例 6-1】其中，hello.py 文件的内容如下：

```
#!/usr/bin/evn python3
#-*- coding: utf-8 -*-
```

```
'''
Created on '2016年8月6日'

@author: hstking hst_king@hotmail.com
'''

from testModule.myModule import showMe

if __name__ == '__main__':
    print('Hello, I am first python script on eclipse')
    print('你好，我是在eclipse上的第一个python程序\n')
    showMe()
```

testModule/myModule.py 文件的内容如下：

```
#!/usr/bin/evn python3
#-*- coding: utf-8 -*-
'''
Created on 2016年8月6日

@author: hstking hst_king@hotmail.com
'''

def showMe():
    print('I am a module')
    print('我是一个模块\n')
```

单击 Eclipse 的"Run"菜单，选取"Run"选项（Ctrl + F11），或者直接单击工具栏的"Run"按钮，执行结果如图 6-17 所示。

图 6-17　选取 Python 解释器

选择"Python Run"后，单击"OK"按钮。运行程序，运行结果如图 6-18 所示。

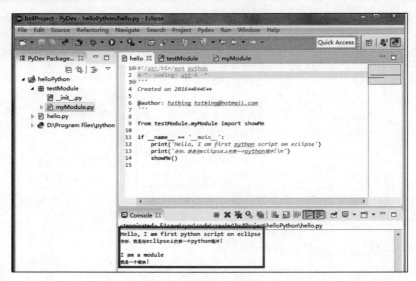

图 6-18　运行 Python 程序

运行无误，Eclipse 测试完毕。选择 Eclipse 做 IDE，除了它跨平台、支持的语言丰富外，还因为 Eclipse 有着强大的调试功能。在后面的实例中会演示 Eclipse Debug 调试的强大方便之处。

6.2　BeautifulSoup 解析器

与 Scrapy 相比，bs4 中间多了一个解析的过程（Scrapy 是 URL 返回什么数据，程序就接收什么数据进行过滤，bs4 则在接收数据和进行过滤之间多了一个解析的过程）。根据解析器的不同，最终处理的数据也有所不同。加上这一步带来的优点是可以根据输入数据的不同进行有针对式的解析，缺点是可能会让使用者选择困难，无所适从。在本章中，统一选择 lxml 解析器。

6.2.1　bs4 解析器选择

网络爬虫的最终目的是过滤选取网络信息，因此最重要的部分是解析器。解析器的优劣决定了网络爬虫的速度和效率。BeautifulSoup 除了支持 Python 标准库中的 HTML 解析器外，还支持一些第三方的解析器。表 6-1 中列出了主要的解析器及其优缺点。

表 6-1　bs4 解析器对比

解析器	调用方法	优点	缺点
Python 标准库	BeautifulSoup(markup,"html.parser")	执行速度适中 容错能力强	Python 2.7.3 或 Python 3.2.2 之前的版本，中文容错能力差
lxml HTML 解析器	BeautifulSoup(markup,"lxml")	速度快 容错能力强	需要安装 C 语言库

（续表）

解析器	调用方法	优点	缺点
Lxml XML 解析器	BeautifulSoup(markup,["lxml-xml"]) BeautifulSoup(markup,"xml")	速度快 唯一支持 XML 解析器	需要安装 C 语言库
html5lib	BeautifulSoup(markup,"html5lib")	最好的容错性 以浏览器的方式解析文档 生成 HTML5 格式的文档	速度慢 不依赖外部扩展

BeautifulSoup 官方推荐使用 lxml 作为解析器，因为 lxml 解析器的效率更高。本章所有的 bs4 爬虫，如无特殊说明，都将使用 lxml 解析器。

6.2.2 lxml 解析器的安装

1. 在 Windows 下安装 lxml 解析器

这里需要管理员权限，使用 pip 安装，执行如下命令：

```
pip3 install lxml
```

执行结果如图 6-19 所示。

图 6-19 在 Windows 下安装 lxml 解析器

测试一下，如图 6-20 所示。

图 6-20 测试 lxml 模块

没有提示错误，表明安装成功。

2. 在 Linux 下安装 lxml 解析器

一般来说，在安装 bs4 时 lxml 就已经安装过了，如果没有安装，那么可以使用 apt-get 命令重新安装，执行如下命令：

```
apt-get install python3-lxml
```

执行结果如图 6-21 所示。

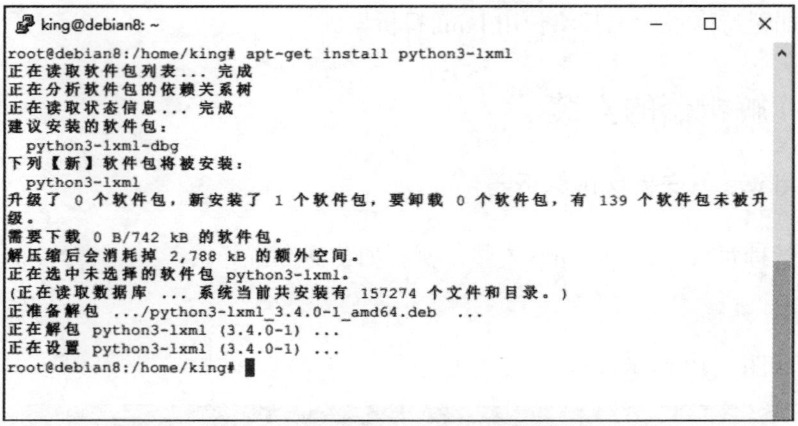

图 6-21　在 Linux 下安装 lxml 解析器

显然，Linux 的 apt-get 更加简单方便。

6.2.3　使用 bs4 过滤器

在第 5 章中，Scrapy 使用 XPath 当过滤器，在网页中过滤得到所需的数据。本章 bs4 则使用 BeautifulSoup 做过滤器。与 XPath 相同的是，BeautifulSoup 同样支持嵌套过滤，可以很方便地找到数据所在的位置。不同的是，BeautifulSoup 查找方式更加灵活方便，不但可以通过标签查找，还可以通过标签属性来查找。而且 bs4 还可以配合第三方的解析器，可以有针对性地对网页进行解析，使 bs4 更加强大、方便。

官网教程上使用的是"爱丽丝梦游仙境"的内容作为示例文件，但这个文件比较大，看起来没那么直观。这里笔者自建一个 HTML 的示例文件 scenery.html，通过对 scenery.html 的操作过滤，再对照官网对示例文件的操作方法，很容易就能明白 bs4 是如何过滤和提取数据。

【示例 6-2】自建示例文件 scenery.html 的内容如下：

```
1  <html>
2  <head>
3      <meta charset="utf-8">
4      <title>武汉旅游景点</title>
```

```
 5        <meta name="description" content="武汉旅游景点 精简版" />
 6        <meta name="author" content="hstking">
 7    </head>
 8    <body>
 9        <div id="content">
10            <div class="title">
11                <h3>武汉景点 </h3>
12            </div>
13            <ul class="table">
14                <li>景点 <a>门票价格</a></li>
15            </ul>
16            <ul class="content">
17                <li nu="1">东湖 <a class="price">60 </a></li>
18                <li nu="2">磨山 <a class="price">60 </a></li>
19                <li nu="3">欢乐谷 <a class="price">108 </a></li>
20                <li nu="4">海昌极地海洋世界 <a class="price">150 </a></li>
21                <li nu="5">玛雅水上乐园 <a class="price">i50 </a></li>
22            </ul>
23        </div>
24    </body>
25 </html>
```

进入文件目录执行如下命令：

```
python3
from bs4 import BeautifulSoup
soup = BeautifulSoup(open('scenery.html'), 'lxml')
soup.prettify
```

执行结果如图 6-22 所示。

图 6-22　执行结果

> **提 示**
>
> bs4 会将所有输入内容的字符编码设置为 Unicode。输入内容为英文时还看不出什么优势，但在过滤中文网页时会非常方便。

一个文件或一个网页在导入 BeautifulSoup 处理之前，bs4 并不知道它的字符编码是什么。在导入 BeautifulSoup 的过程中，它会自动猜测这个文件或网页的字符编码。常用的编码当然会很快猜出来，但不常用的编码呢？好在 BeautifulSoup 还有两个非常重要的参数：exclude_encoding 和 from_encoding。

参数 exclude_encoding 的作用是排除不正确的字符编码。例如，已经非常确定网页不是 iso-8859-7，也不是 gb2312 编码，但又未知网页编码时，就可以使用如下命令：

```
soup = BeautifulSoup(response.read(), exclude_encoding=['iso-8859-7','gb2312'])
```

此时 bs4 就会放弃猜测这两种编码。比如，如果已知网页的具体编码是 big5，也可以直接使用 from_encoding 参数确定编码，让 bs4 放弃猜测，可以使用如下命令：

```
soup = BeautifulSoup(response.read(), exclude_encoding='big5')
```

一般来说，bs4 不需要自己确定编码，常用的字符编码它都能检测出来。但有时碰见比较生僻的编码时，这两个命令就显得非常重要了。对于中文的字符编码，如果不知道文件的字符编码，而 bs4 又解析编码错误，就只有根据官网的方法安装 chardet 或者 cchardet 模块，然后调用 UnicodeDammit 自动检测。

解决字符编码这个问题后，已经得到了 soup 这个 bs4 的类。在 soup 中，bs4 将网页节点解析成了一个个标签（Tag）。同名的标签（HTML 中的标签就那么几个，所以同名的标签会非常多）会有不同的属性。即使是同名、同属性的标签，它们又有顺序和父标签的区别。bs4 就是通过这些不同将所需的数据过滤出来。

这里的标签与 HTML 或 XML 中的标签是一致的。执行如下命令：

```
Tag1 = soup.ul
```

执行结果如图 6-23 所示。

以上命令的作用是通过 soup 来获取第一次出现的标签名为 ul 的标签内容。用同样的方法，可以获取第一个出现的标签名为 div、li、head、title……的标签内容。

如果某个标签只出现了一次（比如<head>、<title>标签，通常只会出现一次），就可以用 soup.head 和 soup.title 的方式获取标签内容，还可以用 bs4 过滤器 soup.find(Tag, [attrs])的方法获取第一次出现的标签的内容。执行如下命令：

```
soup.ul
soup.find('ul')
```

执行结果如图 6-24 所示。

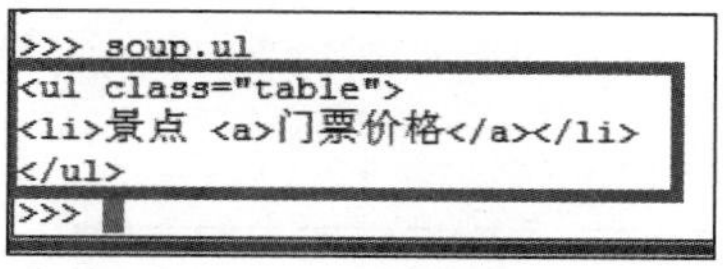

图 6-23 soup 获取标签

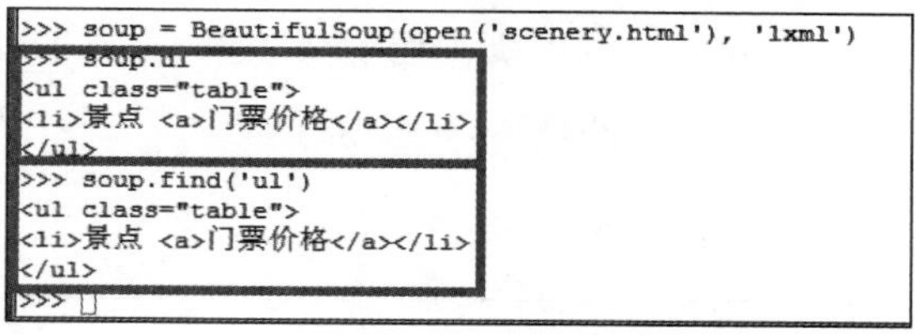

图 6-24 soup.find 获取标签

在一个 HTML 文件中，有的标签肯定不止出现一次。具体到示例文件 scenery.html 中，<div>、<ul>、<li>就不止出现一次。第一次出现的标签位置如何确定已经很清楚了，那第二次、第三次、第 N 次呢？bs4 给出的方法是 soup.find_all(Tag, [attrs])。执行 soup.find_all 命令可以获取所有符合条件的标签列表，然后直接从列表中读取即可。执行如下命令：

```
soup.find_all('ul')
soup.find_all('ul')[0]
soup.find_all('ul')[1]
```

执行结果如图 6-25 所示。

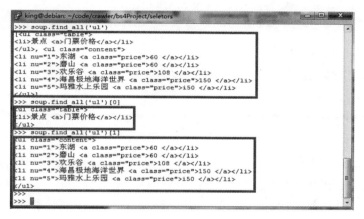

图 6-25 soup.find_all 获取标签

从顺序上来区别同名标签，这样出现再多的同名标签也可以很从容地定位了。在 HTML 中，同名标签比较少时，可以先用 soup.find_all 来获取标签位置列表，再用一个一个数的方法来确定标签位置。如果这个列表比较短还好，从 1 数到 20 还可以接受。如果这个列表很长呢？从 1 数到 100 那就太讨厌了。

还是以 scenery.html 文件为例，文件中的<li>标签目前在文件中只出现了 6 次，如果列出所有的景点，标签<li>出现 60 次都不奇怪。仔细观察一下 li 标签，它们除了名字相同外，还有一个相同的属性 nu，而属性 nu 的值是不同的。bs4 过滤器 Soup.find 和 soup.find_all 都支持名字+属性值定位。

如果一个 HTML 文件中出现了标签名相同、属性不同的标签（例如 scenery.html 文件中的<li>标签），就可以调用 soup.find(TagName, attrs={attrName:attrValue})方法获取标签的位置。比如需要定位标签文字为欢乐谷的那个<li>标签（<li>标签的属性是相同的，都是 nu,

只是属性值不同），可以执行如下命令：

```
soup.find('li', attrs={'nu':'3'})
```

执行结果如图 6-26 所示。

```
>>> soup.find('li', attrs={'nu':'3'})
<li nu="3">欢乐谷 <a class="price">108 </a></li>
>>>
```

图 6-26　soup.find 配合属性获取标签

如果标签的标签名相同，属性相同，连属性值都相同，就用 soup.find_all(tagName, attrs={'attName':'attValue'})将所有符合条件的标签装入列表，然后从列表中慢慢地数。请放心，一般情况下，标签名相同，属性相同，连属性值都相同的标签在任何一个文件中都很少见。在 scenery.html 文件中，符合这个条件的只有<a>标签（如果是显示完整的景点，<a>标签也会很多，那是下一步的问题）。如果需要获取景点"磨山"这一行的<a>标签，可以执行如下命令：

```
Tags = soup.find_all('a', attrs={'class':'price'})
Tags[1]
```

执行结果如图 6-27 所示。

```
>>> Tags = soup.find_all('a', attrs={'class':'price'})
>>> Tags[1]
<a class="price">60 </a>
>>>
```

图 6-27　soup.find_all 配合属性获取标签

目前 HTML 没有列出所有的景点，<a>标签还比较少，如果列出所有景点，<a>标签就会很多，该怎么办？再仔细观察一下<a>标签，所有<a>标签的标签名、属性和属性值虽然是相同的，但它们的上级标签（也就是常说的父标签）的标签名、属性和属性值总不可能相同吧？即使运气再差点，上级标签的标签名、属性、属性值都相同，上上级标签的难道也相同？还是以获取景点"磨山"这一行的<a>标签为例，执行如下命令：

```
tmpTag = soup.find('li', attrs={'nu':'2'})
tmpTag.a
tmpTag.find('a')
```

执行结果如图 6-28 所示。

```
>>> Tags = soup.find_all('a', attrs={'class':'price'})
>>> Tags[1]
<a class="price">60 </a>
>>>
>>> tmpTag = soup.find('li', attrs={'nu':'2'})
>>> tmpTag.a
<a class="price">60 </a>
>>>
>>> tmpTag.find('a')
<a class="price">60 </a>
>>>
```

图 6-28　soup 嵌套获取标签

这种不直接定位目标标签，先间接定位目标标签的上级（也可以是下级）标签，再间接定位目标标签的方法，有点类似于 Scrapy 中 XPath 的嵌套过滤。

实际上，如果觉得目标标签没什么显著特征，上级标签和下级标签也没有什么显著特征，还可以定位目标标签的兄弟标签。不过这种方法一般很少用，这里就不赘述了。有兴趣的读者可以参考官方文档。

一般来说，最终需要获取保存的数据都不会是标签，而是标签里的数据，这个数据有可能是标签所包含的字符串，也有可能是标签的属性值。不过获取标签后，要获取标签里的数据就很简单了。例如，获取示例文件中海昌极地海洋世界这个景点的序号和票价，也就是这一行标签<li>的属性 nu 的值和<a>标签包含的字符串，可以执行如下命令：

```
Tag = soup.find('li', attrs={'nu':'4'})
Tag.get('nu')
Tag.a.get_text()'
```

执行结果如图 6-29 所示。

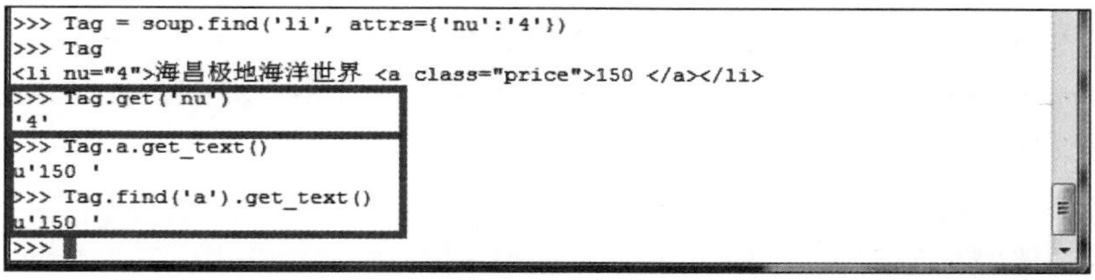

图 6-29 soup 获取数据

如果只需要编写简单的爬虫程序，了解以上知识就可以了。如果需要对 bs4 进行深度挖掘，还需要读者自行参考 bs4 的官方文档。

6.3　bs4 爬虫实战一：获取百度贴吧内容

笔者是一个美剧迷，经常在网上追剧，偶尔也在百度贴吧上看看美剧帖，但又比较懒，天天登录贴吧查看帖子觉得很麻烦，干脆就编写一个爬虫让它自动爬内容好了，有空就看看哪些帖子回复了，又有哪些新帖。下面以百度贴吧里的"权利的游戏吧"为例进行介绍。

6.3.1　目标分析

在百度贴吧中，"权利的游戏吧"的 URL 是 http://tieba.baidu.com/f?kw=%E6%9D%83%E5%88%A9%E7%9A%84%E6%B8%B8%E6%88%8F&ie=utf-8&pn=0，看起来是不是很乱？仔细看看这个 URL，其中包含 ie=utf-8，说明这个浏览器接受的是 UTF-8 的字符编码。正好，Python 3 默认的编码就是 UTF-8，可以省下好多事。而%E6%9D%83%E5%88%A9%E7%9A%84%E6%B8%B8%E6%88%8F 实际上是 Unicode 编码的"权利的游戏"转码成 UTF-8 编码后

的结果。这种 URL 转码在 Python 3 中由专门的模块 urllib.parse 来转换，如图 6-30 所示。

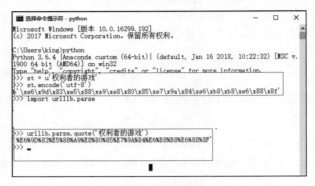

图 6-30　编码转换

这个由"权利的游戏"转换而来的乱码是不是很眼熟。这个 URL 原本的状态应该是 http://tieba.baidu.com/f?kw=权利的游戏&ie=utf-8&pn=0，将其中的中文转码后交给 Python 程序处理即可。

在网页上单击"下一页"按钮，浏览器跳转得到的 URL 是 http://tieba.baidu.com/f?kw=%E6%9D%83%E5%88%A9%E7%9A%84%E6%B8%B8%E6%88%8F&ie=utf-8&pn=50。每单击一次"下一页"按钮，pn 都将增加 50。

在浏览器（这里使用的是 Chrome 浏览器，其他浏览器基本上差不多）中打开这个 URL，查看帖子标题，如图 6-31 所示。

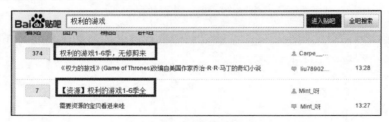

图 6-31　bs4 爬虫来源页面

在页面空白处右击，选择"查看网页源代码"，在源代码网页按 Ctrl+F 键打开查找框，在查找框内输入第一个帖子的标题名，找到所需数据的位置，如图 6-32 所示。

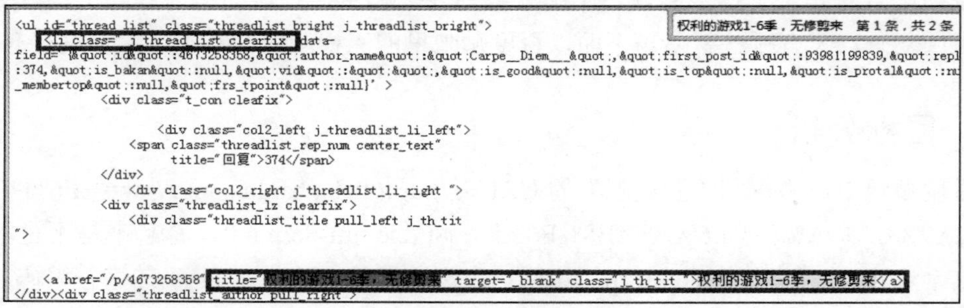

图 6-32　所需数据的位置

找到所需数据的位置后，仔细观察一下，发现所有帖子都有一个共同的标签<li class="j_thread_list clearfix">（这个标签还有其他的属性，只需要一个共同的属性就够了）。所以只需要用 bs4 过滤器 find_all 找到所有的标签，再进一步分离出所需的数据即可。

6.3.2 项目实施

既然思路已经明确了，那就开工吧。打开 Eclipse，单击 New 图标右侧的三角按钮，在弹出的菜单中选择"PyDev Project"选项，如图 6-33 所示。

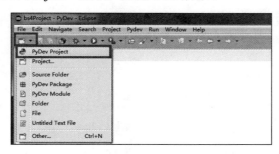

图 6-33　在 Eclipse 中创建 Python 新项目

在弹出的对话框中输入项目名称，单击"Finish"按钮，如图 6-34 所示。

图 6-34　输入项目名

在 Eclipse 界面的左侧用鼠标右击刚建立的项目 baiduBS4，在弹出的菜单中依次选择"New | PyDev Module"菜单选项。在项目中创建一个新的 Python 模块（前面提到过，这里选择 PyDev Module 是为了方便。如果一定要选择"File"，那么就从零开始，一步一步地创建一个 Python 文件，当然也可以），如图 6-35 所示。

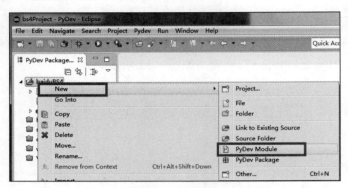

图 6-35　在项目中创建 Python 文件

在弹出的对话框中输入 Python 文件的文件名（无须加后缀名），单击"Finish"按钮，如图 6-36 所示。Python 文件创建完成。

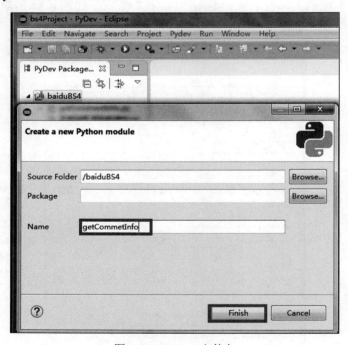

图 6-36　Python 文件名

【示例 6-3】在新创建的 getCommentInfo.py 文件中输入代码，getCommentInfo.py 文件的代码如下：

```
1  #!/usr/bin/evn python3
2  #-*- coding: utf-8 -*-
```

```
 3  '''
 4  Created on 2016年8月9日
 5  
 6  @author: hstking hst_king@hotmail.com
 7  '''
 8  
 9  
10  import urllib.request
11  import urllib.parse
12  from bs4 import BeautifulSoup
13  from mylog import MyLog as mylog
14  import codecs
15  
16  
17  class Item(object):
18      title = None              # 帖子标题
19      firstAuthor = None        # 帖子创建者
20      firstTime = None          # 帖子创建时间
21      reNum = None              # 总回复数
22      content = None            # 最后回复内容
23      lastAuthor = None         # 最后回复者
24      lastTime = None           # 最后回复时间
25  
26  
27  class GetTiebaInfo(object):
28      def __init__(self,url):
29          self.url = url
30          self.log = mylog()
31          self.pageSum = 5
32          self.urls = self.getUrls(self.pageSum)
33          self.items = self.spider(self.urls)
34          self.pipelines(self.items)
35  
36      def getUrls(self,pageSum):
37          urls = []
38          pns = [str(i*50) for i in range(pageSum)]
39          ul = self.url.split('=')
40          for pn in pns:
41              ul[-1] = pn
42              url = '='.join(ul)
43              urls.append(url)
44          self.log.info('获取URLS 成功')
45          return urls
```

```
46
47      def spider(self, urls):
48          items = []
49          for url in urls:
50              htmlContent = self.getResponseContent(url)
51              soup = BeautifulSoup(htmlContent, 'lxml')
52              tagsli = soup.find_all('li',attrs={'class':' j_thread_list clearfix'})
53              for tag in tagsli:
54                  item = Item()
55                  item.title = tag.find('a', attrs={'class':'j_th_tit'}).get_text().strip()
56                  item.firstAuthor = tag.find('span', attrs={'class':'frs-author-name-wrap'}).a.get_text().strip()
57                  item.firstTime = tag.find('span', attrs={'title':'创建时间'}).get_text().strip()
58                  item.reNum = tag.find('span', attrs={'title':'回复'}).get_text().strip()
59                  item.content = tag.find('div', attrs={'class':'threadlist_abs threadlist_abs_onlyline '}).get_text().strip()
60                  item.lastAuthor = tag.find('span', attrs={'class':'tb_icon_author_rely j_replyer'}).a.get_text().strip()
61                  item.lastTime = tag.find('span', attrs={'title':'最后回复时间'}).get_text().strip()
62                  items.append(item)
63                  self.log.info('获取标题为<<%s>>的项成功 ...' %item.title)
64          return items
65
66      def pipelines(self, items):
67          fileName = '百度贴吧_权利的游戏.txt'     # .encode('utf-8')
68          with codecs.open(fileName, 'w', 'utf-8') as fp:
69              for item in items:
70                  try:
71                      fp.write('title:%s \t author:%s \t firstTime:%s \r\n content:%s \r\n return:%s \r\n lastAuthor:%s \t lastTime:%s \r\n\r\n\r\n\r\n'
72                              %(item.title, item.firstAuthor, item.firstTime, item.content, item.reNum, item.lastAuthor, item.lastTime))
73                  except Exception as e:
74                      self.log.error('写入文件失败')
75                  else:
76                      self.log.info('标题为<<%s>>的项输入到"%s"成功' %(item.title, fileName))
77
```

```
78      def getResponseContent(self, url):
79          '''这里单独调用一个函数返回页面返回值,是为了便于后期加入proxy和headers等
80          '''
81          urlList = url.split('=')
82          urlList[1] = urllib.parse.quote(urlList[1])
83          url = '='.join(urlList)
84          try:
85              response = urllib.request.urlopen(url)
86          except:
87              self.log.error('Python 返回 URL:%s 数据失败' %url)
88          else:
89              self.log.info('Python 返回 URUL:%s 数据成功' %url)
90              return response.read()
91  
92  
93  if __name__ == '__main__':
94      url = 'http://tieba.baidu.com/f?kw=权利的游戏&ie=utf-8&pn=50'
95      GTI = GetTiebaInfo(url)
```

按照上面的步骤在项目中重新建立一个名为 mylog.py 的 PyDev Module（也可以是一个单纯的 File）。

【示例 6-4】mylog.py 的内容如下：

```
1  #!/usr/bin/env python3
2  # -*- coding:utf-8 -*-
3  #Author    :hstking
4  #E-mail    :hst_king@hotmail.com
5  #Ctime     :2015/09/15
6  #Mtime     :
7  #Version   :
8  
9  import logging
10 import getpass
11 import sys
12 
13 
14 #### 定义MyLog类
15 class MyLog(object):
16 #### 类MyLog的构造函数
17     def __init__(self):
18         self.user = getpass.getuser()
19         self.logger = logging.getLogger(self.user)
20         self.logger.setLevel(logging.DEBUG)
```

```
21
22  #### 日志文件名
23          self.logFile = sys.argv[0][0:-3] + '.log'
24          self.formatter = logging.Formatter('%(asctime)-12s %(levelname)-
8s %(name)-10s %(message)-12s\r\n')
25
26  #### 日志显示到屏幕上并输出到日志文件内
27          self.logHand = logging.FileHandler(self.logFile, encoding='utf8')
28          self.logHand.setFormatter(self.formatter)
29          self.logHand.setLevel(logging.DEBUG)
30
31          self.logHandSt = logging.StreamHandler()
32          self.logHandSt.setFormatter(self.formatter)
33          self.logHandSt.setLevel(logging.DEBUG)
34
35          self.logger.addHandler(self.logHand)
36          self.logger.addHandler(self.logHandSt)
37
38  #### 日志的 5 个级别对应以下的 5 个函数
39      def debug(self,msg):
40          self.logger.debug(msg)
41
42      def info(self,msg):
43          self.logger.info(msg)
44
45      def warn(self,msg):
46          self.logger.warn(msg)
47
48      def error(self,msg):
49          self.logger.error(msg)
50
51      def critical(self,msg):
52          self.logger.critical(msg)
53
54  if __name__ == '__main__':
55      mylog = MyLog()
56      mylog.debug(u"I'm debug 测试中文")
57      mylog.info("I'm info")
58      mylog.warn("I'm warn")
59      mylog.error(u"I'm error 测试中文")
60      mylog.critical("I'm critical")
```

项目代码已经完成了。此时 Eclipse 中的项目如图 6-37 所示。

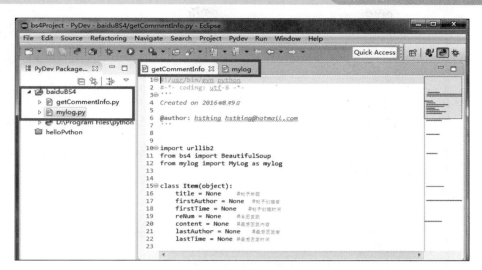

图 6-37　Eclipse 项目 baiduBS4

单击菜单栏上的运行图标，程序运行完毕后单击 baiduBS4 项目图标，按 F5 键刷新。得到的结果如图 6-38 所示。

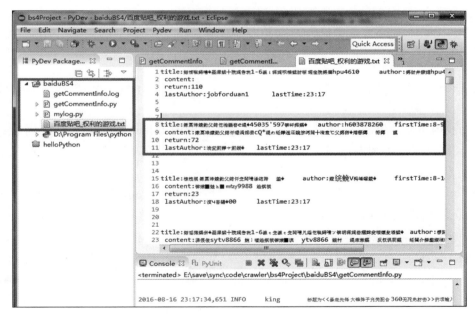

图 6-38　Eclipse 运行结果

运行完毕后得到了两个新文件：一个是 log 文件 getCommentInfo.log；另一个是爬虫保存结果文件"百度贴吧_权利的游戏.txt"。在"百度贴吧_权利的游戏.txt"文件中的中文明显有乱码，没关系，那是因为直接用 Eclipse 的编辑器打开的缘故。右击 Eclipse 左边"百度贴吧_权利的游戏.txt"的图标，在弹出的菜单中选择 Open With 菜单，然后在弹出的子菜单中选择"System Editor"选项，使用 Windows 自带的"记事本"程序打开文件，乱码就不见了，如图 6-39 所示。

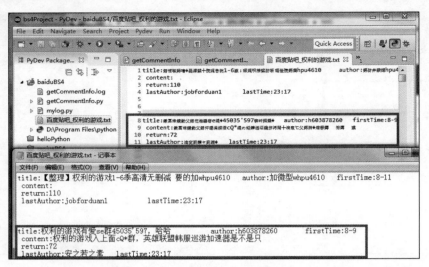

图 6-39 使用"记事本"程序打开文件

这是因为"百度贴吧_权利的游戏.txt"文件中数据保存的是 UTF-8 编码,而 Eclipse 自带的文本编辑器默认支持的是 GBK 编码,所以会显示乱码。Windows 的"记事本"程序虽然默认支持的是 GBK 编码,但是它同时也支持 UTF-8 编码。

6.3.3 代码分析

在项目 baiduBS4 中除了主程序外,笔者还自定义了一个 mylog.py 模块,这个模块的作用很明显,就是为了主程序提供 log 功能。

log 功能很重要。虽然 Eclipse 已经提供了非常方便的 Debug 功能,但是没有 log 配合就只能从头到尾一步一步地调试。几步、十几步也就忍了,可爬虫动辄爬行几十页、上百页,一旦出错,没有 log 帮助定位,很难找到错误点。

这个 mylog.py 写得很简单,只是将 Python 的标准模块 logging 简单地包装了一下。第 9~11 行导入了所需的 Python 模块。第 15 行创建了一个新的类。第 18~24 行定义了 log 文件的文件名、用户名、log 的等级以及 log 文件的格式。这里要稍做说明的是,在 log 的格式 self.formatter 的最后添加了一个\r\n,那是因为在 Windows 系统中,换行符号是\r\n,如果是在 Linux 系统中,加\n 就可以了。mylog.py 这个自建模块在 Windows 和 Linux 系统中基本是通用的。

第 27~36 行则定义了两个 loghandler:一个是将 log 输出到文本中;另一个是将 log 输出到终端便于调试。第 39~52 行则按照 logging 模块定义了 5 个 log 级别。

主程序 getCommentInfo.py 也比较简单。第 10~14 行还是导入所需的模块。在第 17~24 行定义了一个新类。还记得 Scrapy 框架中的 items.py 吗?主程序里的 Item 类就是仿照 Scrapy 框架中的 items.py 编写的。个人认为 Scrapy 的框架非常方便,也很合理,Scrapy 优秀的地方就直接学习借鉴了。也可以完全参考 Scrapy 的方法,重新建立一个 Python 模块,将这个类放到一个单独的文件中。

第 27 行创建了一个爬虫类。第 29 行定义了爬虫的入口 URL。第 30 行是为类创建了一个 log。第 29 行则定义了爬取的页数，这里定义只爬取了 5 页，实际上有接近 1000 页可爬。如有必要，完全可以一网打尽。第 32~34 行是执行类函数。

第 36~45 行定义了一个 getUrls 的类函数。这个函数的作用是根据页面变化的规律（每向后翻一页，pn 增加 50）将所有的 URL 装入一个列表中，供下一个类函数调用。

第 47~64 行定义了一个 spider 的类函数。这个函数也参考了 Scrapy 的 spider。与 Scrapy 不同的是，Scrapy 使用的是 XPath 过滤器，而这里使用的是 bs4 的 BeautifulSoup 筛选有用数据。第 52 行使用 soup.find_all 函数将所有符合条件的数据装入了 tagsli 列表中。第 51~61 行使用 for 函数遍历整个列表，将有效数据筛选出来，添加到 items 列表中，供下一个函数处理。

第 68~76 行把得到的 items 列表写入最终的数据保存文件"百度贴吧_权利的游戏.txt"中。其中还添加了一个 try 语句，防止写入文件失败。

第 78~90 行定义了 getResponseContent 函数，这个函数的作用很简单。从函数入口接收一个带有中文字符的 URL，将其转换成 URL 编码后向服务器提出请求，最后返回请求结果。功能很简单，这里用单独一个函数是为了便于以后扩充功能，比如使用 Proxy 代理、添加 Headers 等。这个有点类似于 Scrapy 框架中的中间件。一旦发现爬虫被禁止，就可以在这个函数中做出相应的修改，避开封锁。

第 93~95 行是 __main__ 函数，实例化 GetTiebaInfo 类。

6.3.4　Eclipse 调试

虽然在 Windows 下可以使用 pdb 模块对 Python 程序进行调试，pdb 的强大当然是无须质疑的，但直观上来说就远远不如 Eclipse 了。下面就牛刀小试，实验一下 Eclipse 的调试功能。

首先要做的是在程序中添加断点，也就是程序运行中暂停中断的位置。在所需中断行的最前方，行号的前面空白处双击，会出现一个绿色气球的图标，表明断点已经设立成功。这里只在第 41 行和第 60 行设置了两个断点，如图 6-40 所示。

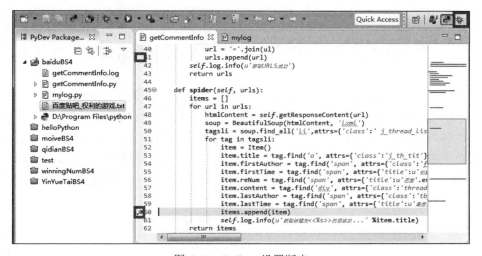

图 6-40　Eclipse 设置断点

再单击 Eclipse 上方菜单栏最右边的爬虫图标，进入调试模式。单击图标栏的爬虫图标开始调试。程序运行到断点处会自动停止运行，单击图标栏的箭头图标进行单步调试。程序栏中的箭头指向运行的位置，可以在变量标签中观察变量的值。测试完毕后，可以单击图标栏的停止图标退出调试，如图 6-41 所示。

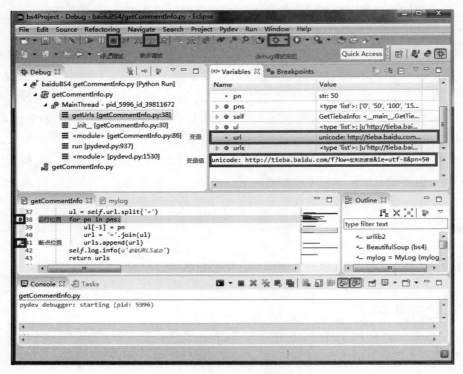

图 6-41　Eclipse 调试

配合 log 模块，即使程序出现什么问题也可以很容易地找到出错的位置，方便修改。

6.4　bs4 爬虫实战二：获取双色球中奖信息

对于彩票中奖，中奖的号码虽然无法直接推算出来，但根据概率计算，将中奖的概率稍微调大一点还是有可能的（据说所有赌场都有这样一条潜规则，不欢迎数学家进入赌场，就是为了防止客人计算概率。电影《决胜 21 点》就是根据真实事件改编的，而日本的山本五十六就是历史上出名的因概率计算被赌场禁止入场的人）。在进行概率计算前，要做的是收集数据，好在中国福利彩票并不禁止收集数据进行概率计算。如何计算概率不是本章的内容，本章只负责将数据收集后存入数据库中。

6.4.1 目标分析

在中彩网中打开双色球的往期中奖信息页面（这里使用的是 Chrome 浏览器，其他的浏览器可能会稍有区别），网址为 http://www.zhcw.com/ssq/kaijiangshuju/index.shtml?type=0，如图 6-42 所示。

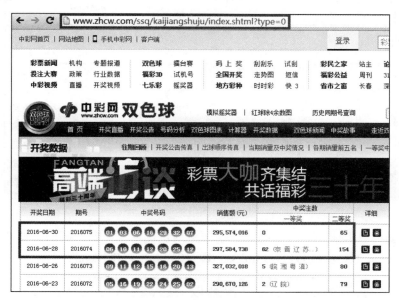

图 6-42　双色球往期中奖

在中奖信息表格上右击，在弹出的菜单中选择"查看框架的源代码"，发现这个框架的数据来源于 kaijiang.zhcw.com/zhcw/html/ssq/list_1.html，如图 6-43 所示。

图 6-43　框架源代码

然后到网页中单击"下一页"的链接，再次查看框架源代码，新的框架数据来源是 kaijiang.zhcw.com/zhcw/html/ssq/list_2.html。大致明白 URL 的变化规律了，再回头测试一下 kaijiang.zhcw.com/zhcw/html/ssq/list_1.html 是否正常，返回数据正常，如图 6-44 所示。

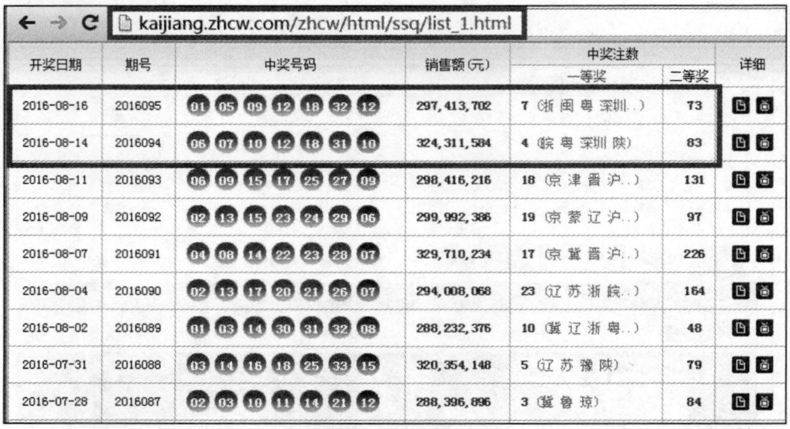

图 6-44　表格来源网页

再来看看如何获取表格中的数据。任选一个双色球往期中奖号码的框架查看源代码，这里就选末页 kaijiang.zhcw.com/zhcw/html/ssq/list_100.htm，如图 6-45 所示。

图 6-45　分析数据

在编写爬虫程序时，遇到这种表格形式的数据就非常方便，因为它们都有固定的标签，可以很方便地获取数据。从图 6-45 中可以看出，表格中每一行的数据都包含在一对 <tr> 标签内。所以，在编写爬虫时只需要先将<tr>标签挑选出来，再到其中筛选数据即可。

6.4.2 项目实施

【示例 6-5】打开 Eclipse，首先创建项目 winningNumBS4，在项目中创建 PyDev Module 文件 getWinningNum.py，再把 6.3 节 baiduBS4 项目中使用过的 mylog.py 复制到 winningNumBS4 项目中，以备后期调用。项目的主文件 getWinningNum.py 的内容如下：

```python
#!/usr/bin/evn python3
#-*- coding: utf-8 -*-
'''
Created on 2016年8月7日

@author: hstking hst_king@hotmail.com
'''


import re
from bs4 import BeautifulSoup
import urllib.request
from mylog import MyLog as mylog
import codecs


class DoubleColorBallItem(object):
    date = None
    order = None
    red1 = None
    red2 = None
    red3 = None
    red4 = None
    red5 = None
    red6 = None
    blue = None
    money = None
    firstPrize = None
    secondPrize = None

class GetDoubleColorBallNumber(object):
    '''这个类用于获取双色球中奖号码，返回一个TXT文件
    '''
    def __init__(self):
```

```
35          self.urls = []
36          self.log = mylog()
37          self.getUrls()
38          self.items = self.spider(self.urls)
39          self.pipelines(self.items)
40
41
42      def getUrls(self):
43          '''获取数据来源网页
44          '''
45          URL = 'http://kaijiang.zhcw.com/zhcw/html/ssq/list_1.html'
46          htmlContent = self.getResponseContent(URL)
47          soup = BeautifulSoup(htmlContent, 'lxml')
48          tag = soup.find_all(re.compile('p'))[-1]
49          pages = tag.strong.get_text()
50          for i in range(1, int(pages)+1):
51              url = r'http://kaijiang.zhcw.com/zhcw/html/ssq/list_' + str(i) + '.html'
52              self.urls.append(url)
53              self.log.info('添加URL:%s 到URLS \r\n' %url)
54
55      def getResponseContent(self, url):
56          '''这里单独调用一个函数返回页面返回值，是为了便于后期加入proxy和headers等
57          '''
58          try:
59              response = urllib.request.urlopen(url)
60          except:
61              self.log.error('Python 返回 URL:%s 数据失败 \r\n' %url)
62          else:
63              self.log.info('Python 返回 URUL:%s 数据成功 \r\n' %url)
64              return response.read()
65
66
67      def spider(self,urls):
68          '''这个函数的作用是从获取的数据中筛选出中奖信息
69          '''
70          items = []
71          for url in urls:
72              htmlContent = self.getResponseContent(url)
73              soup = BeautifulSoup(htmlContent, 'lxml')
74              tags = soup.find_all('tr', attrs={})
```

```
75              for tag in tags:
76                  if tag.find('em'):
77                      item = DoubleColorBallItem()
78                      tagTd = tag.find_all('td')
79                      item.date = tagTd[0].get_text()
80                      item.order = tagTd[1].get_text()
81                      tagEm = tagTd[2].find_all('em')
82                      item.red1 = tagEm[0].get_text()
83                      item.red2 = tagEm[1].get_text()
84                      item.red3 = tagEm[2].get_text()
85                      item.red4 = tagEm[3].get_text()
86                      item.red5 = tagEm[4].get_text()
87                      item.red6 = tagEm[5].get_text()
88                      item.blue = tagEm[6].get_text()
89                      item.money = tagTd[3].find('strong').get_text()
90                      item.firstPrize = tagTd[4].find('strong').get_text()
91                      item.secondPrize = tagTd[5].find('strong').get_text()
92                      items.append(item)
93                      self.log.info('获取日期为:%s 的数据成功' %(item.date))
94          return items
95
96      def pipelines(self,items):
97          fileName = '双色球.txt'
98          with codecs.open(fileName, 'w', 'utf-8') as fp:
99              for item in items:
100                 fp.write('%s %s \t %s %s %s %s %s %s  %s \t %s \t %s %s \r\n'
101                     %(item.date,item.order,item.red1,item.red2,item.red3,item.red4,item.red5,item.red6,item.blue,item.money,item.firstPrize,item.secondPrize))
102                 self.log.info('将日期为:%s 的数据存入"%s"...' %(item.date,fileName))
103
104
105 if __name__ == '__main__':
106     GDCBN = GetDoubleColorBallNumber()
```

用鼠标左键选取项目文件 getWinningNum.py，然后单击 Eclipse 的运行图标并复制，最终得到的结果如图 6-46 所示。

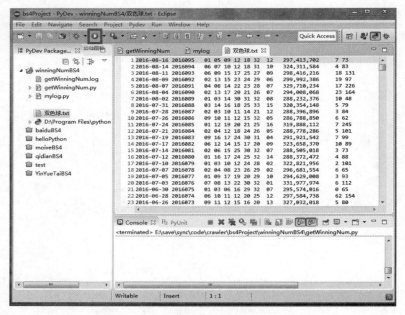

图 6-46　运行 getWinningNum.py

很顺利地将爬取的结果保存到了 TXT 文件中。winningNumBS4 项目暂时告一段落，下一节继续挖掘。

6.4.3　保存结果到 Excel

在 Windows 下，常见的数据保存工具是 Excel。下面尝试将结果保存到 Excel 中。

在 Python 的标准库中，并没有直接操作 Excel 的模块。好在还有永远不会让人失望的第三方库。搜索一下流行的操作 Excel 的 Python 库，就是 xlrd 和 xlwt 了。其中 xlrd 负责从 Excel 中读取数据，而 xlwt 则是将数据写入 Excel 中。这里我们使用 xlwt 模块。

从第三方库中安装 xlwt 模块很简单，一条命令足矣。执行如下命令：

```
pip install xlwt
```

执行结果如图 6-47 所示。

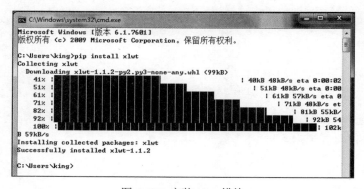

图 6-47　安装 xlwt 模块

至此，xlwt 模块已安装完毕。xlwt 模块使用很简单。

【示例 6-6】先写一个简单的 Python 程序来测试一下。在 Eclipse 中创建一个 test 项目，并在项目中创建一个名为 excelWrite.py 的 PyDev Module 文件。excelWrite.py 的内容如下：

```python
#!/usr/bin/evn python3
#-*- coding: utf-8 -*-
'''
Created on 2016年8月17日

@author: hstking hst_king@hotmail.com
'''

import xlwt

if __name__ == '__main__':
    book = xlwt.Workbook(encoding='utf8', style_compression=0)
    sheet = book.add_sheet('dede')
    sheet.write(0, 0, 'hstking')
    sheet.write(1, 1, '中文测试'.encode('utf8'))
    book.save('d:\\1.xls')
```

很简单的一个程序。首先使用 xlwt.Workbook 函数创建一个工作簿，如果有中文，那么最好输入中文的字符编码。然后在工作簿里创建一个表，再就是往表里填入数据了。逻辑简单，结构也很简单。最后就是把工作簿保存到文件中。

单击 Eclipse 的运行图标，得到的结果如图 6-48 所示。

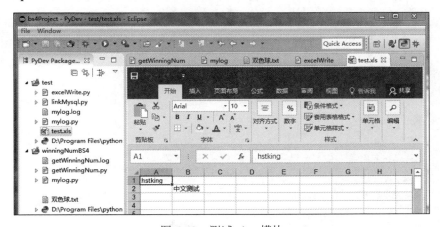

图 6-48　测试 xlwt 模块

根据 getWinningNum.log 的实际情况（也就是程序输出数据的形式）将 excelWrite.py 稍做变化就可以用了。回到 winningNumBS4 项目下，创建一个新的 PyDev Module 文件，save2excel.py、save2excel.py 和 getWinningNum.py 是在同一目录下的（这点很重要，如果不在同一目录下，getWinningNum.py 想把 save2excel.py 当模块使用则要费很多工夫）。

【示例 6-7】Save2excel.py 的内容如下：

```python
#!/usr/bin/evn python3
#-*- coding: utf-8 -*-
'''
Created on 2016年8月17日

@author: hstking hst_king@hotmail.com
'''

import xlwt


class SaveBallDate(object):
    def __init__(self, items):
        self.items = items
        self.run(self.items)

    def run(self,items):
        fileName = '双色球.xls'
        book = xlwt.Workbook(encoding='utf8')
        sheet=book.add_sheet('ball', cell_overwrite_ok=True)
        sheet.write(0, 0, '开奖日期')
        sheet.write(0, 1, '期号')
        sheet.write(0, 2, '红1')
        sheet.write(0, 3, '红2')
        sheet.write(0, 4, '红3')
        sheet.write(0, 5, '红4')
        sheet.write(0, 6, '红5')
        sheet.write(0, 7, '红6')
        sheet.write(0, 8, '蓝')
        sheet.write(0, 9, '销售金额')
        sheet.write(0, 10, '一等奖')
        sheet.write(0, 11, '二等奖')
        i = 1
        while i <= len(items):
            item = items[i-1]
            sheet.write(i, 0, item.date)
            sheet.write(i, 1, item.order)
            sheet.write(i, 2, item.red1)
            sheet.write(i, 3, item.red2)
            sheet.write(i, 4, item.red3)
            sheet.write(i, 5, item.red4)
            sheet.write(i, 6, item.red5)
            sheet.write(i, 7, item.red6)
            sheet.write(i, 8, item.blue)
            sheet.write(i, 9, item.money)
            sheet.write(i, 10, item.firstPrize)
            sheet.write(i, 11, item.secondPrize)
            i += 1
        book.save(fileName)



if __name__ == '__main__':
    pass
```

【示例 6-8】将原来的 getWinningNum.py 稍做修改，修改后的 getWinningNum.py 内容如下：

```python
1  #!/usr/bin/evn python3
2  #-*- coding: utf-8 -*-
3  '''
4  Created on 2016年8月7日
5  
6  @author: hstking hst king@hotmail.com
7  '''
8  
9  
10 import re
11 from bs4 import BeautifulSoup
12 import urllib.request
13 from mylog import MyLog as mylog
14 from save2excel import SaveBallDate
15 import codecs
16 
17 
18 class DoubleColorBallItem(object):
19     date = None
20     order = None
21     red1 = None
22     red2 = None
23     red3 = None
24     red4 = None
25     red5 = None
26     red6 = None
27     blue = None
28     money = None
29     firstPrize = None
30     secondPrize = None
31 
32 class GetDoubleColorBallNumber(object):
33     '''这个类用于获取双色球中奖号码, 返回一个TXT文件
34     '''
35     def __init__(self):
36         self.urls = []
37         self.log = mylog()
38         self.getUrls()
39         self.items = self.spider(self.urls)
40         self.pipelines(self.items)
41         self.log.info('being save data to excel \r\n')
42         SaveBallDate(self.items)
43         self.log.info('save data to excel end ...\r\n')
44 
45 
46     def getUrls(self):
47         '''获取数据来源网页
48         '''
49         URL = 'http://kaijiang.zhcw.com/zhcw/html/ssq/list 1.html'
50         htmlContent = self.getResponseContent(URL)
51         soup = BeautifulSoup(htmlContent, 'lxml')
52         tag = soup.find all(re.compile('p'))[-1]
53         pages = tag.strong.get text()
54         for i in range(1, int(pages)+1):
55             url = r'http://kaijiang.zhcw.com/zhcw/html/ssq/list ' + str(i) + '.html'
56             self.urls.append(url)
57             self.log.info('添加URL:%s 到URLS \r\n' %url)
58 
59     def getResponseContent(self, url):
60         '''这里单独调用一个函数返回页面返回值，是为了便于后期加入proxy和headers等
```

```
 61             '''
 62             try:
 63                 response = urllib.request.urlopen(url)
 64             except:
 65                 self.log.error('Python 返回 URL:%s  数据失败  \r\n' %url)
 66             else:
 67                 self.log.info('Python 返回 URUL:%s  数据成功 \r\n' %url)
 68                 return response.read()
 69
 70
 71     def spider(self,urls):
 72         '''这个函数的作用是从获取的数据中筛选得到中奖信息
 73         '''
 74         items = []
 75         for url in urls:
 76             htmlContent = self.getResponseContent(url)
 77             soup = BeautifulSoup(htmlContent, 'lxml')
 78             tags = soup.find_all('tr', attrs={})
 79             for tag in tags:
 80                 if tag.find('em'):
 81                     item = DoubleColorBallItem()
 82                     tagTd = tag.find_all('td')
 83                     item.date = tagTd[0].get_text()
 84                     item.order = tagTd[1].get_text()
 85                     tagEm = tagTd[2].find_all('em')
 86                     item.red1 = tagEm[0].get_text()
 87                     item.red2 = tagEm[1].get_text()
 88                     item.red3 = tagEm[2].get_text()
 89                     item.red4 = tagEm[3].get_text()
 90                     item.red5 = tagEm[4].get_text()
 91                     item.red6 = tagEm[5].get_text()
 92                     item.blue = tagEm[6].get_text()
 93                     item.money = tagTd[3].find('strong').get_text()
 94                     item.firstPrize = tagTd[4].find('strong').get_text()
 95                     item.secondPrize = tagTd[5].find('strong').get_text()
 96                     items.append(item)
 97                     self.log.info('获取日期为:%s 的数据成功' %(item.date))
 98         return items
 99
100     def pipelines(self,items):
101         fileName = '双色球.txt'
102         with codecs.open(fileName, 'w', 'utf-8') as fp:
103             for item in items:
104                 fp.write('%s %s \t %s %s %s %s %s %s  %s \t %s \t %s %s \r\n'
105                     %(item.date,item.order,item.red1,item.red2,item.red3,item.red4,item.red5,item.red6,item.blue,item.money,item.firstPrize,item.secondPrize))
106                 self.log.info('将日期为:%s 的数据存入"%s"...' %(item.date,fileName))
107
108
109 if   __name__ == '__main__':
110     GDCBN = GetDoubleColorBallNumber()
```

实际上就是导入了 save2excel 模块后，再在 __init__ 函数中添加了 3 行，让 save2excel 处理了一下爬取的数据而已。

单击 Eclipse 图标栏的运行图标，最终得到的结果如图 6-49 所示。

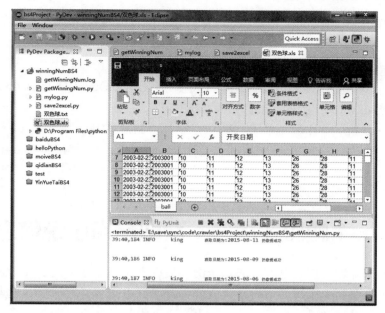

图 6-49　保存结果到 Excel

至此，winningNumBS4 项目已全部完成。这里要注意的是，不要频繁地运行这个爬虫，在一定的时间内多次爬取会引起网站反爬虫人员的注意。得到数据就够了，没必要耗费网站的网络资源。

6.4.4　代码分析

winningNumBS4 项目中只有 3 个 Python 文件，分别是 getWinningNum.py、save2excel.py 和 mylog.py。其中，mylog.py 和上个项目中的 mylog.py 是一样的（实际上所有的项目中使用的都是同一个 mylog.py），这个可以略过，主要是看主文件 getWinningNum.py 和 save2excel.py。

先看 getWinningNum.py 文件。第 10~15 行是导入程序所需的模块，其中包含 Python 标准模块和自定义模块，顺便演示了导入模块的几种方式。

第 18~30 行定义了一个类。这个类包含获取数据的所有项。这种写法借鉴了 Scrapy 的 items 的写法。

第 32~106 行定义的模块负责获取数据和保存数据。

其中，第 35~43 行是类的构造函数（Python 没有构造函数这个概念，但__init__函数所起的作用基本上就是构造函数）。当类实例化时，就自动运行__init__函数。

第 46~57 行，getUrls 函数的作用是从网站中获取所有需要爬取的网页的 URL，然后将这些 URL 加入 URLS 列表中，以备后面的函数调用。第 59~68 行，getResponseConent 函数的作用是从一个 URL 中获取数据。这个函数可以用一句话代替，之所以写成函数，是为了加入 headers 和 proxy 更加方便。

第 71~98 行是使用爬虫爬取数据，然后将爬取的数据保存到 items 列表中供后面的函数调用。第 100~106 行，pipelines 函数将 items 列表中的数据写入 TXT 文件中。那么将数据写入 Excel 是哪个函数呢？是在第 42 行，从 __init__ 函数中调用了 save2excel 模块中的 SaveBallDate 函数。

最后的第 109~110 行是主函数，它将实例化 GetDoubleColorBallNumber 类，使 GetDoubleColorBallNumber 类的 __init__ 函数自动运行。

至于 save2excel.py 就比较简单了。第 9 行导入了 xlwt 模块。第 13、14 行初始化了类变量，调用类函数。第 17~49 行就是很简单地遍历 items 列表，然后将列表中的数据保存到 Excel 中。

6.5 bs4 爬虫实战三：获取起点小说信息

现在娱乐消费好贵，便宜且方便的娱乐消费莫过于在网上看小说了（网游还需要充值，看电影一次至少需要两个小时），看小说就绕不开原创中文小说网站——起点中文网。笔者看小说不喜欢那种看一章等一章的看法，一不小心小说就可能无限期断更了，还是直接看完本小说比较爽快。本节将使用 bs4 爬虫获取起点中文网所有的完本小说信息，并将其保存到 MySQL 中。

6.5.1 目标分析

打开起点中文网，搜索所有的完本小说。在浏览器中打开网页 https://www.qidian.com，单击上方栏目的全部作品，再将左侧的状态修改为完本，如图 6-50 所示。

图 6-50 选择小说类型

当前网页的网址是 https://www.qidian.com/all?action=1&orderId=&page=1&style=1&pageSize=20&siteid=1&pubflag=0&hiddenField=0。找到下一页的链接，单击该链接进入下

一页。这一页的网址是 https://www.qidian.com/all?action=1&orderId=&style=1&pageSize=20&siteid=1&pubflag=0&hiddenField=0&page=2。把最后一个参数 page=2 修改为 page=1 测试一下。发现页面 https://www.qidian.com/all?action=1&orderId=&style=1&pageSize=20&siteid=1&pubflag=0&hiddenField=0&page=1 的内容和页面 https://www.qidian.com/all?action=1&orderId=&page=1&style=1&pageSize=20&siteid=1&pubflag=0&hiddenField=0 的内容是一样的。现在需要爬的页面命名规则已经有了，只需要修改最后那个 page 的参数即可。

总共需要爬取多少页呢？查看页面下方的页面选择位置，共有 2292 页，如图 6-51 所示。

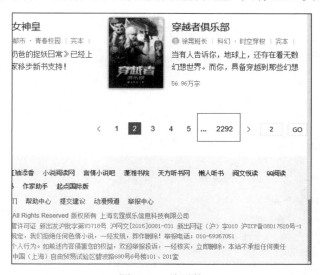

图 6-51　总页数

在网页的任意空白处右击，选择弹出菜单中的"查看网页源代码"，找到表格的开头部分，如图 6-52 所示。

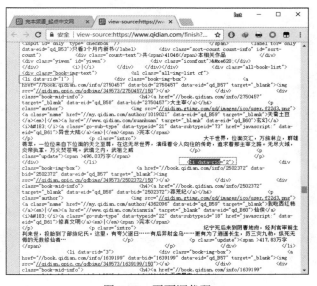

图 6-52　页面源代码

在页面源代码中发现,全本小说标签都是以<li data-rid="*">开头的。找到规律后就好办了,直接按照这个规律构建筛选规则即可。

6.5.2 项目实施

打开 Eclipse,创建项目 qidianBS4,在项目中创建 PyDev Module 文件 completeBook.py。把 6.4 节 winningNumBS4 项目中使用过的 mylog.py 复制到 qidianBS4 项目中,以备后期调用。

【示例 6-9】项目的主文件 completeBook.py 的内容如下:

```
 1  #!/usr/bin/evn python3
 2  #-*- coding: utf-8 -*-
 3  '''
 4  Created on 2016 年 8 月 11 日
 5
 6  @author: hstking hstking@hotmail.com
 7  '''
 8
 9  from bs4 import BeautifulSoup
10  import urllib.request
11  import re
12  import codecs
13  import time
14  from mylog import MyLog as mylog
15  from save2mysql import SavebooksData
16
17
18  class BookItem(object):
19      categoryName = None
20      middleUrl = None
21      bookName = None
22      wordsNum = None
23      updateTime = None
24      authorName = None
25
26
27  class GetBookName(object):
28      def __init__(self):
29          self.urlBase = 'https://www.qidian.com/all?action=1&orderId=&style=1&pageSize=20&siteid=1&pubflag=0&hiddenField=0&page=1'
30          self.log = mylog()
31          self.pages = self.getPages(self.urlBase)
```

```
32          self.booksList = []
33          # self.spider(self.urlBase, 5)
34          self.spider(self.urlBase, self.pages)
35          self.pipelines(self.booksList)
36          self.log.info('begin save data to mysql\r\n')
37          SavebooksData(self.booksList)
38          self.log.info('save data to mysql end ...\r\n')
39
40
41      def getPages(self,url):
42          '''获取总页数'''
43          htmlContent = self.getResponseContent(url)
44          pattern = re.compile('data-pageMax=".*?"')
45          pageStr = pattern.search(htmlContent).group()
46          pageMax = pageStr.split('"')[1]
47          print("pageMax = %s" %pageMax)
48          return int(pageMax)
49
50
51      def getResponseContent(self, url):
52          try:
53              response = urllib.request.urlopen(url, timeout=3)
54          except:
55              self.log.error('Python 返回 URL:%s  数据失败' %url)
56              return None
57          else:
58              self.log.info('Python 返回 URU:%s  数据成功' %url)
59              return response.read().decode('utf-8')
60
61
62      def spider(self, url, pages):
63          urlList = url.split('=')
64          for i in range(1, pages + 1):
65              urlList[-1] = str(i)
66              newUrl = '='.join(urlList)
67              htmlContent = self.getResponseContent(newUrl)
68              if not htmlContent:
69                  self.mylog.error('未获取到页面内容')
70                  continue
71              soup = BeautifulSoup(htmlContent, 'lxml')
72              tags = soup.find_all('li', attrs={'data-rid': re.compile('\d{1,2}')})
73              for tag in tags:
```

```
74                item = BookItem()
75                item.categoryName = tag.find('a', attrs={'class': 'go-sub-
type'}).get_text()
76                item.middleUrl = tag.find('h4').a.get('href')
77                item.bookName = tag.find('h4').a.get_text()
78                item.wordsNum = tag.find('p',
attrs={'class':'update'}).span.get_text()
79                item.updateTime = None
80                item.authorName = tag.find('a',
attrs={'class':'name'}).get_text()
81                self.booksList.append(item)
82                self.log.info('获取书名为<<%s>>的数据成功' %item.bookName)
83
84
85     def pipelines(self,bookList):
86         bookName = '起点完本小说.txt'
87         nowTime = time.strftime('%Y-%m-%d %H:%M:%S\r\n', time.localtime())
88         with codecs.open(bookName, 'w', 'utf8') as fp:
89             fp.write('run time: %s' %nowTime)
90             for item in self.booksList:
91                 fp.write('%s \t %s \t\t %s \t %s \t %s \r\n'
92                        %(item.categoryName, item.bookName, item.wordsNum,
item.updateTime, item.authorName))
93                 self.log.info('将书名为<<%s>>的数据存入
"%s"...' %(item.bookName, bookName))
94
95 if __name__ == '__main__':
96     GBN = GetBookName()
```

主程序部分就完成了。

6.5.3 保存结果到 MySQL

因为最后还需要将结果保存到 MySQL 中，所以还得添加一个自定义的模块（也就是一个自建 Python 程序）。

【示例 6-10】在 qidianBS4 项目下，在 completeBook.py 的同一级目录中创建一个 PyDev Module 文件 save2mysql.py。save2mysql.py 的内容如下：

```
1 #!/usr/bin/evn python3
2 #-*- coding: utf-8 -*-
3 '''
4 Created on 2016年8月17日
```

```
5
6   @author: hstking hst_king@hotmail.com
7   '''
8
9   import pymysql
10
11  class SavebooksData(object):
12      def __init__(self,items):
13          self.host = '192.168.1.80'
14          self.port = 3306
15          self.user = 'crawlUSER'
16          self.passwd = 'crawl123'
17          self.db = 'bs4DB'
18
19          self.run(items)
20
21      def run(self, items):
22          conn = pymysql.connect(host=self.host,
23                                 port=self.port,
24                                 user=self.user,
25                                 passwd=self.passwd,
26                                 db=self.db)
27          cur = conn.cursor()
28          for item in items:
29              cur.execute("INSERT INTO qiDianBooks(categoryName, bookName, wordsNum, updateTime, authorName) values(%s, %s, %s, %s, %s)", (item.categoryName, item.bookName, item.wordsNum, item.updateTime, item.authorName))
30          cur.close()
31          conn.commit()
32          conn.close()
33
34
35  if __name__ == '__main__':
36      pass
```

至此，该项目中的所有代码已经完成了。因为要将数据保存到远程 MySQL 服务器，首先得在 MySQL 服务器上创建好数据库和表。在第 5 章 Scrapy 项目中就创建过一个 MySQL 服务器，并分别在 Windows 和 Linux 系统上安装了 Python 中支持 MySQL 的模块 Pymysql3。这里就直接使用现成的 MySQL 服务器即可。与 Scrapy 项目不同的是，本节把数据存储到 MySQL 服务器是通过远程进行存储的，Scrapy 项目的存储则是本地存储的。本机与 MySQL 服务器的关系如图 6-53 所示。

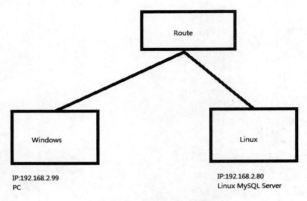

图 6-53 网络关系图

使用 Putty 登录 Linux。进入 MySQL 为 bs4 项目创建一个数据库，并为 qidianBS4 项目创建一个表。

在 Linux 系统下登录 MySQL 后，执行如下命令：

```
CREATE DATABASE bs4DB CHARACTER SET 'utf8' COLLATE 'utf8_general_Ci';
use bs4DB;
CREATE TABLE qiDianBooks(
    -> id INT AUTO_INCREMENT,
    -> categoryName char(20),
    -> bookName char(20),
    -> wordsNum char(10),
    -> authorName char(20),
-> PRIMARY KEY(id) )ENGINE=InnoDB DEFAULT CHARSET=utf8;
```

创建一个名为 bs4DB 的数据库，并在数据库中建立一个 qiDianBooks 表，所有编码都使用 UTF-8 编码，执行结果如图 6-54 所示。

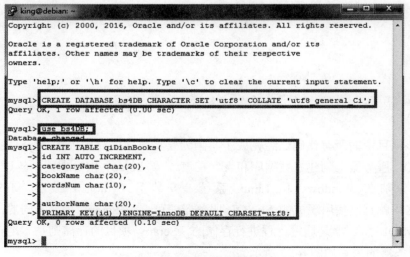

图 6-54 创建数据库和表

随后为登录用户分配权限，执行如下命令：

```
GRANT all privileges ON bs4DB.* to crawlUSER@all IDENTIFIED BY 'crawl123';
GRANT all privileges ON bs4DB.* to crawlUSER@localhost IDENTIFIED BY 'crawl123';
GRANT all privileges ON bs4DB.* to crawlUSER@192.168.2.99 IDENTIFIED BY 'crawl123';
```

执行结果如图 6-55 所示。

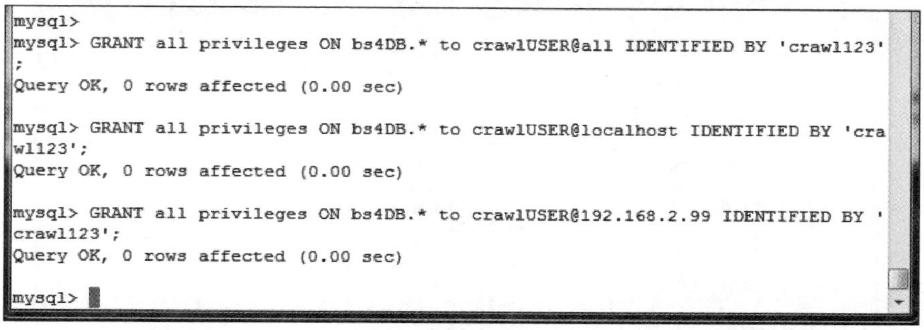

图 6-55　MySQL 用户权限

这 3 条命令的作用分别是：允许 crawlUSER 用户远程登录，允许 crawlUSER 用户本地登录，允许 crawlUSER 从 192.168.2.99 这个 IP 登录。

这里需要说明的是，crawlUSER 这个用户在 Scrapy 项目中已经创建过了，如果没有创建这个用户，就需要在 MySQL 中执行命令：

```
INSERT INTO mysql.user(Host,User,Password) VALUES("%","crawlUSER",password("crawl123"));
INSERT INTO mysql.user(Host,User,Password) VALUES("localhost","crawlUSER",password("crawl123"));
```

MySQL 服务器已经准备好了，可以运行程序了。单击 Eclipse 图标栏上的运行图标，执行该项目，得到的结果如图 6-56 所示。

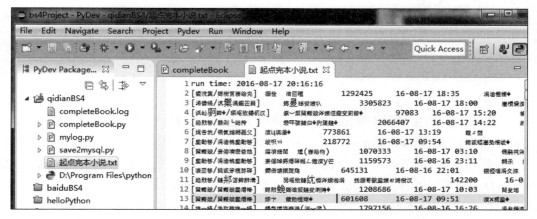

图 6-56　执行结果

保存到本地的文件内容有乱码，是不是？没关系，用 Windows 自带的"记事本"程序打开这个文件就没有乱码了，因为只是编码问题。再来看看保存到远程的 MySQL。使用 PyTTY 登录 Linux，连接到 MySQL 服务器后，在 MySQL 里执行命令：

```
use bs4DB;
select * from qiDianBooks;
```

执行结果如图 6-57 所示。

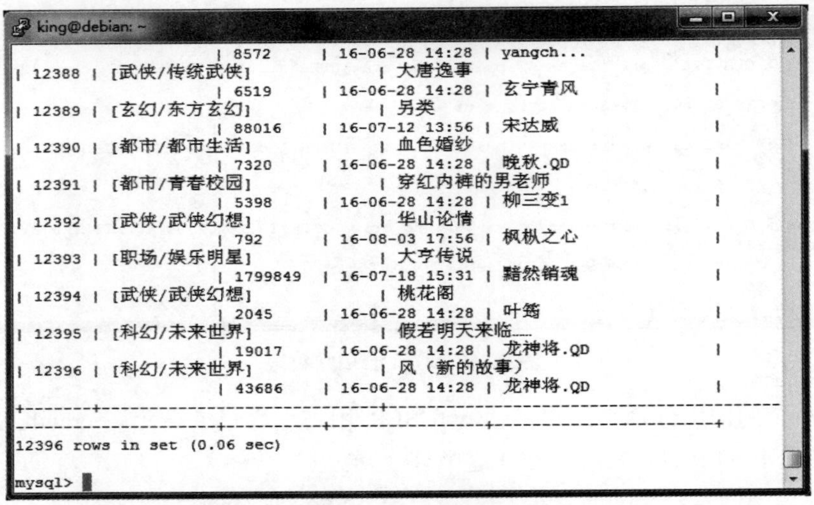

图 6-57 MySQL 保存结果

保存的结果是 12396 条，而网站上显示所有的全本小说是 14380 本，大约有 2000 本小说没有被录上。稍微修改一下程序，可以从日志中得到哪些小说没有被爬取。笔者大致检查了一下，有一些小说记录的标签与笔者设置的标签不太一样，如果需要读取完整的列表，请读者自行修改一下。另外，这个程序的瑕疵在于 MySQL 保存数据时使用的都是 Char 类型，如果要追求完美，就可以将日期改成 Date 类型，将字数改成 Int 类型等。

6.5.4 代码分析

项目 qidianBS4 中有 3 个 Python 程序，其中 mylog.py 无须再解释了，这里需要分析的只有 completeBook.py 和 save2mysql.py。

在 completeBook.py 中，第 9~15 行是导入需要的模块。第 18~24 行是仿照 Scrapy 建立的一个 item 类。

第 27~93 行是自定义类 GetBookName，用于从起点中文网站获取全本小说的信息。

第 27~38 行是 GetBookName 类的"构造函数"。第 33 行调用了 spider 类函数将所有的数据保存到类变量 self.booksList 列表中。第 35 行和第 37 行分别调用了 self.pipelines 函数和 SavebookData 函数，将所爬取的数据保存到 TXT 文件和 MySQL 远程服务器中。

第 41~48 行是从网站起始页面中获取总共的页数。因为这个总页数并不是单独包含在某个标签内的,所以这里使用 re 模块将这个页数筛选出来。

第 51~59 行的 getResponseContent 函数用于返回从 URL 中得到的原始数据。

第 62~82 行的 spider 函数使用 bs4 模块从原始数据中筛选出所需要的数据,然后将数据保存到 self.booksList 列表中。

第 85~93 行的 pipelines 函数将 self.bookList 列表中的数据保存到 TXT 文件中。

第 95~96 行是__main__程序,只有一条命令,作用是实例化 GetBookName 类。

6.6 bs4 爬虫实战四:获取电影信息

这一节的内容还是跟娱乐有关,从网络上获取电影。影视网站每天都有新的电影上架,限于页面的篇幅,每页显示的电影有限。如果想找一部心仪的电影,恐怕得翻遍整个网站,当然也可以使用百度的高级搜索和网站自身的搜索,但最方便的还是自己编写一个爬虫程序,每天让它爬一次,就可以知道有什么新电影上架了。

6.6.1 目标分析

这次爬虫的目标网站是 http://dianying.2345.com/,爬虫的搜索目标仅限于今年的电影。在网站打开搜索,在年代中选择 2016,得到的结果如图 6-58 所示。

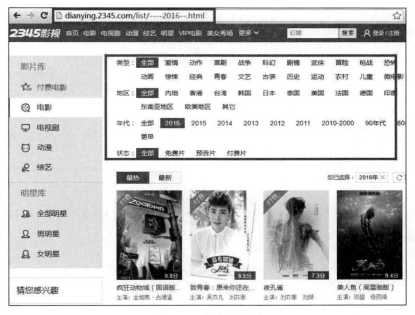

图 6-58 爬虫起始页

从图 6-58 来看,这个站点获取信息和 6.5 节从"起点"网站获取小说信息没什么区别。的确如此,从爬虫上看,除了爬取的规则有所不同外,这个爬虫和起点网站的爬虫区别不大。这节的重点不在于爬虫，而在于获取页面的过程，这个暂且先放下，继续爬虫过程。

在页面的下方单击“下一页”，发现 URL 变成了 http://dianying.2345.com/list/----2016---2.html。测试一下 http://dianying.2345.com/list/----2016---1.html，可以正常返回，URLS 的变化规律找到了。再看看总共有多少页，如图 6-59 所示。

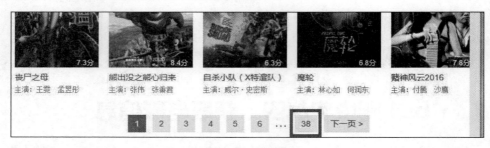

图 6-59　总页数

总页数也找到了，最后只需要找到爬虫的筛选规则就可以了。单击页面空白处，在弹出的快捷菜单中选择“查看网页源代码”选项，查看页面源代码，如图 6-60 所示。

```
<ul class="globalPicTxt pic140 clearfix">
        <li media="161388">
        <div class="pic" onmouseover="this.className='pic picHover';" onmouseout="this.className='pic';">
            <img width="140" height="195" src="http://imgwx5.2345.com/dypcimg/images/noimg.png"
loadsrc="http://imgwx5.2345.com/dypcimg/img/a/53/s161388.jpg"
onerror="javascript:this.src='http://imgwx3.2345.com/dypcimg/images/default_img110.jpg';" alt="疯狂动物城国语版">
            <i class="iStyleIcon iStyleFF"></i>            <span class="pRightBottom"><em>9.8分</em></span>
            <a class="aPlayBtn" href="http://dianying.2345.com/detail/161388.html" target="_blank" title="疯狂动物城国
ajax83="ys_dy_list_pic_161388"><i></i></a>
        </div>
        <span class="sTit"><a title="疯狂动物城国语版" target="_blank" href="http://dianying.2345.com/detail/161388.ht
ajax83="ys_dy_list_title_161388">疯狂动物城（国语版&#8230;</a></span>
        <span class="sDes">主演：<em><a href="http://dianying.2345.com/mingxing/22403/" title='金妮弗·古德温电影' 1 t
ajax83="ys_dy_list_actor_161388" >金妮弗·古德温</a></em> 杰森·贝特曼</span>
    </li>
        <li media="168580">
        <div class="pic" onmouseover="this.className='pic picHover';" onmouseout="this.className='pic';">
            <img width="140" height="195" src="http://imgwx1.2345.com/dypcimg/images/noimg.png"
loadsrc="http://imgwx2.2345.com/dypcimg/img/9/56/s168580.jpg"
onerror="javascript:this.src='http://imgwx4.2345.com/dypcimg/images/default_img110.jpg';" alt="致青春原来你还在这里">
            <i class="iStyleIcon iStyleFF"></i>            <span class="pRightBottom"><em>6.5分</em></span>
            <a class="aPlayBtn" href="http://dianying.2345.com/detail/168580.html" target="_blank" title="致青春原来你
ajax83="ys_dy_list_pic_168580"><i></i></a>
        </div>
        <span class="sTit"><a title="致青春原来你还在这里" target="_blank" href="http://dianying.2345.com/detail/16858
ajax83="ys_dy_list_title_168580">致青春：原来你还在&#8230;</a></span>
        <span class="sDes">主演：<em><a href="http://dianying.2345.com/list/---wuyifan---.html" title='刘亦菲电影' 0 t
ajax83="ys_dy_list_actor_168580" >刘亦菲</a></em> <em><a href="http://dianying.2345.com/list/---liuyifei---.html"
target="_blank" data-ajax83="ys_dy_list_actor_168580" >吴亦凡</a></em></span>
    </li>
```

图 6-60　页面源代码

直接找<li>标签就可以了。先找<ul>标签，再嵌套查找<li>标签也行，更加精确。现在爬虫所有的要素都已经完备，可以构造爬虫了。

6.6.2　项目实施

在 Eclipse 中创建新项目 movieBS4，然后在项目中创建新的 PyDev Module 文件 get2016movie.py，再将前面几节都用到过的 mylog.py 复制到 movieBS4 项目下。mylog.py 还是直接略过，主要是 get2016movie.py。

【示例 6-11】get2016movie.py 的内容如下：

```python
 1  #!/usr/bin/evn python3
 2  #-*- coding: utf-8 -*-
 3  '''
 4  Created on 2016年8月13日
 5  
 6  @author: hstking hst_king@hotmail.com
 7  '''
 8  
 9  from bs4 import BeautifulSoup
10  import urllib.request
11  import codecs
12  from mylog import MyLog as mylog
13  import sys
14  import re
15  
16  class MovieItem(object):
17      movieName = None
18      movieScore = None
19      movieStarring = None
20  
21  class GetMovie(object):
22      # '''获取电影信息'''
23      def __init__(self):
24          self.urlBase = 'http://dianying.2345.com/list/----2016---1.html'
25          self.log = mylog()
26          self.pages = self.getPages()
27          self.urls = []                   # url池
28          self.items = []
29          self.getUrls(self.pages)         # 获取抓取页面的URL
30          self.spider(self.urls)
31          self.pipelines(self.items)
32  
33      def getPages(self):
34          '''获取总页数'''
35          self.log.info('开始获取页数')
36          htmlContent = self.getResponseContent(self.urlBase)
37          soup = BeautifulSoup(htmlContent, 'lxml')
38          tag = soup.find('div', attrs={'class':'v_page'})
39          subTags = tag.find_all('a', attrs={'target': '_self'})
40          self.log.info('获取页数成功')
41          return int(subTags[-2].get_text())
42  
43      def getResponseContent(self, url):
```

```python
44            '''获取页面返回的数据'''
45            fakeHeaders= {'User-Agent':'Mozilla/5.0 (Windows NT 6.2; rv:16.0) Gecko/20100101 Firefox/16.0'}
46            request = urllib.request.Request(url, headers=fakeHeaders)
47            try:
48                response = urllib.request.urlopen(request)
49            except:
50                self.log.error('Python 返回URL:%s 数据失败' %url)
51                return None
52            else:
53                self.log.info('Python 返回URUL:%s 数据成功' %url)
54                return response.read().decode('GBK')
55    
56        def getUrls(self, pages):
57            urlHead = 'http://dianying.2345.com/list/----2016---'
58            urlEnd = '.html'
59            for i in range(1,pages + 1):
60                url = urlHead + str(i) + urlEnd
61                self.urls.append(url)
62                self.log.info('添加URL:%s 到URLS列表' %url)
63    
64        def spider(self, urls):
65            for url in urls:
66                htmlContent = self.getResponseContent(url)
67                soup = BeautifulSoup(htmlContent, 'lxml')
68                anchorTag = soup.find('ul', attrs={'class':'v_picTxt pic180_240 clearfix'})
69                tags = anchorTag.find_all('li', attrs={'media':re.compile('\d{5}')})
70                for tag in tags:
71                    item = MovieItem()
72                    item.movieName = tag.find('span', attrs={'class':'sTit'}).get_text()
73                    item.movieScore = tag.find('span', attrs={'class':'pRightBottom'}).em.get_text().replace('分', '')
74                    item.movieStarring = tag.find('span', attrs={'class':'sDes'}).get_text().replace('主演: ', '')
75                    self.items.append(item)
76                    self.log.info('获取电影名为：<<%s>>成功' %(item.movieName))
77    
78        def pipelines(self, items):
79            fileName = '2016 热门电影.txt'
80            with codecs.open(fileName, 'w', 'utf8') as fp:
```

```
81             for item in items:
82                 fp.write('%s \t %s \t %s \r\n' %(item.movieName,
item.movieScore, item.movieStarring))
83                 self.log.info('电影名为：<<%s>>已成功存入文件
"%s"...' %(item.movieName, fileName))
84
85
86
87  if __name__ == '__main__':
88      GM = GetMovie()
```

单击 Eclipse 图标栏的运行图标，顺利获取了所需的数据，如图 6-61 所示。

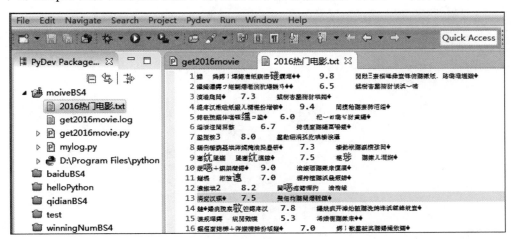

图 6-61　获取数据

这个爬虫做到这里就可以结束了。可这跟 6.5 节从"起点"网站获取小说信息的爬虫太相似了，根本没必要重复做一种爬虫。

6.6.3　bs4 反爬虫

前面曾经提到过，有的网站会因为爬虫频繁地爬取而被反爬虫程序封锁。万一哪天运气不好被封锁了怎么办？最简单的方法当然是换个 IP 再去爬，如果网站禁止机器人爬取，也简单，换个 headers 就可以了（一般爬虫默认的 User-Agent 都比较特别，很容易被反爬虫程序找出来）。还记得每个项目中都有的 getResponseContent 函数吗？本来只需要一行就能解决的问题，每次都把它扩展成了一个函数，就是在这个时候用的。

【示例 6-12】将 getResponseContent 函数修改一下，最终的 get2016movieWithProxy.py 内容如下：

```
1  #!/usr/bin/evn python3
2  #-*- coding: utf-8 -*-
3  '''
4  Created on 2016 年 8 月 13 日
```

```
 5
 6  @author: hstking hst_king@hotmail.com
 7  '''
 8
 9  from bs4 import BeautifulSoup
10  import urllib.request
11  import codecs
12  from mylog import MyLog as mylog
13  import sys
14  import re
15
16  rProxy = {'http': 'http://127.0.0.1:1080'}
17
18  class MovieItem(object):
19      movieName = None
20      movieScore = None
21      movieStarring = None
22
23
24  class GetMovie(object):
25      # '''获取电影信息'''
26      def __init__(self):
27          self.urlBase = 'http://dianying.2345.com/list/----2016---1.html'
28          self.log = mylog()
29          self.pages = self.getPages()
30          self.urls = []              # URL 池
31          self.items = []
32          self.getUrls(self.pages)   # 获取抓取页面的 URL
33          self.spider(self.urls)
34          self.pipelines(self.items)
35
36      def getPages(self):
37          '''获取总页数'''
38          self.log.info('开始获取页数')
39          htmlContent = self.getResponseContent(self.urlBase)
40          soup = BeautifulSoup(htmlContent, 'lxml')
41          tag = soup.find('div', attrs={'class':'v_page'})
42          subTags = tag.find_all('a', attrs={'target': '_self'})
43          self.log.info('获取页数成功')
44          return int(subTags[-2].get_text())
45
46      def getResponseContent(self, url):
47          '''获取页面返回的数据'''
48          fakeHeaders= {'User-Agent':'Mozilla/5.0 (Windows NT 6.2; rv:16.0) Gecko/20100101 Firefox/16.0'}
49          request = urllib.request.Request(url, headers=fakeHeaders)
50          proxy = urllib.request.ProxyHandler(rProxy)
51          opener = urllib.request.build_opener(proxy)
52          urllib.request.install_opener(opener)
53          try:
54              response = urllib.request.urlopen(request)
55          except:
56              self.log.error('Python 返回 URL:%s 数据失败' %url)
57              return None
58          else:
```

```
59              self.log.info('Python 返回 URUL:%s  数据成功' %url)
60              return response.read().decode('GBK')
61
62      def getUrls(self, pages):
63          urlHead = 'http://dianying.2345.com/list/----2016---'
64          urlEnd = '.html'
65          for i in range(1,pages + 1):
66              url = urlHead + str(i) + urlEnd
67              self.urls.append(url)
68              self.log.info('添加 URL:%s 到 URLS 列表' %url)
69
70      def spider(self, urls):
71          for url in urls:
72              htmlContent = self.getResponseContent(url)
73              soup = BeautifulSoup(htmlContent, 'lxml')
74              anchorTag = soup.find('ul', attrs={'class':'v_picTxt pic180_240 clearfix'})
75              tags = anchorTag.find_all('li', attrs={'media':re.compile('\d{5}')})
76              for tag in tags:
77                  item = MovieItem()
78                  item.movieName = tag.find('span', attrs={'class':'sTit'}).get_text()
79                  item.movieScore = tag.find('span', attrs={'class':'pRightBottom'}).em.get_text().replace('分', '')
80                  item.movieStarring = tag.find('span', attrs={'class':'sDes'}).get_text().replace('主演：', '')
81                  self.items.append(item)
82                  self.log.info('获取电影名为：<<%s>>成功' %(item.movieName))
83
84      def pipelines(self, items):
85          fileName = '2016 热门电影.txt'
86          with codecs.open(fileName, 'w', 'utf8') as fp:
87              for item in items:
88                  fp.write('%s \t %s \t %s \r\n' %(item.movieName, item.movieScore, item.movieStarring))
89                  self.log.info('电影名为：<<%s>>已成功存入文件 "%s"...' %(item.movieName, fileName))
90
91
92
93 if __name__ == '__main__':
94     GM = GetMovie()
```

> **提示**
>
> 设置的 rProxy 一定要真实有效的代理服务器，而且格式也不能错，必须要写成字典的格式。

好了，读者可以动手测试一下。

6.6.4 代码分析

本节爬虫程序的代码与上节的"起点"网站爬虫程序的代码很相似，这里就不详细解析了，只分析一下其中的不同之处。最大的不同就是 getResponseContent 函数了。本节在 getResponseContent 函数中添加了一个浏览器的 headers 和一个经过验证的、可以使用的 proxy，解除了网站反爬虫程序的封锁。但这种反爬虫很被动，只有被封锁了才会解除封锁，而不能主动避免反爬虫程序的封锁。

6.7 bs4 爬虫实战五：获取音悦台榜单

既然要反反爬虫，那就要反个彻底。在 Scrapy 里曾提过反爬虫的运行机制，基本上就是通过 IP、headers 来锁定爬虫用户，然后进行封锁（用验证码、验证图案方式反爬虫的网站，不在我们讨论的范围内）。前面的 Scrapy 使用的是随机跳转 proxy 和 headers 的方法对付反爬虫，这里也是如此（反反爬虫的手段远不止这些，比如使用专门网站爬虫、分布式爬虫都可以。个人用户没什么特殊要求，做到这一步就差不多了）。

6.7.1 目标分析

本节将使用随机 proxy 和 headers 主动抵抗反爬虫。打开 www.yinyuetai.com 网站，本节的目的是爬取"音悦台"网站公布的 MV 榜单。单击网站最上方的"V 榜"，从弹出的菜单中选取"MV 作品榜"选项，打开音乐 V 榜。以内地篇为例，网站排列了内地 MV 音乐榜的前 50 名，通过 3 个网页浏览（TOP1-20、TOP21-40、TOP41-50）。这 3 个页面的网址分别为 http://vchart.yinyuetai.com/vchart/trends?area=ML&page=1、http://vchart.yinyuetai.com/vchart/trends?area=ML&page=2、http://vchart.yinyuetai.com/vchart/trends?area=ML&page=3，如图 6-62 所示。

图 6-62　音悦台榜单

看看其他几个 V 榜中的地区代码，分别是 HT、US、KR 和 JP，Urls 的规则很明了。再来看看爬虫的抓取规则。在网页的任意空白处右击，选择弹出菜单中的"查看网页源代码"选项，打开源代码页面，如图 6-63 所示。

图 6-63　源代码页面

所有上榜的 MV 都在标签<div class="op_num">标签下。爬虫的抓取规则也有了，下面就看具体实施了。

6.7.2　项目实施

打开 Eclipse，创建新项目 YinYueTaiBS4URL，并在项目中创建一个 PyDev Modules 文件 getTrendsMV.py 作为主文件，把上一节项目中使用过的 mylog.py 复制到当前目录下。因为要使用不同的 proxy 和 headers，所以再创建一个新的资源文件 resource.py。

老规矩，mylog.py 可以略过，这次先看看 resource.py。

【示例 6-13】resource.py 的内容如下：

```
1  #!/usr/bin/env python3
2  #-*- coding: utf-8 -*-
3  __author__ = 'hstking hst_king@hotmail.com'
4
5  UserAgents = [
6   "Mozilla/4.0 (compatible; MSIE 6.0; Windows NT 5.1; SV1; AcooBrowser; .NET CLR 1.1.4322; .NET CLR 2.0.50727)",
7   "Mozilla/4.0 (compatible; MSIE 7.0; Windows NT 6.0; Acoo Browser; SLCC1; .NET CLR 2.0.50727; Media Center PC 5.0; .NET CLR 3.0.04506)",
8   "Mozilla/4.0 (compatible; MSIE 7.0; AOL 9.5; AOLBuild 4337.35;
```

```
Windows NT 5.1; .NET CLR 1.1.4322; .NET CLR 2.0.50727)",
     9    "Mozilla/5.0 (Windows; U; MSIE 9.0; Windows NT 9.0; en-US)",
    10    "Mozilla/5.0 (compatible; MSIE 9.0; Windows NT 6.1; Win64; x64;
Trident/5.0; .NET CLR 3.5.30729; .NET CLR 3.0.30729; .NET CLR 2.0.50727; Media
Center PC 6.0)",
    11    "Mozilla/5.0 (compatible; MSIE 8.0; Windows NT 6.0; Trident/4.0;
WOW64; Trident/4.0; SLCC2; .NET CLR 2.0.50727; .NET CLR 3.5.30729; .NET CLR
3.0.30729; .NET CLR 1.0.3705; .NET CLR 1.1.4322)",
    12    "Mozilla/4.0 (compatible; MSIE 7.0b; Windows NT 5.2; .NET CLR
1.1.4322; .NET CLR 2.0.50727; InfoPath.2; .NET CLR 3.0.04506.30)",
    13    "Mozilla/5.0 (Windows; U; Windows NT 5.1; zh-CN) AppleWebKit/523.15
(KHTML, like Gecko, Safari/419.3) Arora/0.3 (Change: 287 c9dfb30)",
    14    "Mozilla/5.0 (X11; U; Linux; en-US) AppleWebKit/527+ (KHTML, like
Gecko, Safari/419.3) Arora/0.6",
    15    "Mozilla/5.0 (Windows; U; Windows NT 5.1; en-US; rv:1.8.1.2pre)
Gecko/20070215 K-Ninja/2.1.1",
    16    "Mozilla/5.0 (Windows; U; Windows NT 5.1; zh-CN; rv:1.9)
Gecko/20080705 Firefox/3.0 Kapiko/3.0",
    17    "Mozilla/5.0 (X11; Linux i686; U;) Gecko/20070322 Kazehakase/0.4.5",
    18    "Mozilla/5.0 (X11; U; Linux i686; en-US; rv:1.9.0.8) Gecko
Fedora/1.9.0.8-1.fc10 Kazehakase/0.5.6",
    19    "Mozilla/5.0 (Windows NT 6.1; WOW64) AppleWebKit/535.11 (KHTML, like
Gecko) Chrome/17.0.963.56 Safari/535.11",
    20    "Mozilla/5.0 (Macintosh; Intel Mac OS X 10_7_3) AppleWebKit/535.20
(KHTML, like Gecko) Chrome/19.0.1036.7 Safari/535.20",
    21    "Opera/9.80 (Macintosh; Intel Mac OS X 10.6.8; U; fr) Presto/2.9.168
Version/11.52",
    22 ]
    23
    24 PROXIES = [
    25 {'http': '58.20.238.103:9797'},
    26 {'http': '123.7.115.141:9797'},
    27 {'http': '121.12.149.18:2226'},
    28 {'http': '176.31.96.198:3128'},
    29 {'http': '61.129.129.72:8080'},
    30 {'http': '115.238.228.9:8080'},
    31 {'http': '124.232.148.3:3128'},
    32 {'http': '124.88.67.19:80'},
    33 {'http': '60.251.63.159:8080'},
    34 {'http': '118.180.15.152:8102'}
    35 ]
```

这个文件很简单，仅包含两个列表。UserAgents 列表只需要在网上找一下，可以找到各种各样的 headers，排除掉移动端的也有不少（有的网站根据客户端的不同，返回的数据也不同），尽量选择大众化的 UserAgent。而 proxies 就更简单了，Scrapy 项目中不是有一个 getProxy 项目吗？执行一条命令而已，就算来 100 个 proxy 都没问题。这里仅为测试提供数十个 proxy 即可，只需稍微注意一下，不要选择 HTTPS 协议的就可以（HTTPS 协议的 proxy 也可以用，但有可能会增加代码的工作量。既然 HTTP 协议的 proxy 够用了，就不用费劲去弄 HTTPS 协议的 proxy 了）。

【示例 6-14】主程序 getTrendsMV.py 的内容如下：

```
1  #!/usr/bin/evn python3
2  #-*- coding: utf-8 -*-
3  '''
4  Created on 2016年8月10日
5
6  @author: hstking hst_king@hotmail.com
7  '''
8
9  from bs4 import BeautifulSoup
10 import urllib.request
11 import codecs
12 import time
13 from mylog import MyLog as mylog
14 import resource
15 import random
16
17 class Item(object):
18     top_num = None         # 排名
19     score = None           # 打分
20     mvName = None          # MV 名字
21     singer = None          # 演唱者
22     releaseTime = None     # 释放时间
23
24
25 class GetMvList(object):
26     '''The all data from www.yinyuetai.com
27         所有数据都来自 www.yinyuetai.com
28     '''
29     def __init__(self):
30         self.urlBase = 'http://vchart.yinyuetai.com/vchart/trends?'
31         self.areasDic = {'ML':'Mainland','HT':'Hongkong&Taiwan','US':'Americ','KR':'Korea','JP':'Japan'}
32         self.log = mylog()
33         self.getUrls()
```

```
34
35
36      def getUrls(self):
37          '''获取 URL 池 '''
38          areas = ['ML','HT','US','KR','JP']
39          pages = [str(i) for i in range(1,4)]
40          for area in areas:
41              urls = []
42              for page in pages:
43                  urlEnd = 'area=' + area + '&page=' + page
44                  url = self.urlBase + urlEnd
45                  urls.append(url)
46                  self.log.info(u'添加 URL:%s 到 URLS' %url)
47              self.spider(area, urls)
48
49
50
51      def getResponseContent(self, url):
52          '''从页面返回数据 '''
53          fakeHeaders = {'User-Agent':self.getRandomHeaders()}
54          request = urllib.request.Request(url, headers=fakeHeaders)
55
56          proxy = urllib.request.ProxyHandler(self.getRandomProxy())
57          opener = urllib.request.build_opener(proxy)
58          urllib.request.install_opener(opener)
59          try:
60              response = urllib.request.urlopen(request)
61              time.sleep(1)
62          except:
63              self.log.error(u'Python 返回 URL:%s  数据失败' %url)
64              return ''
65          else:
66              self.log.info(u'Python 返回 URUL:%s  数据成功' %url)
67              return response.read().decode('utf-8')
68
69      def spider(self,area,urls):
70          items = []
71          for url in urls:
72              responseContent = self.getResponseContent(url)
73              if not responseContent:
74                  continue
75              soup = BeautifulSoup(responseContent, 'lxml')
76              tags = soup.find_all('li', attrs={'name':'dmvLi'})
```

```
77              for tag in tags:
78                  item = Item()
79                  item.top_num = tag.find('div', 
attrs={'class':'top_num'}).get_text()
80                  if tag.find('h3', attrs={'class':'desc_score'}):
81                      item.score = tag.find('h3', 
attrs={'class':'desc_score'}).get_text()
82                  else:
83                      item.score = tag.find('h3', 
attrs={'class':'asc_score'}).get_text()
84
85                  item.mvName = tag.find('img').get('alt')
86                  item.singer = tag.find('a', 
attrs={'class':'special'}).get_text()
87                  item.releaseTime = tag.find('p', 
attrs={'class':'c9'}).get_text()
88                  items.append(item)
89                  self.log.info(u'添加 mvName 为<<%s>>的数据成功' %(item.mvName))
90          self.pipelines(items, area)
91
92
93      def getRandomProxy(self):   #
94          proxy = random.choice(resource.PROXIES)
95          print(proxy)
96          return proxy 97
98      def getRandomHeaders(self):             # 随机选取文件头
99          return random.choice(resource.UserAgents)
100
101
102     def pipelines(self, items, area):     # 处理获取的数据
103         fileName = 'mvTopList.txt'
104         nowTime = time.strftime('%Y-%m-%d %H:%M:%S', time.localtime())
105         with codecs.open(fileName, 'a', 'utf8') as fp:
106             fp.write('%s -------%s\r\n' %(self.areasDic.get(area), 
nowTime))
107             for item in items:
108                 fp.write('%s %s \t %s \t %s \t %s \r\n'
109                     %(item.top_num, item.score, item.releaseTime, 
item.singer, item.mvName))
110                 self.log.info(u'添加 mvName 为<<%s>>的 MV
到%s...' %(item.mvName, fileName))
111             fp.write('\r\n'*4)
112
```

```
113
114 if __name__ == '__main__':
115     GML = GetMvList()
```

所有的代码都完成了，开始运行。单击 Eclipse 图标栏上的运行图标，执行 getTrendsMV.py，得到的结果如图 6-64 所示。

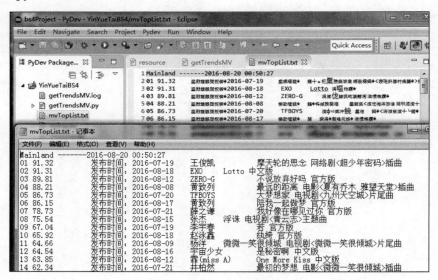

图 6-64 运行 getTrendsMV.py

好了，程序执行结果没问题。如果想知道实时榜单，运行一下程序即可。

6.7.3 代码分析

本节的 getTrendsMV.py 爬虫从功能上看要比上节的被动式反爬虫要复杂一些，但代码更简单一点。项目中的 mylog.py 没什么好说的，就是一个日志助手而已。resource.py 也无须多说，就是一个资源文件。如果觉得手动挑选 proxy 比较麻烦，可以再编写一个 Python 程序让其自动导入 proxy 到 resource.py 中。唯一需要分析的就是 getTrendsMV.py 主程序了。

第 9~15 行，开头还是导入所需的模块，这里只是多导入了一个 random 模块，用于从列表中随机挑选 User-Agent 和 proxy。

第 17~22 行创建一个 Item 类，这个是仿照 Scrapy 的 Item.py 编写的，也很简单。

第 25~111 行是 GetMvList 类。这个类将从音悦台网站中获取所需的数据。第 29~32 行给出了起始页面和 URLS 的规则列表，然后 __init__ 函数自动执行了 self.getUrls 函数。self.getUrls 再调用其他函数，完成类设计的功能。第 36~47 行是 getUrls 函数，将利用起始页 URL 的页面规则，将所有需要爬取的网页 URL 存入 URLS 列表中。第 51~67 行是 getResponseContent 函数，它将返回请求 URL 的数据。每执行一次 getResponseContent 函数都将调用一次 self.getRandomHeaders 和 self.getRandomProxy 函数。随机选择一个 proxy 和 User-Agent 使用，使网站的反爬虫工具无从捕捉。第 61 行的作用是每执行一次函数都将暂停

1 秒，避免被反爬虫工具发觉（这个暂停的秒数可以用 random 选出一个随机数，这样更加安全）。第 69~90 行是 spider 函数，它的作用就是根据爬虫的抓取规则从返回的数据中抓取所需的数据。第 93~96 行是 getRandomProxy 函数，虽然这个函数的功能可以精简成一条语句，但还是写成了函数，这是为了以后有什么新功能可以很方便地添加进去。第 102~111 行是 pipelines 函数，将所有抓取到的有效数据保存到 TXT 文件中。第 114、115 行是程序的 __main__ 程序，只有一条命令，用于实例化 GetMvList 类。

6.8 本章小结

bs4 爬虫很强大。它的优点在于可以随心所欲地定制爬虫，缺点就是稍微复杂了一点，需要从头到尾地写代码，这毕竟是作文题。填空题虽然简单，但从头到尾都身不由己，得按照框架作者的思路走。作文题毕竟是自己写的，可以随心所欲地修改调整。如果是比较小的项目，个人建议还是用 bs4，可以有针对性地根据自己的需要编写爬虫。大项目还是建议选 Scrapy，Scrapy 能流行至今并非浪得虚名。

第 7 章

◀ PyQuery 模块 ▶

前面为读者介绍了 Python 中的 BeautifulSoup 模块,本章继续介绍 Python 实现爬虫的另一个模块:PyQuery 模块。

接触过前端开发的读者都使用过或者听说过前端开发有一个神器叫作:jQuery,jQuery 是一个快速、简洁的 JavaScript 框架。该框架的宗旨是 "Write Less, Do More",即倡导写更少的代码,做更多的事情。使用该框架提供一种简便的 JavaScript 设计模式,优化 HTML 文档操作、事件处理、动画设计和 Ajax 交互。

而在 Python 的爬虫库中也有一个与之类似的模块叫作 PyQuery 模块,使用该模块能够对页面进行快速爬取,它能够以 jQuery 的语法来操作解析 HTML 文档,易用性和解析速度都很好。PyQuery 模块的语法与 jQuery 类似,如果读者熟悉 jQuery,就可以很快学会 PyQuery。本章就来介绍如何使用 PyQuery 模块。

7.1 PyQuery 模块

为了使用 PyQuery 模块做准备,这一节先来介绍 PyQuery 模块的基础知识,包括:什么是 PyQuery 模块、如何安装 PyQuery 模块等。通过本节介绍可以为使用 PyQuery 模块打下基础。

7.1.1 什么是 PyQuery 模块

前面的章节介绍了 BeautifulSoup 模块,使用该模块可以实现对网页的爬取操作。而 PyQuery 库也是一个既强大又灵活的网页解析库,如果用户有前端开发经验,应该接触过 jQuery,PyQuery 就是用户绝佳的选择,PyQuery 是 Python 仿照 jQuery 的功能实现的。PyQuery 的语法与 jQuery 几乎完全相同,所以不用再费心去记一些奇怪的方法。

7.1.2 PyQuery 与其他工具

既然了解了 PyQuery 模块,那么相比其他对于网页解析的工具,如正则表达式、BeautifulSoup 模块以及 lxml 模块,PyQuery 模块有什么优缺点呢?具体体现在以下几个方面。

(1)首先来看正则表达式。

优点:正则表达式异常强大,几乎可以实现对网页解析的所有操作。

缺点：正则表达式的缺点也很明显，首先是不够简单，学习起来需要花费较多的精力；然后是可读性较差，一段普通的正则表达式，要想第一眼就了解其实现的功能还是不太容易的；最后就是不易更改。

（2）再来看 BeautifulSoup。

优点：提供的内容很少，又可以有效地抓取信息。

缺点：① 工具不够多；② 对选择器的支持不够好，所以难度比 PyQuery 要高。

（3）接着看 lxml。

优点：绝对路径带给它绝对的优势。

缺点：需要学习的东西挺多的。

（4）最后来看 PyQuery。

优点：① 与 jQuery 相似度极高，可以很快入门；② 比较简单，而且其支持的 CSS 选择器的功能比较强大。

缺点：对不熟悉 jQuery 用户来说显得不友好。

综合以上比较可以发现，从用户需要完成的任务和所给的时间来看，PyQuery 是最好的选择。

7.1.3 PyQuery 模块的安装

PyQuery 是 Python 的一个标准模块，可以使用常用的模块安装方式去安装。本小节来介绍如何安装 PyQuery 模块。

PyQuery 的依赖库有 lxml，而 lxml 又依赖 libxml2 和 libxsl，安装 libxml2 又需要安装 setuptools。下面我们讲讲详细的安装过程。

PyQuery 作为一个 Python 标准库，可以方便地使用 pip 工具进行安装。在使用 pip 前，最好将其路径放在系统的 PATH 中，这样就可以直接调用 pip 工具进行模块的安装。

（1）在桌面上右击"此电脑"，选择弹出菜单中的"属性"选项，打开"系统"窗口，如图 7-1 所示。

图 7-1　"系统"窗口

（2）单击图 7-1 窗口左侧的"高级系统设置"选项，将打开"系统属性"窗口，如图 7-2 所示。

（3）此时单击图 7-2 下方的"环境变量"按钮，即可打开"环境变量"窗口，如图 7-3 所示。

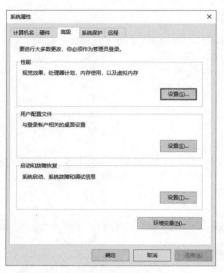

图 7-2　"系统属性"窗口　　　　　　图 7-3　"环境变量"窗口

（4）该窗口分上下两部分，其中上半部分用于设置当前的用户变量，下半部分用于设置系统变量，即所有用户都可以使用的环境变量。这里根据需要对当前的用户变量进行设置即可。选中图 7-3 上半部分用户变量中的 Path 选项，然后单击图 7-3 中部的"编辑"按钮，即可打开"编辑环境变量"窗口，如图 7-4 所示。

（5）单击图 7-4 右侧的"新建"按钮，将会允许用户新建一个路径到 Path 中，这时将 pip 所在目录（如 D:\python\Scripts）添加进去即可。添加完成的效果如图 7-5 所示。

图 7-4　"编辑环境变量"窗口　　　　　图 7-5　完成编辑环境变量

（6）设置完成之后单击"确定"按钮即可完成对环境变量 PATH 的设置，设置之后就可以使用 pip 进行模块的安装。

（7）打开"命令提示符"窗口，执行如下命令：

```
pip3 install pyquery
```

执行命令之后，将自动下载并安装模块，如图 7-6 所示。

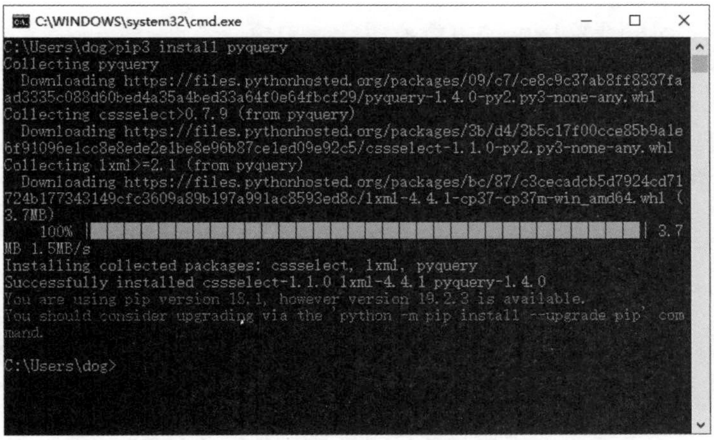

图 7-6　执行 pip3 安装 PyQuery 模块

出现如图 7-6 所示的成功安装提示，说明 PyQuery 模块已经成功安装。此后，用户就可以在 Python 程序中引用 PyQuery 模块，代码如下：

```
from pyquery import PyQuery as pq
```

只要没有出现错误提示信息，就说明成功安装好了 PyQuery 模块，并可以正常使用。

7.2　PyQuery 模块的用法

7.1 节介绍了什么是 PyQuery，以及如何安装该模块。这一节就来介绍如何使用 PyQuery 模块。要想使用该模块，首先需要创造一个 PyQuery 对象，该模块支持以 3 种不同的方法进行初始化，分别是使用字符串初始化、文件初始化以及 URL 初始化等。下面分别来介绍这 3 种不同的初始化方法。

7.2.1　使用字符串初始化

PyQuery 支持直接对包含有 HTML 内容的字符串进行解析操作，使用其构造方法将字符串作为参数引入，即可实现使用字符串初始化 PyQuery 对象。

初始化 PyQuery 对象最简单的方法就是使用字符串进行初始化，这里的字符串是包含有 HTML 内容的特殊字符串。

下面的示例将演示如何使用字符串初始化 PyQuery 对象。

【示例 7-1】使用字符串初始化

```
1  from pyquery import PyQuery as pq        # 导入 PyQuery 模块
2  html = '''
3  <div>
4     <ul>
5         <li class="item-0">first item</li>
6         <li class="item-1"><a href="link2.html">second item</a></li>
7  class="bold">third item</span></a></li>
9         <li class="item-1 active"><a href="link4.html">fourth
10 item</a></li>
11        <li class="item-0"><a href="link5.html">fifth item</a></li>
12    </ul>
13 </div>
14 '''                                       # 定义字符串
15 html_query = pq(html)                     # 使用字符串初始化对象
16 print(html_query('li'))                   # 输出所有列表 li
```

以上代码首先导入 PyQuery 模块，然后定义了一个包含 HTML 内容的字符串，之后使用字符串初始化一个 PyQuery 对象，最后输出所有的 li 列表。将以上代码保存为 7-1.py，执行这个示例程序，其结果如图 7-7 所示。我们可以发现，成功输出了字符串包含的列表中的内容。

图 7-7　使用字符串初始化 PyQuery 对象

7.2.2　使用文件初始化

除了使用字符串初始化 PyQuery 对象之外，还可以使用 HTML 文件初始化 PyQuery 对象。只需要在初始化时指定 filename 即可，其语法格式如下：

```
html_query = pq(filename='demo.html')
```

其中的 deom.html 即为指定的文件，通常为 HTML 文件。

下面通过实例来演示如何使用 HTML 文件初始化 PyQuery 对象。

在使用文件初始化之前,先将如下代码保存为 test.html 文件备用。

```html
<div>
    <ul>
        <li class="item-0">first item</li>
        <li class="item-1"><a href="link2.html">second item</a></li>
        <li class="item-0 active"><a href="link3.html"><span
class="bold">third item</span></a></li>
        <li class="item-1 active"><a href="link4.html">fourth item</a></li>
        <li class="item-0"><a href="link5.html">fifth item</a></li>
    </ul>
</div>
```

【示例 7-2】使用 HTML 文件初始化

```
1 from pyquery import PyQuery as pq          # 导入 PyQuery 模块
2 html_query = pq(filename='test.html')      # 通过 HTML 文件初始化
3 print(html_query('.item-0'))               # 输出指定属性内容
```

以上代码首先导入 PyQuery 模块,然后通过已经存在于当前目录的 HTML 文件 test.html 初始化一个 PyQuery 对象,最后输出所有 class 为.tem-0 的内容。将以上代码保存为 7-2.py,执行这个示例程序,其结果如图 7-8 所示。

图 7-8　使用文件初始化 PyQuery 对象

7.2.3　使用 URL 初始化

PyQuery 还支持使用 URL 初始化 PyQuery 对象。只需要在初始化时指定 URL 即可,其语法格式如下:

```
html_query = pq(url='http://www.baidu.com')
```

其中的 http://www.baidu.com 即为指定的 URL。这样的话,PyQuery 对象会首先请求这个 URL,然后用得到的 HTML 内容完成初始化,这其实就相当于用网页的源代码以字符串的形式传递给 PyQuery 类来初始化。

以上代码与下面的功能是完全相同的:

```
html_query = pq(requests.get('http:// www.baidu.com').text)
```

下面通过实例来演示如何使用 URL 地址来初始化 PyQuery 对象。

【示例 7-3】 使用 URL 初始化

```
1 from pyquery import PyQuery as pq                              # 导入 PyQuery 模块
2 html_query = pq(url='https://www.baidu.com',encoding="utf-8")# 通过 URL 初始化
3 print(html_query('title'))                                    # 输出标签<title>内容
```

以上代码导入 PyQuery 模块，然后通过网络 URL 初始化一个 PyQuery 对象。注意，这里还使用到了 encoding 参数，设置编码，可以保证正确获取内容。最后输出所有指定标签的内容。将以上代码保存为 7-3.py，执行这个示例程序，其结果如图 7-9 所示。

图 7-9　使用 URL 初始化 PyQuery 对象

7.3　CSS 筛选器的使用

PyQuery 最重要的一个作用是从页面中筛选出需要的内容，这时就可以使用其 CSS 筛选器。其使用方式非常简单，与 jQuery 类似，只需要传入相应的内容即可获取指定内容。这一节就来介绍 PyQuery CSS 筛选器的使用。

7.3.1　基本 CSS 选择器

由于 PyQuery 的语法与 jQuery 类似，在选择器方面，二者也有着极大的相似，甚至可以说是一致的。因此 PyQuery 中的选择器使用方法也与 jQuery 类似，具体内容如表 7-1 所示。

表 7-1　PyQuery基本语法表

表达式	例子	含义
.class	.color	选择 class=color 的所有元素
#id	#info	选择 id=info 的所有元素
*	*	选择所有元素
element	p	选择所有的 P 元素
element,element	div,p	选择所有 div 元素和所有 p 元素
element element	div p	选择 div 标签内的所有 p 元素
[attribute]	[target]	选择带有 target 属性的所有元素
[attribute=value]	[target=_blank]	选择 target=_blank 的所有元素

表 7-1 列出了基本的 CSS 选择器的筛选语法。下面通过一个示例来演示如何使用基本的 CSS 选择器。

【示例 7-4】基本 CSS 选择器的使用

```
1  from pyquery import PyQuery as pq      # 导入 PyQuery 模块
2  html ='''
3  <div id="container">
4      <ul class="list">
5          <li class="item-0">first item</li>
6          <li class="item-1"><a href="link2.html">second item</a></li>
7          <li class="item-0 active"><a href="link3.html"><span
8  class="bold">third item</span></a></li>
9          <li class="item-1 active"><a href="link4.html">fourth
10 item</a></li>
11         <li class="item-0"><a href="link5.html">fifth item</a></li>
12     </ul>
13 </div>
14 '''                                     # 定义字符串
15 html_query = pq(html)                   # 使用字符串初始化对象
16 re=html_query('#container .list li')
17 print(re)
18 print(type(re))
```

以上代码首先导入 PyQuery 模块，然后定义了一个包含 HTML 内容的字符串，之后使用字符串初始化一个 PyQuery 对象，传入了一个 CSS 选择器#container .list li，它的意思是先选取 id 为 container 的节点，再选取其内部 class 为 list 的节点内部的所有 li 节点。然后打印输出。可以看到，我们成功获取了符合条件的节点。最后，将它的类型打印输出。可以看到，它的类型依然是 PyQuery 类型。将以上代码保存为 7-4.py，执行这个示例程序，其结果如图 7-10 所示。

图 7-10　基本 CSS 选择器的使用

7.3.2　查找节点

下面我们介绍一些常用的查询方法，这些方法和 jQuery 中函数的用法完全相同，其中包括子节点的查找、子孙节点的查找、父节点的查找、祖先节点的查找、兄弟节点的查找等。

- children()：查找子节点，所有符合 CSS 选择器的节点。
- find()：查找子孙节点，所有符合 CSS 选择器的节点。
- parent()：查找父节点，所有符合 CSS 选择器的节点。
- parents()：查找父及以上节点，所有符合 CSS 选择器的节点。
- siblings()：查找同级兄弟节点，所有符合 CSS 选择器的节点。

以上方法的用法类似，为方法提供 CSS 选择器参数即可在指定位置查找符合条件的节点。

下面的示例将演示如何从子孙节点中查找符合条件的节点。

【示例 7-5】查找节点

```
1   from pyquery import PyQuery as pq          # 导入 PyQuery 模块
2   html ='''
3   <div id="container">
4       <ul class="list">
5           <li class="item-0">first item</li>
6           <li class="item-1"><a href="link2.html">second item</a></li>
7           <li class="item-0 active"><a href="link3.html"><span
8   class="bold">third item</span></a></li>
9           <li class="item-1 active"><a href="link4.html">fourth
10  item</a></li>
11          <li class="item-0"><a href="link5.html">fifth item</a></li>
12      </ul>
13  </div>
14  '''                                          # 定义字符串
15  html_query = pq(html)
16  items = html_query ('.list')
17  print(type(items))
18  print(items)
19  lis = items.find('li')
20  print(type(lis))
21  print(lis)
```

以上代码首先导入 PyQuery 模块，然后定义了一个包含 HTML 内容的字符串，之后通过字符串初始化一个 PyQuery 对象，传入了一个 CSS 选择器.list，它的意思是 class 为 list 的节点。然后打印输出。可以看到，我们成功获取了符合条件的节点。之后调用节点的 find()方法，再查找上一个结果下级的所有 li，最后将它的类型打印输出。可以看到，它的类型依然是 PyQuery 类型。将以上代码保存为 7-5.py，执行这个示例程序，其结果如图 7-11 所示。

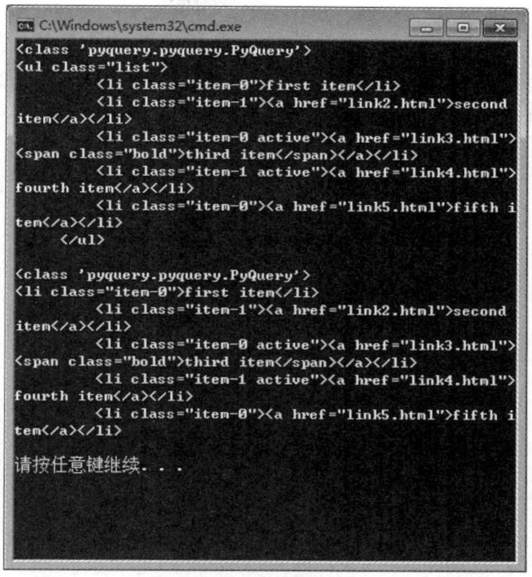

图 7-11　查找节点

除了 find 方法外，其他几个查找节点的使用方法与其类似。下面再通过几个简单的例子来说明。

【示例 7-6】查找子节点

```
1   from pyquery import PyQuery as pq           # 导入 PyQuery 模块
2   html ='''
3   <div id="container">
4      <ul class="list">
5          <li class="item-0">first item</li>
6          <li class="item-1"><a href="link2.html">second item</a></li>
7          <li class="item-0 active"><a href="link3.html"><span
8   class="bold">third item</span></a></li>
9          <li class="item-1 active"><a href="link4.html">fourth
10  item</a></li>
11         <li class="item-0"><a href="link5.html">fifth item</a></li>
12     </ul>
13  </div>
14  '''                                          # 定义字符串
15  html_query = pq(html)
16  items = html_query ('#container')
17  print(type(items))
18  print(items)
19  ul = items.children('.list')
20  print(type(ul))
21  print(ul)
```

以上代码使用字符串初始化一个 PyQuery 对象，传入了一个 CSS 选择器#container，它的意思是 ID 为 container 的节点。然后打印输出。可以看到，我们成功获取了符合条件的节点。之后调用节点的 children()方法，再查找上一个结果下级的所有 class 为 list 的子节点。将以上代码保存为 7-6.py，执行这个示例程序，其结果如图 7-12 所示。

图 7-12　查找子节点

【示例 7-7】查找父节点

```
1    from pyquery import PyQuery as pq          # 导入 PyQuery 模块
2    html ='''
3    <div id="container">
4        <ul class="list">
5            <li class="item-0">first item</li>
6            <li class="item-1"><a href="link2.html">second item</a></li>
7            <li class="item-0 active"><a href="link3.html"><span
8    class="bold">third item</span></a></li>
9            <li class="item-1 active"><a href="link4.html">fourth
10   item</a></li>
11           <li class="item-0"><a href="link5.html">fifth item</a></li>
12       </ul>
13   </div>
14   '''                                         # 定义字符串
15   html_query = pq(html)
16   items = html_query ('.bold')
17   print(type(items))
18   print(items)
19   li = items.parent()
20   print(type(li))
21   print(li)
```

以上代码先查找 class 为 bold 的节点，然后调用 parent()方法来获取该节点的父节点，并将内容输出。将以上代码保存为 7-7.py，执行这个示例程序，其结果如图 7-13 所示。

图 7-13　查找父节点

查看图 7-13 的执行结果可以看到，首先找到 class 为 bold 的节点，即<span>，然后查找该节点的父节点，即包含该<span>的上一级，也就是<a></a>超链接，输出了正确的内容。

7.3.3　遍历结果

查看前面的例子可以发现 PyQuery 的选择结果可能是多个节点，也可能是单个节点，类型都是 PyQuery 类型，并没有返回像 BeautifulSoup 那样的列表。

对于单个节点来说，可以直接打印输出，也可以直接转成字符串，即直接调用 str()函数将对象转化为字符串，代码如下：

```
str(pyquery.pyquery.PyQuery)
```

对于多个节点的结果，我们就需要通过遍历来获取。例如，要遍历每一个 li 节点，需要调用 items()方法，得到一个生成器，再遍历一下，就可以逐个得到 li 节点对象，它也是 PyQuery 类型的。每个 li 节点还可以调用前面所说的方法进行选择，比如继续查询子节点、寻找某个祖先节点等，非常灵活。

【示例 7-8】遍历结果

```
1   from pyquery import PyQuery as pq           # 导入 PyQuery 模块
2   html ='''
3   <div id="container">
4       <ul class="list">
5           <li class="item-0">first item</li>
6           <li class="item-1"><a href="link2.html">second item</a></li>
7           <li class="item-0 active"><a href="link3.html"><span
8   class="bold">third item</span></a></li>
9           <li class="item-1 active"><a href="link4.html">fourth
10  item</a></li>
11          <li class="item-0"><a href="link5.html">fifth item</a></li>
12      </ul>
13  </div>
14  '''                                          # 定义字符串
15  html_query = pq(html)
```

```
16    lis = html_query ('li').items()
17    for li in lis:                              # 遍历结果
18        print(li)
```

以上代码在筛选结果时，调用了 items()方法，该方法会返回一个生成器，遍历结果就会得到每一个内容。将代码保存为 7-8.py，执行这个示例程序，其结果如图 7-14 所示。

图 7-14 遍历结果

除了使用遍历之外，eq 方法可以通过索引拿到响应位置的节点，只需要为方法提供需要获取的索引即可。比如以下代码：

```
lis = doc('li').eq(0)
```

这样就表示获取第一个 li PyQuery 对象。

7.3.4 获取文本信息

获取对象往往不是我们最终的目的，爬虫的最终目的是获取相应的文本信息。比如获取超链接的目标 URL、标签中的文本等内容。这就需要调用对象获取属性的方法与调用获取文本信息的方法。

获取对象属性可以调用 attr()方法，为该方法提供属性名称即可获取相应的属性值。

【示例 7-9】获取对象的属性值

```
1    from pyquery import PyQuery as pq            # 导入 PyQuery 模块
2    html ='''
3    <div id="container">
4        <ul class="list">
5            <li class="item-0">first item</li>
6            <li class="item-1"><a href="link2.html">second item</a></li>
7            <li class="item-0 active"><a href="link3.html"><span
8    class="bold">third item</span></a></li>
9            <li class="item-1 active"><a href="link4.html">fourth
10   item</a></li>
11           <li class="item-0"><a href="link5.html">fifth item</a></li>
```

```
12          </ul>
13      </div>
14      '''                                        # 定义字符串
15      html_query = pq(html)
16      a = html_query ('a')                       # 获取所有超链接
17      for item in a.items():                     # 遍历结果
18          print(a.attr('href'))                  # 获取 href 属性值
```

以上代码获取所有超链接，并对结果进行遍历，然后调用 attr()方法获取每个超链接的 href 属性，并将其输出。将代码保存为 7-9.py，执行这个示例程序，其结果如图 7-15 所示。

图 7-15　获取属性

如果要获取标签中的文本信息，则可以调用 text()方法，该方法返回标签中的文本信息，并且去除其中的 HTML 内容。

如果要获取标签中含有 HTML 内容的文本信息，则可以调用 html()方法。下面通过实例比较一下二者返回内容的异同。

【示例 7-10】获取对象的文本信息

```
1    from pyquery import PyQuery as pq           # 导入 PyQuery 模块
2    html ='''
3    <div id="container">
4        <ul class="list">
5            <li class="item-0">first item</li>
6            <li class="item-1"><a href="link2.html">second item</a></li>
7            <li class="item-0 active"><a href="link3.html"><span
8    class="bold">third item</span></a></li>
9            <li class="item-1 active"><a href="link4.html">fourth
10   item</a></li>
11           <li class="item-0"><a href="link5.html">fifth item</a></li>
12       </ul>
13   </div>
14   '''                                          # 定义字符串
15   html_query = pq(html)
16   a = html_query ('[href="link3.html"]')       # 获取所有超链接
17   print(a.text())
18   print(a.html())
```

以上代码获取 href 为 link3.html 的节点，并分别调用 text()方法与 html()方法返回标签中的文本信息。将代码保存为 7-10.py，执行这个示例程序，其结果如图 7-16 所示。

图 7-16　返回对象文本信息

查看图 7-16 的执行结果，可以看到调用 text()仅返回纯文本内容，而 html()则返回了包含 HTML 的内容。在实际调用时，用户可以根据需要调用合适的方法来获取相应内容。

如果只包含一个节点，调用这两个方法就可以返回正确的内容。如果包含多个结果，就会出现这样的情况：html()方法返回的是第一个节点的内部 HTML 文本，而 text()则返回了所有节点内部的纯文本，中间用一个空格分隔开，即返回结果是一个字符串。

所以要注意，如果得到的结果是多个节点，并且想要获取每个节点的内部 HTML 文本，就需要遍历每个节点。而 text()方法不需要遍历就可以获取，它从所有节点获取到文本之后再将这些文本合并成一个字符串。

除了以上使用方法之外，PyQuery 还支持为页面 DOM 添加、删除属性等其他更复杂的 DOM 操作，由于在爬虫中用不到这样的功能，因此这里不再赘述，有兴趣的读者可以参阅更多资料自行研究。

7.4　PyQuery 爬虫实战一：爬取百度风云榜

百度风云榜以数亿网民的每日搜索行为作为数据基础，建立权威全面的各类关键词排行榜，引领热词阅读时代。观热点事件，看时尚风云，透过搜索洞悉世界，穿越时空把握流行。权威的数据，精确的统计，周全的分类，精彩的评点。时时刻刻天下大事一网打尽，分分秒秒风云变幻尽在眼前。

使用本章所学的 PyQuery 模块可以很方便地获取百度风云榜中用户搜索指数最高的内容，从而有需要地获取最新的资讯。

【示例 7-11】爬取百度风云榜

```
1    from pyquery import  PyQuery as pq
2    import requests
3    headers = {
4       "User-Agent":"Mozilla/5.0 (Windows NT 6.1; WOW64)
5    AppleWebKit/537.36 (KHTML, like Gecko) Chrome/63.0.3239.132
6    Safari/537.36"
7        }
8    url = "https://top.baidu.com"                           # 定义 URL
9    response = requests.request('get',url,headers=headers) # 发送请求
```

```
10    content_all = response.content.decode('gb2312')
11    doc = pq(content_all)                                          # 初始化对象
12    items = doc('#hot-list')                                       # 获取热搜列表
13    lists=items('.list-title').items()                             # 获取 URL 列表
14    for l in lists:
15        name=l.text()                                              # 获取热搜内容
16        print(name)                                                # 输出内容
```

以上代码调用 request 向指定 URL 发送请求，并将返回结果转换为 HTML 格式，然后通过 PyQuery 初始化一个对象，获取 id 为 hot-list 的内容，然后继续获取每个 li，并对结果进行遍历，并输出获取到的热搜索信息。

将以上代码保存为 7-11.py，执行这个示例程序，将会出现如图 7-17 所示的执行结果。

图 7-17　爬取百度风云榜

这里仅爬取了热搜名称，而没有其他有关信息。百度风云榜里面的内容相当丰富，不仅有总搜索热度排行，还按内容分门别类，有娱乐、人物、小说、社会热点、汽车、科技、生活、热搜等，其中不仅包括搜索内容，还有搜索指数。用户可以充分利用本章学习的爬虫技巧来获取更加详细的内容。

7.5　PyQuery 爬虫实战二：爬取微博热搜

微博是现在人们用得比较多的一个 App，而其中的热搜又能代表现在各种话题的流行趋势，通过该热搜榜可以了解现在最热门的话题，以及玩微博的年轻人最关心的问题。本节来介绍如何获取微博热搜内容。

【示例 7-12】爬取微博热搜

```
1    from pyquery import  PyQuery as pq
2    import requests
3    headers = {
4        "User-Agent":"Mozilla/5.0 (Windows NT 6.1; WOW64)
5    AppleWebKit/537.36 (KHTML, like Gecko) Chrome/63.0.3239.132
```

```
 6            Safari/537.36"
 7            }
 8  url = "https://s.weibo.com/top/summary"
 9  response = requests.request('get',url,headers=headers)
10  content_all = response.content.decode('utf-8')
11  doc = pq(content_all)                       # 实例化对象
12  items = doc('tbody')                        # 获取表格中的内容
13  content=items('.td-02').items()             # 获取热搜表项
14  for c in content:
15      name=c('a').text()                      # 获取链接中的文本
16      print(name)
```

以上代码定义需要访问的 URL，然后发送请求并返回结果，最后使用 PyQuery 对象从结果中获取相应的内容，遍历结果并输出。将以上代码保存为 7-12.py，执行这个示例程序，实现对网站的爬取，结果如图 7-18 所示。

图 7-18　爬取微博热搜

7.6　本章小结

本章主要介绍了 PyQuery 模块的用法、CSS 筛选器的使用，并通过两个实战的例子说明了如何使用 PyQuery 模块。通过对该章内容的学习，加上灵活运用 PyQuery 的种种方法，读者可以使用该模块轻松地爬取一个网站的有用信息，为实际的网络爬虫工作奠定坚实的基础。

第 8 章
◀ Selenium 模拟浏览器 ▶

Python 网络爬虫中最麻烦的不是那些需要登录才能获取数据的网站，而是那些通过 JavaScript 获取数据的站点。Python 对 JavaScript 的支持不太好，想用 Python 获取网站中 JavaScript 返回的数据，唯一的方法就是模拟浏览器。本章介绍一款可以模拟真实浏览器的模块——Selenium 模块。

8.1 安装 Selenium 模块

Selenium 是一套完整的 Web 应用程序测试系统，包含测试的录制（Selenium IDE）、编写及运行（Selenium Remote Control）和测试的并行处理（Selenium Grid）。Selenium 的核心 Selenium Core 基于 JsUnit，完全由 JavaScript 编写，因此可运行于任何支持 JavaScript 的浏览器上。

8.1.1 在 Windows 下安装 Selenium 模块

在 Windows 下安装 Selenium 模块还是采用最简单的 pip 安装方式，执行如下命令：

```
python -m pip install -U selenium
```

执行结果如图 8-1 所示。

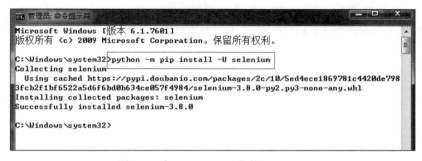

图 8-1　在 Windows 下安装 Selenium

在 Windows 下成功安装 Selenium，可以直接使用了。

8.1.2 在 Linux 下安装 Selenium 模块

在 Linux 下安装软件尽可能地使用 apt-get，这样便于管理软件，执行如下命令：

```
apt-get install python3-selenium
```

执行结果如图 8-2 所示。

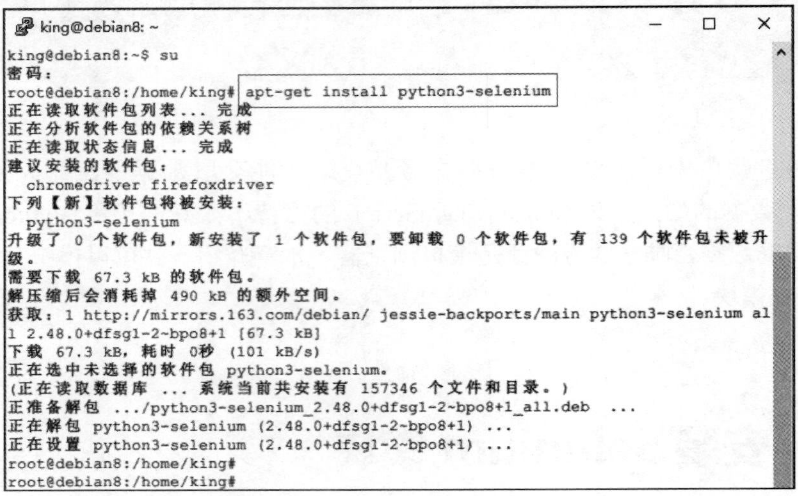

图 8-2 在 Linux 下安装 Selenium

在 Linux 下成功安装 Selenium。

8.2 浏览器选择

在编写 Python 网络爬虫时，主要用到 Selenium 的 Webdriver。Selenium.Webdriver 不可能支持所有的浏览器，也没必要支持所有的浏览器。实际上目前流行的浏览器核心也就是那么几种。先看看 Selenium.Webdriver 支持哪几种浏览器。

8.2.1 Webdriver 支持列表

查看模块的功能，既简单又方便的方法是直接使用 help 命令。打开"命令提示符"窗口，执行如下命令：

```
python
from selenium import webdriver
help(webdriver)
```

执行结果如图 8-3 所示。

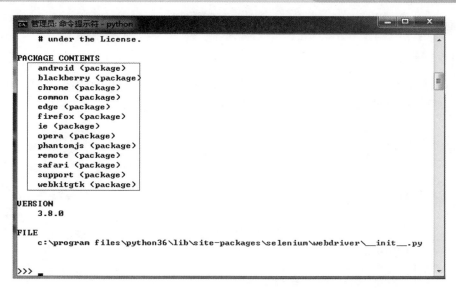

图 8-3 Webdriver 支持列表

在以上列表中，android 和 blackberry 是移动端的浏览器，可以先去掉。移动端的浏览器虽然也支持 JavaScript，但与 PC 端的浏览器根本是两回事。选项中的 common 和 support 也可以先去掉，剩下的选项只有 chrome、edge、firefox、ie、opera、phantomjs 和 safari 了。Chrome、Edge、Firefox、IE、Opera、Safari 是比较常见的浏览器，而 PhantomJS 则有些名不见经传。

PhantomJS 是一个基于 WebKit 的服务器端 JavaScript API。它全面支持 Web 而不需浏览器支持，且运行速度快，它以原生方式支持各种 Web 标准：DOM 处理、CSS 选择器、JSON、Canvas 和 SVG。PhantomJS 可以用于页面自动化、网络监测、网页截屏以及无界面测试等。

无界面意味着开销小，也意味着速度快。网上有人测试过，使用 Selenium 调用上面的浏览器，运行速度排名前三的分别是 PhantomJS、Chrome 和 IE（若是远程调用的话，HtmlUnit 速度才是最快的，但 HtmlUnit 对 JavaScript 的支持不太好）。PhantomJS 的开销小、速度快，对 JavaScript 的支持也不错。唯一的缺点是没有 GUI，但在服务器下运行程序时，这又成了优点。所以无须犹豫，就选 PhantomJS 了。事实上，在爬行 JavaScript 才能返回数据的网站时，没有比 Selenium 和 PhantomJS 更适合的组合了。

8.2.2 在 Windows 下安装 PhantomJS

PhantomJS 是一个基于 WebKit 的 JavaScript API。它使用 QtWebKit 核心浏览器，使用 WebKit 来编译解释执行 JavaScript 代码。任何基于 WebKit 浏览器做的事情，它都能做到。它是一个隐性的浏览器，提供诸如 CSS 选择器、DOM 操作、Web 测试、JSON、HTML 5 等功能，同时也提供了处理文件 I/O 的操作，从而使我们可以向操作系统读写文件。PhantomJS 的用处可谓非常广泛，诸如网络监测、网页截屏、无须浏览器的 Web 测试、页面访问自动化等。

（1）要安装 PhantomJS，需要访问其官方站点：

`http://phantomjs.org/download.html`

（2）根据计算机的操作系统选用相应的安装包进行下载，以 Windows 版本为例，下载类似 phantomjs-2.1.1-windows.zip 的文件，如图 8-4 所示。

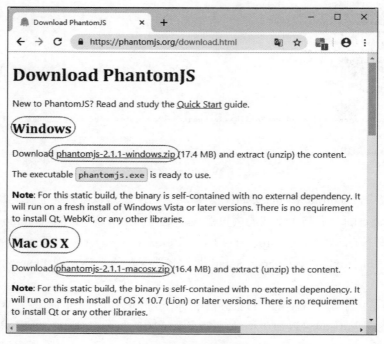

图 8-4　下载 PhantomJS

（3）将下载的压缩包进行解压，其目录结构如图 8-5 所示。

图 8-5　解压 PhantomJS 压缩包

（4）找到文件夹 bin 下 .exe 文件的路径，将该路径添加到系统 PATH 路径下，这样就可以直接在命令行中调用其中的 phantomjs.exe 命令。

> **说　明**
>
> 如何添加环境变量 PATH，这里不再赘述，读者可以自行搜索。

（5）在任意目录下执行 phantomjs.exe 命令，其结果如图 8-6 所示。

图 8-6　phantomjs 命令行窗口

（6）出现该窗口，就可以在该窗口中调试 JS 代码了，其结果如图 8-7 所示。

图 8-7　在 phantomjs 中调试 JS 代码

在 Windows 下的 PhantomJS 环境已配置好，可以直接使用了。

8.2.3　在 Linux 下安装 PhantomJS

打开 PhantomJS 官网的下载页面，选择合适的版本，使用迅雷下载，如图 8-8 所示。

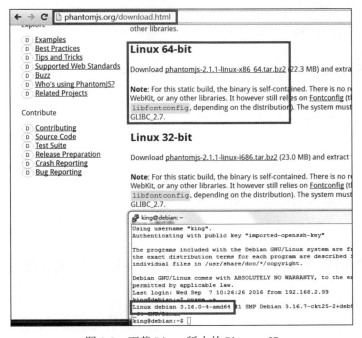

图 8-8　下载 Linux 版本的 PhantomJS

将下载好的压缩文件上传到 Linux 后解压缩,然后将可执行文件复制到系统路径 /usr/local/bin 文件夹下(Linux 的系统路径有很多,随意选择一个即可)。启动 Putty,连接到 Linux 上,执行如下命令:

```
tar jxvf phantomjs-2.1.1-linux-x86_64.tar.bz2 -C /usr/local/
ln -s phantomjs-2.1.1-linux-x86_64/bin/phantomjs /usr/local/bin/phantomjs
ls -l /usr/local/bin/
```

执行结果如图 8-9 所示。

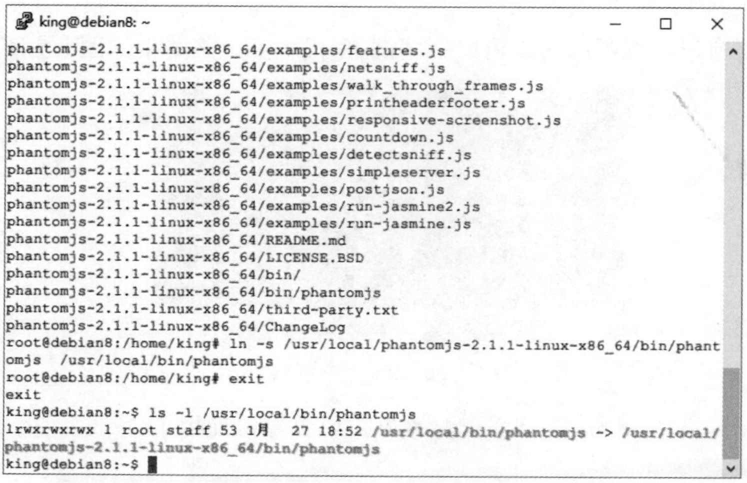

图 8-9　在 Linux 中设置 PhantomJS 环境

在 Python 环境中测试一下,执行如下命令:

```
python3
from selenium import webdriver
derver = webdriver.PhantomJS()
```

执行结果如图 8-10 所示。

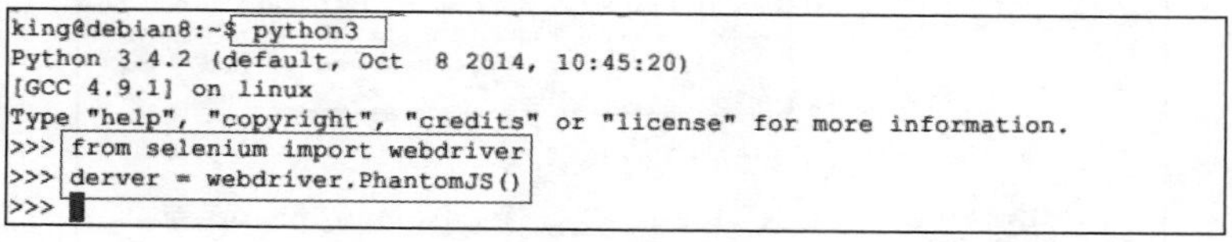

图 8-10　在 Linux 中测试 PhantomJS 环境

Linux 下的 PhantomJS 环境已配置好,可以直接使用了。

8.3 Selenium&PhantomJS 抓取数据

Selenium 和 PhantomJS 配合可以模拟浏览器获取包括 JavaScript 的数据。问题是本文是讲爬虫的,现在不单要获取网站数据,还需要筛选出"有效数据"才行。这里就不用麻烦

bs4 了（实际上非要用 bs4 也不是不可以），Selenium 本身就带有一套自己的定位筛选函数。它可以很方便地从网站返回的数据中筛选出所需的"有效数据"。

8.3.1　获取百度搜索结果

还是那句老话，想知道 Python 模块详细的用法，直接调用 help 函数就可以了。鉴于 Selenium.Webdriver 的 help 文件太大，分屏显示又不太方便，干脆将帮助文件保存到文件中慢慢查看。执行如下命令：

```
python
from selenium import webdriver
import sys
browser = webdriver.PhantomJS()
out = sys.stdout
sys.stdout = open('browserHelp.txt', 'w')
help(browser)
sys.stdout.close()
sys.stdout = out
browser.quit()
exit()
```

说　明
一定要加上 browser.quit()，否则 cmd.exe 在执行 exit 时无法退出。

执行结果如图 8-11 所示。

图 8-11　获取 help 文件

想要获取"有效信息",第一步当然是从网站获取搜索结果,第二步是定位"有效数据"的位置,第三步是从定位中获取"有效数据"。

以百度搜索为例,使用百度搜索"Python Selenium",并保存第一页搜索结果的标题和链接。从服务器返回数据,由 PhantomJS 负责,获取返回的数据用 Selenium.Webdriver 自带的方法 page_source,例如:

```
from selenium import webdriver
browser = webdriver.PhantomJS()
browser.get(URL)
html = browser.page_source
```

有两种方法可以得到搜索结果页面。第一种,百度主页还是使用 get 方式上传 request。这里可以先找一个浏览器,打开百度后搜索关键词。再把返回的搜索结果的 URL 保存下来,用 Selenium&PhantomJS 打开,再获取返回的数据。第二种,直接用 Selenium&PhantomJS 打开百度的主页,然后模拟搜索关键词。直接从 Selenium&PhantomJS 中返回数据。这里使用第二种方法可以很清楚地看到 Selenium&PhantomJS 获取数据的过程。

第一步获取搜索结果。启动 cmd.exe,准备好环境。执行命令:

```
python
from selenium import webdriver
browser = webdriver.PhantomJS()
browser.get('https://www.baidu.com')
browser.implicitly_wait(10)
```

执行结果如图 8-12 所示。

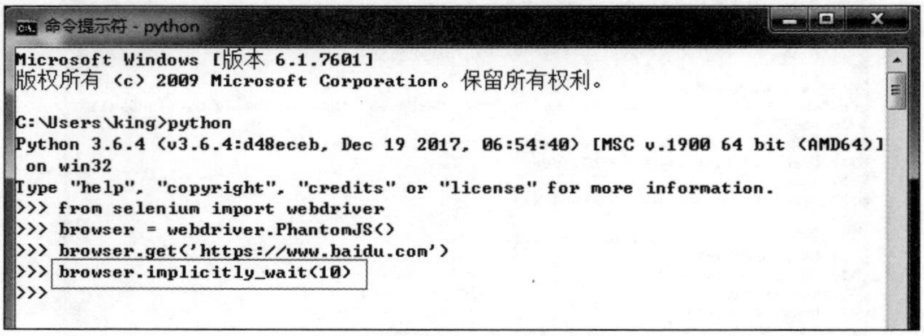

图 8-12　模拟百度搜索

这里要关注一个函数 implicitly_wait()。使用 Selenium&PhantomJS 最大的优势是支持 JavaScript,而 PhantomJS 浏览器解释 JavaScript 是需要时间的。这个时间是多少并不好确定,当然可以用 time.sleep() 强行休眠等待一个固定时间。这个固定的时间定长了,浪费时间;定短了,又不能完整地解释 JavaScript。Implicitly_wait 函数则完美地解决了这个问题,给 implicitly_wait 一个时间参数。Implicitly_wait 会智能等待,只要解释完成了就进行下一步,完全没有浪费时间。下面从网页的框架中选取表单框,并输入搜索的关键词,完成搜索的过程。

8.3.2 获取搜索结果

第二步是定位表单框架或"有效数据"的位置，可以用 import 导入 bs4 来完成，也可以用 Selenium 本身自带的函数来完成。Selenium 本身给出了 18 个函数，总共有 8 种方法从返回数据中定位"有效数据"的位置。这些函数分别是：

```
find_element(self, by='id', value=None)
find_element_by_class_name(self, name)
find_element_by_css_selector(self, css_selector)
find_element_by_id(self, id_)
find_element_by_link_text(self, link_text)
find_element_by_name(self, name)
find_element_by_partial_link_text(self, link_text)
find_element_by_tag_name(self, name)
find_element_by_xpath(self, xpath)

find_elements(self, by='id', value=None)
find_elements_by_class_name(self, name)
find_elements_by_css_selector(self, css_selector)
find_elements_by_id(self, id_)
find_elements_by_link_text(self, text)
find_elements_by_name(self, name)
find_elements_by_partial_link_text(self, link_text)
find_elements_by_tag_name(self, name)
find_elements_by_xpath(self, xpath)
```

这 18 个函数前面的 9 个带 element 的函数将返回第一个符合参数要求的 element，后面 9 个带 elements 的函数将返回一个列表，列表中包含所有符合参数要求的 element。明明是 9 个函数，为什么只有 8 种方法呢？上面的函数中，不带 by 的函数，配合参数可以替代其他的函数。例如，find_element(by='id', value='abc')就可以替代 find_element_by_id('abc')。同理，find_elements(by='id', value='abc')也可以替代 find_elements_by_id('abc')。

这 8 种定位方法组合应用，灵活配合，可以获取定位数据中的任何位置。在使用浏览器请求数据时，用 find_element_by_name、find_element_by_class_name、find_element_by_id、find_element_by_tag_name 会比较方便。一般的表单、元素都会有 name、class、id，这样定位会比较方便。如果仅仅是为了获取"有效数据"的位置，还是 find_element_by_xpath 和 find_element_by_css 比较方便。强烈推荐 find_element_by_xpath，真的是超级方便。

先定位文本框，输入搜索关键词并向服务器发送数据。在 Chrome 中打开百度主页，查看源代码页面（如果想全程无 GUI，也可以直接在 Selenium 中用 page_source 获取页面代码，保存后再慢慢搜索，不过这样就比较麻烦了）。在源代码页面搜索 type=text，也就是查找页面使用的文本框，搜索结果如图 8-13 所示。

图 8-13　搜索文本框位置

从图 8-13 可以看出文本框里有 class、name、id 属性，可以使用 find_element_by_class_name、find_element_by_id、find_element_by_name 来定位。执行如下命令：

```
textElement = browser.find_element_by_class_name('s_ipt')
textElement = browser.find_element_by_id('kw')
textElement = browser.find_element_by_name('wd')  # 这三个任选其一即可

textElement.clear()
textElement.send_keys('Python selenium')
```

回到 Chrome 中的百度源代码页面，搜索 type=submit，定位 submit 按钮位置，如图 8-14 所示。

图 8-14　搜索 submit 按钮

从图 8-14 可以看出，submit 按钮有 id、class 属性，可以用 find_element_by_class_name 和 find_element_by_id 定位。执行如下命令：

```
submitElement = browser.find_element_by_class_name('btn self-btn bg s_btn')
submitElement = browser.find_element_by_id('su')   #这两个任选一个
submitElement.click()

print browser.title
```

执行结果如图 8-15 所示。

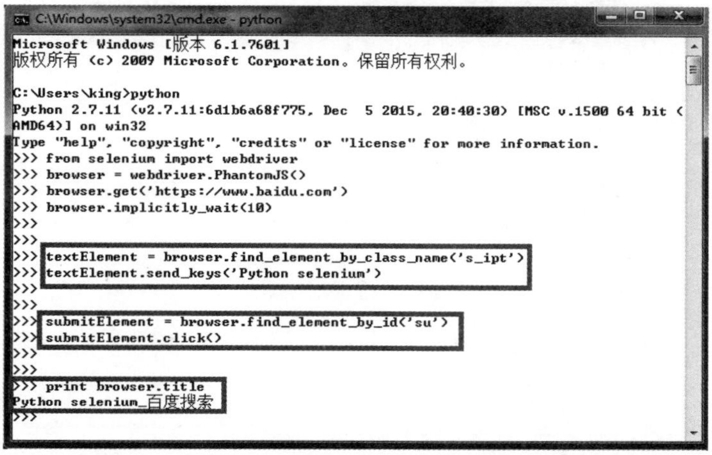

图 8-15 获取搜索结果

此时，browser 已经获取搜索的结果。

8.3.3 获取有效数据位置

第三步是从定位中获取"有效数据"位置（或者说是 element）。先定位搜索结果的标题和链接，再回到 Chrome 浏览器，在百度中搜索 python selenium，在搜索结果页面查看源代码。因为 Chrome 浏览器和 PhantomJS 浏览器返回的结果可能有所不同，这里只需要知道返回结果的大致结构，不需要完全一致。Chrome 浏览器搜索结果如图 8-16 所示。

图 8-16 Chrome 浏览器搜索结果

打开源代码页面,搜索第一个结果的标题 Selenium with Python,如图 8-17 所示。

图 8-17　搜索结果定位

在这里发现了一个比较特别的属性 class="c-tools",在代码中查找这个属性,如图 8-18 所示。

图 8-18　搜索 class 属性

发现共有 10 个结果,并且第二个搜索结果的标题和搜索页面中第二个搜索结果相同,再数一数百度搜索结果页面中总共有 10 个结果。可以确定所有的搜索结果中都包含有 class="c-tools"标签,可以使用 find_elements_by_class_name 定位所有的搜索结果。执行如下命令:

```
resultElements = browser.find_elements_by_class_name('c-tools')
len(resultElements)
```

执行结果如图 8-19 所示。

第 8 章 Selenium 模拟浏览器

```
C:\Windows\system32\cmd.exe - python
C:\Users\king>python
Python 2.7.11 (v2.7.11:6d1b6a68f775, Dec  5 2015, 20:40:30) [MSC v.1500 64 bit (
AMD64)] on win32
Type "help", "copyright", "credits" or "license" for more information.
>>> from selenium import webdriver
>>> browser = webdriver.PhantomJS()
>>> browser.get('https://www.baidu.com')
>>> browser.implicitly_wait(10)
>>>
>>> textElement = browser.find_element_by_class_name('s_ipt')
>>> textElement.send_keys('Python selenium')
>>>
>>> submitElement = browser.find_element_by_id('su')
>>> submitElement.click()
>>>
>>> print browser.title
Python selenium_百度搜索
>>>
>>> resultElements = browser.find_elements_by_class_name('c-tools')
>>> len(resultElements)
10
>>>
```

图 8-19 定位搜索结果

说 明
这里使用的是 find_elements，不是 find_element。定位多个结果时用 elements。

一般来说，定位结果用 find_element_by_xpath 或 find_element_by_css 比较方便，如果结果中有特殊的属性，用 find_element_by_class_name 也挺好，哪个方便就用哪一个。

8.3.4　从位置中获取有效数据

有效数据的位置确定后，如何从位置中筛选出有效的数据呢？一般是获取 element 的文字或者获取 Element 中某个属性值。Selenium 有自己独特的方法，分别是：

```
element.text

element.get_attribute(name)
```

回到 Chrome 浏览器搜索结果的源代码页面，如图 8-20 所示。

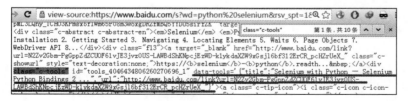

图 8-20 有效数据

所需的有效数据就是 data-tools 属性的值。执行如下命令：

```
value = resultElements[0].get_attribute('data-tools')
valueDic = eval(value)
print valueDic.get('title').decode('utf8')
print valueDic.get('url')
```

执行结果如图 8-21 所示。

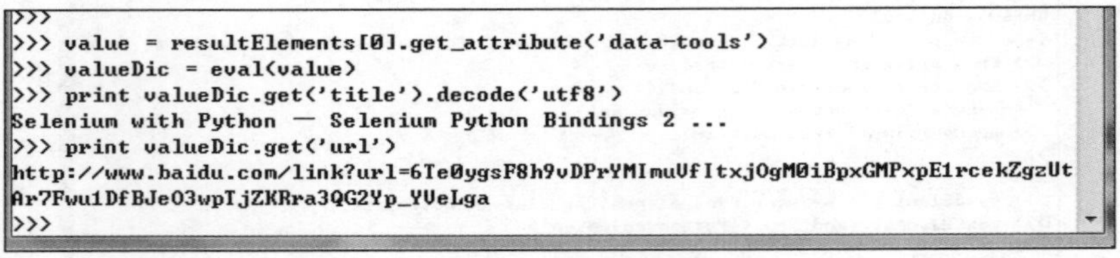

```
>>> value = resultElements[0].get_attribute('data-tools')
>>> valueDic = eval(value)
>>> print valueDic.get('title').decode('utf8')
Selenium with Python — Selenium Python Bindings 2 ...
>>> print valueDic.get('url')
http://www.baidu.com/link?url=6Te0ygsF8h9vDPrYMImuVfItxjOgM0iBpxGMPxpE1rcekZgzUt
Ar7Fwu1DfBJeO3wpTjZKRra3QG2Yp_YVeLga
>>>
```

图 8-21　获取有效数据

遍历 resultElements 列表，可以获取所有搜索结果的 title 和 url。至此，已将 Selenium&PhantomJS 爬虫运行了一遍。根据这个过程可以编写一个完整的爬虫。

8.4　Selenium&PhantomJS 实战一：获取代理

用 Selenium&PhantomJS 完成的网络爬虫，适合使用的情形是爬取有 JavaScript 的网站，但用来爬取其他的站点也一样给力。在 Scrapy 爬虫中有爬取代理服务器的例子，这里再以 Selenium&PhantomJS 爬取代理服务器为例，比较两者有什么不同。

8.4.1　准备环境

在 Scrapy 爬虫中获取了代理，需要自行验证代理是否可用。这次将在 www.kuaidaili.com 中获取已经验证好了的代理服务器。打开目标站点主页，如图 8-22 所示。

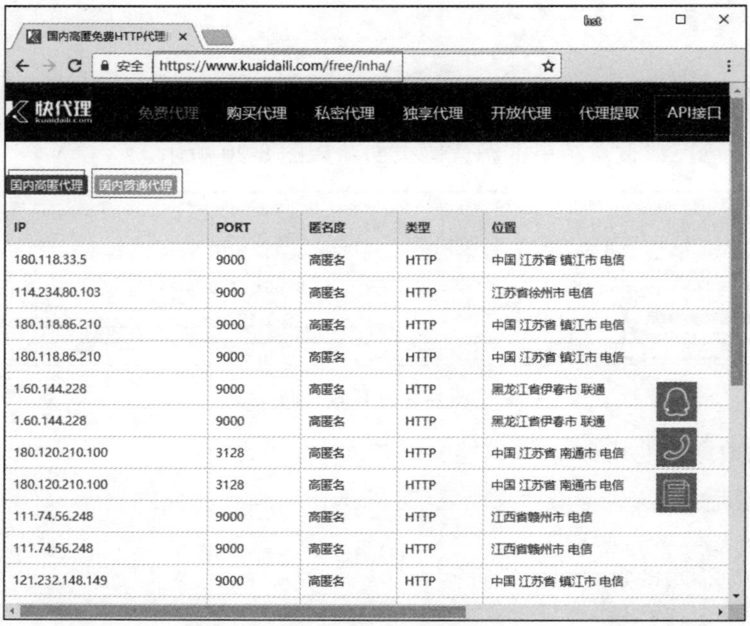

图 8-22　目标站点主页

最终需要获取的有效数据就是代理服务器。从中可以看出网站也给出了 API 接口。从好的方面想，有现成的 API 接口获取代理服务器会更加方便；但从坏的方面考虑，因为本身就有 API 接口，所以限制爬虫恐怕就更加方便了。

单击 API 接口的链接查看一下，如图 8-23 所示。

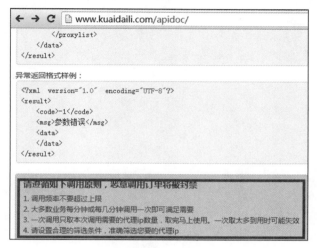

图 8-23　API 限制条件

还好，限制的条件不多，无须添加复杂的反爬虫。下面准备爬虫项目环境，启动 Putty，连接登录 Linux，进入爬虫项目目录，执行如下命令：

```
mkdir -pv selenium/kuaidaili
cd $_
```

执行结果如图 8-24 所示。

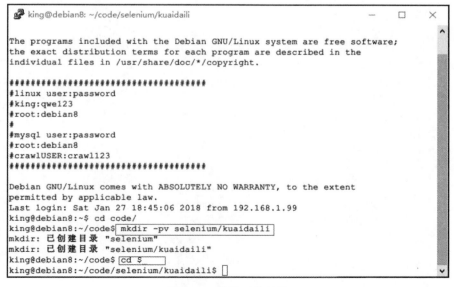

图 8-24　准备工作目录

下面就可以在该目录下编写爬虫文件 getProxyFromKuaidaili.py 了。

8.4.2 爬虫代码

【示例 8-1】getProxyFromKuaidaili.py 的代码如下：

```python
#!/usr/bin/env python3
#-*- coding: utf-8 -*-
__author__ = 'hstking hst_king@hotmail.com'


from selenium import webdriver
from myLog import MyLog as mylog
import codecs

pageMax = 10          # 爬取的页数
saveFileName = 'proxy.txt'

class Item(object):
    ip = None              # 代理 IP 地址
    port = None            # 代理 IP 端口
    anonymous = None       # 是否匿名
    protocol = None        # 支持的协议 HTTP 或 HTTPS
    local = None           # 物理位置
    speed = None           # 测试速度
    uptime = None          # 最后测试时间

class GetProxy(object):
    def __init__(self):
        self.startUrl = 'https://www.kuaidaili.com/free'
        self.log = mylog()
        self.urls = self.getUrls()
        self.proxyList = self.getProxyList(self.urls)
        self.fileName = saveFileName
        self.saveFile(self.fileName, self.proxyList)

    def getUrls(self):
        urls = []
        for word in ['inha', 'intr']:
            for page in range(1, pageMax + 1):
                urlTemp = []
                urlTemp.append(self.startUrl)
                urlTemp.append(word)
                urlTemp.append(str(page))
                urlTemp.append('')
```

```
40                url = '/'.join(urlTemp)
41                urls.append(url)
42        return urls
43
44
45    def getProxyList(self, urls):
46        proxyList = []
47        item = Item()
48        for url in urls:
49            self.log.info('crawl page :%s' %url)
50            browser = webdriver.PhantomJS()
51            browser.get(url)
52            browser.implicitly_wait(5)
53            elements = browser.find_elements_by_xpath('//tbody/tr')
54            for element in elements:
55                item.ip = element.find_element_by_xpath('./td[1]').text
56                item.port = element.find_element_by_xpath('./td[2]').text
57                item.anonymous = element.find_element_by_xpath('./td[3]').text
58                item.protocol = element.find_element_by_xpath('./td[4]').text
59                item.local = element.find_element_by_xpath('./td[5]').text
60                item.speed = element.find_element_by_xpath('./td[6]').text
61                item.uptime = element.find_element_by_xpath('./td[7]').text
62                proxyList.append(item)
63                self.log.info('add proxy %s:%s to list' %(item.ip, item.port))
64            browser.quit()
65        return proxyList
66
67    def saveFile(self, fileName, proxyList):
68        self.log.info('add all proxy to %s' %fileName)
69        with codecs.open(fileName, 'w', 'utf-8') as fp:
70            for item in proxyList:
71                fp.write('%s \t' %item.ip)
72                fp.write('%s \t' %item.port)
73                fp.write('%s \t' %item.anonymous)
74                fp.write('%s \t' %item.protocol)
75                fp.write('%s \t' %item.local)
76                fp.write('%s \t' %item.speed)
77                fp.write('%s \r\n' %item.uptime)
78
79
80 if __name__ == '__main__':
81    GP = GetProxy()
```

按 Esc 键，进入命令模式后输入:wq 保存结果，再将之前项目中用过的 myLog.py 复制到当前目录下。查看当前目录，执行如下命令：

```
tree
```

执行结果如图 8-25 所示。

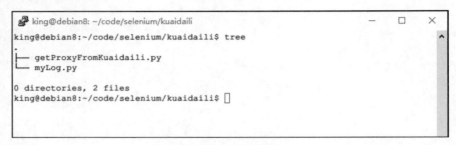

图 8-25 显示目录文件

运行爬虫文件，执行如下命令：

```
python3 getProxyFromKuaidaili.py
tree
```

执行结果如图 8-26 所示。

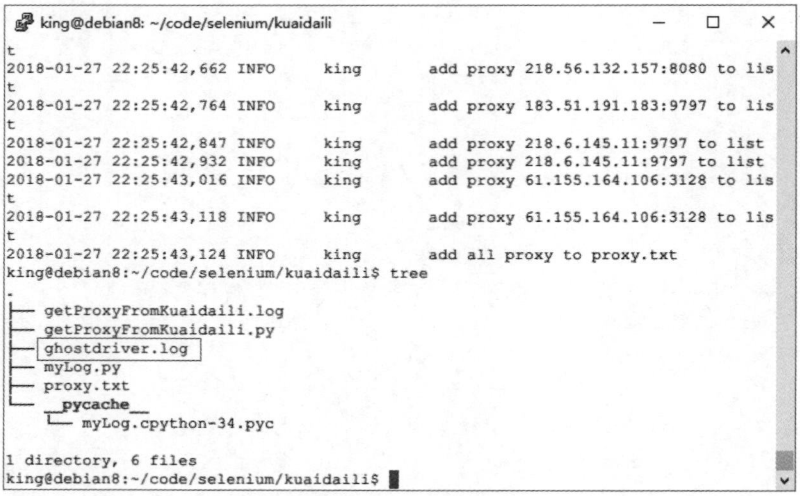

图 8-26 运行爬虫

这里的 getProxyFromKuaidaili.log 是用户定义的日志文件。Proxy.txt 是最终得到的结果。Ghostdriver.log 是运行 PhantomJS 的日志文件。

8.4.3 代码解释

示例 8-1 这个爬虫程序本身并不复杂。第 6~8 行是导入所需的模块，其中 myLog 模块是自定义模块，也就是后来复制到当前目录的 myLog.py 文件。

第 10、11 行定义了两个全局变量。变量在类中定义也可以，在这里定义是为了修改起来方便。

第 13~20 行定义了一个 Item 类。这个类的作用是为了便于加载爬虫获取的数据，基本包含了网页中的所有项。

第 22~77 行定义了一个从 kuaidaili 站点中获取 proxy 的类。这个类包含 3 个类函数。getUrls 函数用于返回一个列表，这个列表包含所有有效数据的网页地址。getProxyList 函数从网页中获取有效数据，并保存到一个列表中。最后的 saveFile 函数将所有列表中的数据保存到文件中。

8.5 Selenium&PhantomJS 实战二：漫画爬虫

Selenium&PhantomJS 可以说是专为 JavaScript 而生的。从前面的项目中已经熟悉了 Selenium&PhantomJS 的用法。本节学习使用 Selenium&PhantomJS 获取 JavaScript 返回的数据。一般来说，网站上用 JavaScript 返回数据主要是为了美观，第二个目的是增加爬虫的难度。这里只是讨论技术实现的手段，请遵循"不作恶"的原则，不要侵犯他人的知识产权。

8.5.1 准备环境

一般来说，在线看漫画的网站都会使用 JavaScript 来返回页面，直接在页面上贴出图片的下载地址，稍微有点常识的程序员都不会这么做，那完全是在测试访问者的人品。在 Chrome 中打开百度，搜索在线漫画，如图 8-27 所示。

图 8-27　寻找目标站点

第一个搜索结果已经很明确地提出了"禁止下载"，所以我们看第二个。打开第二个搜索结果，如图 8-28 所示。

图 8-28　选取目标

任选一个目标就可以，这里选取第一个漫画。打开漫画浏览页面，如图 8-29 所示。

图 8-29　爬虫起始页面

这个爬虫将在 Windows 下使用 Eclipse 完成。启动 Eclipse，新建 PyDev Project，项目名为 getCartoon。

8.5.2 爬虫代码

在 getCartoon 项目中创建一个 PyDev Module，名字为 cartoon1.py。

【示例 8-2】cartoon1.py 的代码如下：

```python
#!/usr/bin/evn python3
#-*- coding: utf-8 -*-
'''
Created on 2016年9月10日

@author: hstking hst_king@hotmail.com
'''

from selenium import webdriver
from mylog import MyLog as mylog
import os
import time

class GetCartoon(object):
    def __init__(self):
        self.startUrl = u'http://www.1kkk.com/ch1-406302/'
        self.log = mylog()
        self.browser = self.getBrowser()
        self.saveCartoon(self.browser)

    def getBrowser(self):
        browser = webdriver.PhantomJS()
        try:
            browser.get(self.startUrl)
        except:
            mylog.error('open the %s failed' %self.startUrl)
        browser.implicitly_wait(20)
        return browser

    def saveCartoon(self, browser):
        cartoonTitle = browser.title.split('_')[0]
        self.createDir(cartoonTitle)
        os.chdir(cartoonTitle)
        sumPage = int(self.browser.find_element_by_xpath('//font[@class="zf40"]/span[2]').text)
        i = 1
        while i<=sumPage:
            imgName = str(i) + '.png'
            browser.get_screenshot_as_file(imgName)
            self.log.info('save img %s' %imgName)
            i += 1
            NextTag = browser.find_element_by_id('next')
            NextTag.click()
#            browser.implicitly_wait(20)
```

```
45              time.sleep(5)
46          self.log.info('save img success')
47          exit()
48
49      def createDir(self, dirName):
50          if os.path.exists(dirName):
51              self.log.error('create directory %s failed, have a same name file or directory' %dirName)
52          else:
53              try:
54                  os.makedirs(dirName)
55              except:
56                  self.log.error('create directory %s failed' %dirName)
57              else:
58                  self.log.info('create directory %s success' %dirName)
59
60
61  if __name__ == '__main__':
62      GC = GetCartoon()
```

再将之前项目中的 mylog.py 复制到项目中（Linux 中复制的是 myLog.py，实际上是一个文件，只不过 Windows 下不区分字母大小写而已）。单击 Eclipse 图标栏的运行图标，执行结果如图 8-30 所示。

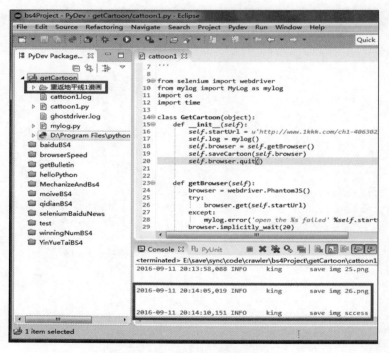

图 8-30　运行爬虫 Cartoon1.py

日志文件显示操作成功，项目中也得到了漫画的目录。打开下载的漫画目录，如图 8-31 所示。

图 8-31　获取的结果

最终保存的结果不是单纯的漫画,而是整个页面的截图。

8.5.3　代码解释

示例 8-2 这个爬虫不长,才 60 多行。第 9~12 行是导入所需的模块。第 14~58 行是爬虫类,这个爬虫类只有 3 个类函数。

第 22~29 行是类函数 getBrowser 的原型,它的作用是返回一个 browser 对象。这里稍微要注意点的是 browser.implicitly_wait(20),它的作用是设定了智能等待的最长时间。

第 31~47 行是类函数 saveCartoon。这个函数将从网站中获取图片,并保存到新建立的文件夹中。文件夹的名字是从网页的 title 中获取的。从网页中获取了这个漫画的总页数,因为这个漫画在最后一页(第 26 页)还是有"下一页"按钮,没办法通过是否存在"下一页"按钮来确定是不是最后一页,所以必须先获取这个漫画的总页数。Seleniuim&PhantomJS 解释了页面的 JavaScript,也将解释后得到的图片显示在浏览器上了,但这个站点在防盗链上做得很到位,只要在页面上执行一次刷新操作,网站就判为盗链,显示出防止盗链的图片,并且得到的图片链接地址也无法下载,所以最简单的方法就是对整个页面进行截图。好在 Selenium 本身就有截图工具,还算方便。另外,在 NextTag.click()之后使用的并不是 Selenium 的智能等待 implicitly_wait,而是 time.sleep,因为 implicitly_wait 对 NextTag.click() 并不起作用,反而是使用 time.sleep 的效果比较好。

第 49~58 行是类函数 createDir,作用是创建一个目录。为了防止有同名的目录,先在函数内做出判断。

这个爬虫虽然将漫画全部保存下来了，但也把页面上多余的部分保存了，略有瑕疵。如果想追求完美，那么可以通过其他的模块将所需的漫画裁剪下来。

8.6 本章小结

Selenium&PhantomJS 爬虫功能很强，但效率并不高。对访问者限制不严格的网站，一般不建议使用 Selenium&PhantomJS 爬虫。仅仅对那些通过 JavaScript 返回有效数据的网站，Selenium&PhantomJS 爬虫效果还不错，如果没有更好、更方便的选择，这可能是最好的方案了。

第 9 章

◀ PySpider框架的使用 ▶

PySpider 爬虫框架是一个由国人设计开发的 Python 爬虫框架。与其他爬虫框架不同的是，PySpider 不需要任何编辑器或者 IDE 的支持。它直接在 Web 界面，以浏览器来编写调试程序脚本。在浏览器上运行、起停、监控执行状态、查看活动历史、获取结果。PySpider 支持 MySQL（MariaDB）、MongoDB、SQLite 等主流数据库，支持对 JavaScript 的页面抓取（也是靠 PhantomJS 的支持），重要的是它还支持分布式爬虫的部署，是一款功能非常强大的爬虫框架。PySpider 上手比较简单，但想深入了解是要花点工夫的。

9.1 安装 PySpider

在正式使用 PySpider 前，这一节先来介绍如何安装 PySpider。由于 PySpider 基于 PhantomJS，如果读者还没有安装 PhantomJS，可参考第 8 章。

9.1.1 安装 PySpider

在 Windows 中安装 PySpider 采用比较简单的 pip 安装。由于 pip 默认下载源在国外，而 PySpider 内容又较多，使用常规安装会比较慢，所以这里配置一下 pip 源，可以加快下载及安装进度，所谓磨刀不误砍柴功。

（1）打开计算机资源管理器（或者我的电脑），在地址栏输入"%APPDATA%"会进入系统环境变量定义的系统文件夹，如 C:\Users\Administrator\AppData\Roaming。

（2）进入此文件夹之后，在该文件夹下创建一个名为 pip 的文件夹，然后进入该文件夹。

（3）在 pip 文件夹中创建一个名为 pip.ini 的配置文件，在其中添加如下内容：

```
[global]
timeout = 6000
http://mirrors.aliyun.com/pypi/simple/
trusted-host = mirrors.aliyun.com
```

保存 pip.ini 文件。这里使用了阿里云的镜像，国内还有很多镜像服务器，选择其中一个即可。这样就完成了对 pip 源的配置，之后即可开始 PySpider 的安装过程。

（4）执行 pip 安装命令：

```
pip install pyspider
```

执行结果如图 9-1 所示。图中出现错误，说明还缺少类库 PycURL。

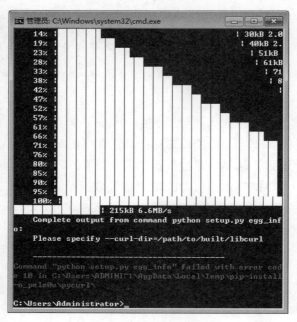

图 9-1　安装 PySpider

说　　明
PycURL 是一个 Python 接口，它是多协议文件传输库的 LIbCURL。类似于 URLLIB Python 模块，PycURL 可以用来从 Python 程序获取 URL 所标识的对象。然而，除了简单的获取外，PycURL 公开了 LIbCURL 的大部分功能，包括：速度非常快，比请求快几倍，还有多协议支持、SSL、身份验证和代理选项。PycURL 支持大多数 LBCURL 的回调，用于网络操作的套接字时，允许将 PycURL 集成到应用程序的 I/O 循环中（例如使用 TrnADO）。

（5）在安装 PySpider 前还需要安装 PycURL，这里需要注意，直接使用 pip 命令安装 PycURL 会出错，所以这里采用 whl 文件的方式进行安装。到以下网址：

```
http://www.lfd.uci.edu/~gohlke/pythonlibs/
```

下载相应的 whl 文件。

注　　意
由于 Python 的内部机制问题，不同的版本支持的 whl 文件类型是不同的，如果选用了不支持的 whl 文件，就会造成安装失败。为了避免这种情况，需要先查看一下自己的 Python 支持哪种类型的 whl 文件。

（6）进入 Python 环境，在 Python 命令中输入以下内容：

```
import pip._internal
print(pip._internal.pep425tags.get_supported())
```

其中第一句是导入相应的库，第二句是输出所支持的类型，其结果如图 9-2 所示。

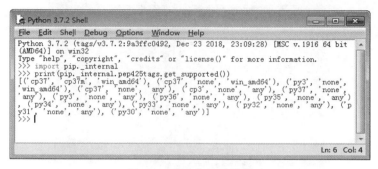

图 9-2 获取支持的类型

（7）查看图 9-2 的结果可以发现，此时需要下载 cp37 以及 win_amd64 一类的 whl 文件。所以，这里下载 pycurl-7.43.0.3-cp37-cp37m-win_amd64，将文件下载到本地。

（8）执行 pip 命令进行安装：

```
pip install d:\pycurl-7.43.0.3-cp37-cp37m-win_amd64.whl
```

因为这里笔者将 whl 文件放置在 D 盘根目录下，所以使用这样的命令，根据读者自己的机器情况，添加绝对路径即可。执行命令后，结果如图 9-3 所示。

图 9-3 安装 pycurl

（9）图 9-3 表示成功安装 pycurl。这时重新执行 PySpider 的安装命令：

```
pip install pyspider
```

执行结果如图 9-4 所示。

图 9-4　安装 PySpider

查看图 9-4 的结果可以发现，经过一番努力，终于成功安装了 PySpider，现在就可以正常使用 PySpider 了。

（10）不过这里还有一个新的问题，当用户输入 pyspider 命令时，有可能会出现错误提示，如图 9-5 所示。

图 9-5　pyspider 命令运行出错

出现这样的问题，原因是 Python 3 中的 async 已经变成了关键字，因此才会出现这个错误。修改方式是手动替换下面位置的 async，改为 mark_async。

```
pyspider/run.py 的 231 行、245 行（两个）、365 行
pyspider/webui/app.py 的 95 行
pyspider/fetcher/tornado_fetcher.py 的 81 行、89 行（两个）、95 行、117 行
```

就是 C:\Program Files\Python3X\Lib\site-packages\pyspider 目录下的对应文件，根据上面的内容将相应文件中的内容进行替换并保存。

（11）再次尝试运行 pyspider 命令，有可能会出现如图 9-6 所示的错误提示信息。

图 9-6　PySpider 出错

这里出现了新的错误提示信息：

```
Deprecated option 'domaincontroller': use 'http_authenticator.domain_controller' instead
```

解决方法：找到 PySpider 安装位置 C:\Program Files\Python3X\Lib\site-packages\pyspider：

pyspider /webui/webdav.py

修改该文件的第 209 行，将：

'domaincontroller': NeedAuthController(app),

替换为：

'http_authenticator':{
'HTTPAuthenticator':NeedAuthController(app),
},

修改之后，保存文件，完成操作。

（12）下面再次尝试启动 PySpider，将会出现如图 9-7 所示的结果。

图 9-7　启动 PySpider

可以看到，此时已经成功启动了 PySpider，并且启用了 5000 端口。这时如果使用浏览器打开本机 IP:5000，就能看到如图 9-8 所示的 PySpider 控制台。

提　示
如果不知道本机的 IP 地址，那么可以在"命令提示符"窗口的命令行中输入 ipconfig 命令进行查看。

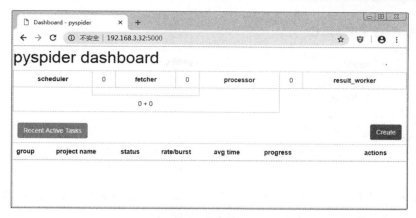

图 9-8　PySpider 控制台

之后就可以使用 PySpider 进行爬虫操作了。

9.1.2　使用 PyQuery 测试

在前面的章节中曾讲解过 CSS 选择器和 XPath 选择器，在 PySpider 爬虫中继续使用 CSS 和 XPath 也是可以的。但 PySpider 框架自备了 PyQuery 选择器（在安装 PySpider 时，PyQuery 会自动安装），并在框架中为 PyQuery 准备了提示接口。PyQuery 选择器与 CSS 和 XPath 一样强大，同样支持嵌套定位。在 PySpider 框架中不妨试用一下 PyQuery，至于最终选择哪一个选择器，视个人习惯而定。

PyQuery 选择器不仅可以选择筛选有效信息，还可以修改原文中的标签属性，但在爬虫中只需要选择筛选这一功能就足够了。PyQuery 选择定位非常简单，常用的是通过标签配合标签属性和属性值定位（一般来说通过标签定位就足够了），偶尔也有直接通过标签属性或者标签属性值来定位。

【示例 9-1】编写一个简单的网页 song.html 进行测试，song.html 的代码如下：

```
<html>
    <title>song</title>
<body>
    <h1 id='001'>Adele Music</h1>
    <ul>
        <li album='21'>Someone like you</li>
        <li album='25'>Hello</li>
        <li album='21'>Rolling in the deep</li>
        <li album='21'>Set fire to the rain</li>
    </ul>
</body>
</html>
```

在浏览器中打开该页面并显示源代码，如图 9-9 所示。

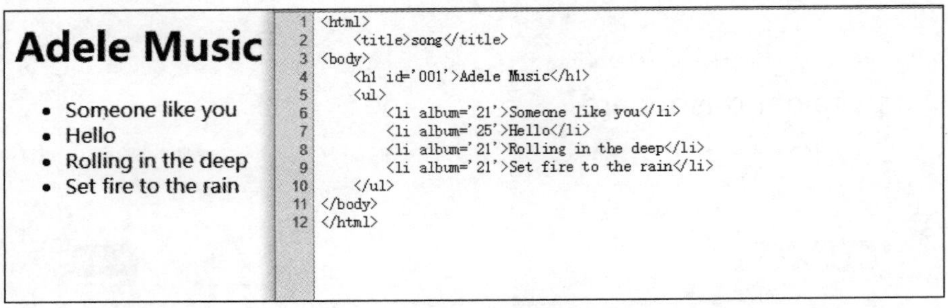

```
1   <html>
2       <title>song</title>
3   <body>
4       <h1 id='001'>Adele Music</h1>
5       <ul>
6           <li album='21'>Someone like you</li>
7           <li album='25'>Hello</li>
8           <li album='21'>Rolling in the deep</li>
9           <li album='21'>Set fire to the rain</li>
10      </ul>
11  </body>
12  </html>
```

图 9-9 示例文件 song.html

PyQuery 中的定位与 CSS 有些类似，使用 PyQuery 初始化对象后，直接在对象内对标签名进行定位（正常主流的定位方法）。如果只需要标签内的文字，使用 PyQuery 定位后再调用 text 函数解析出来即可，在示例文件的当前目录下打开终端（或者打开终端后再进入示例文件的当前目录），进入 Python，执行如下命令：

```
//pyquery1.py
from pyquery import PyQuery
doc =PyQuery(filename='song.html')
print(doc)
print(doc('li[album = "25"]').text())
print(doc('h1').text())
print(doc('title').text())
```

以上代码使用 PyQuery 载入一个 HTML 文件，并通过类似 jQuery 的方法获取相应内容，执行代码，其结果如图 9-10 所示。

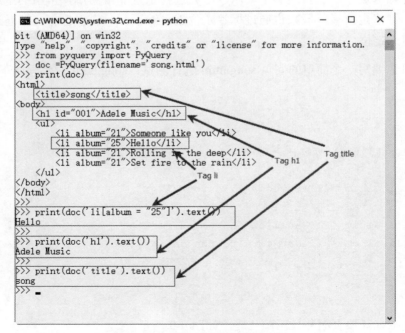

图 9-10 PyQuery 定位后获取正文

有时爬虫所需的信息是隐藏在标签属性值中的，这时就需要 attr 函数了，继续在终端中执行如下命令：

```
print(doc('h1').attr.id)
print(doc('li[album = "21"]').attr.album)
subTags = doc('li[album = "21"]').items()
for subTag in subTags:
    print(subTag.attr.album)
```

执行结果如图 9-11 所示。

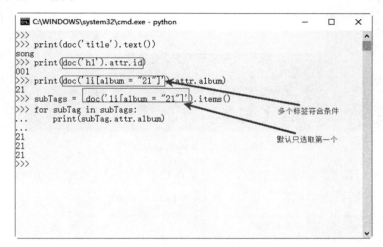

图 9-11　PyQuery 定位后获取属性值

提　示
在定位时如果有多个标签符合条件，默认情况下只会选取第一个符合条件的标签。

对于爬虫而言，掌握了定位、获取正文和获取属性值基本就足够用了。虽然 PyQuery 还有很大的潜力可挖，但对网络爬虫没有什么意义。

9.2　PySpider 实战一：优酷影视排行

PySpider 爬虫框架上手比较简单，即使没有使用过其他的爬虫框架，只要略通 Python，就可以很方便地创建爬虫。第一个 PySpider 爬虫，选择一个简单的目标，即爬取优酷影视中的热剧榜单。

9.2.1　创建项目

根据提示在浏览器中打开 PySpider 的 WebUI（PySpider 控制台）。0.0.0.0:5000 在浏览器中可以用 IP:5000 来打开（前面图 9-8 已经介绍过了）。

（1）单击 Create 按钮，开始创建 PySpider 项目，如图 9-12 所示。

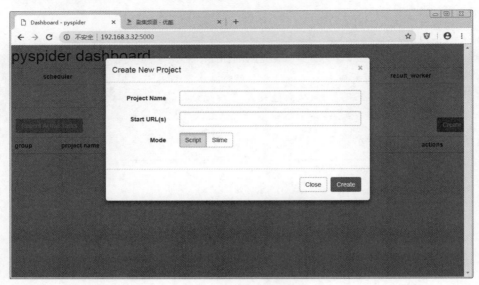

图 9-12 创建 PySpider 项目

（2）在这里只需要填入两个参数：一个是项目名称；另一个是起始网址。在浏览器中打开优酷的主页，并转移到"剧集"分页，如图 9-13 所示。

图 9-13 优酷电视剧热剧榜

（3）现在回到 PySpider 控制台，网址填写上面优酷电视剧的页面地址 tv.youku.com，项目名称可以填写 youkuHotTvList。最终的目标是爬取当前热剧榜单的排名、电视名以及播放次数。将项目名和起始网址填入刚创建的 PySpider 项目中，如图 9-14 所示。

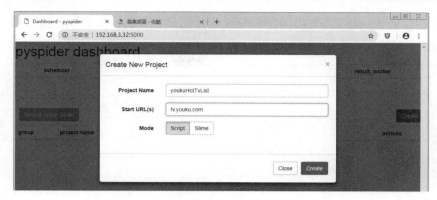

图 9-14　创建项目

（4）单击 Create 按钮，名字为 youkuHotTvList 的 PySpider 爬虫项目已经创建完毕。

9.2.2　爬虫编写一：使用 PySpider+PyQuery 实现爬取

现在 youkuHotTvList 项目将进入调试模式，在这个模式中可以调整修改 PySpider 默认的代码，并测试代码效果，如图 9-15 所示。

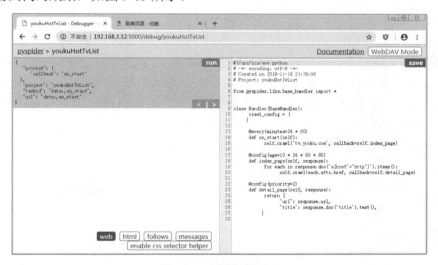

图 9-15　创建好的项目

此时页面被分为两个区：左边是页面预览区，右边是代码编写区。在代码编辑区 PySpider 框架给出了最初的代码。只需要继续往代码中填空就可以完成这个爬虫了。

先来看看 PySpider 给出的爬虫代码是怎样运作的，默认代码中只有一个类，包含 3 个类函数（都是装饰函数）。在 on_start 函数中载入了在创建爬虫时输入的起始网址，然后通过回调函数调用 index_page 函数。index_page 函数的作用是解析出起始网址中所有的 HTTP 链接，然后使用回调函数调用 detail_page 函数来处理这些链接。而 detail_page 函数返回解析得到的网址以及网址的标题文本。

下面来测试一下。

（1）单击页面代码编辑区右上角的"save"按钮保存代码，然后单击页面预览区右上角的"run"按钮开始运行，如图 9-16 所示。

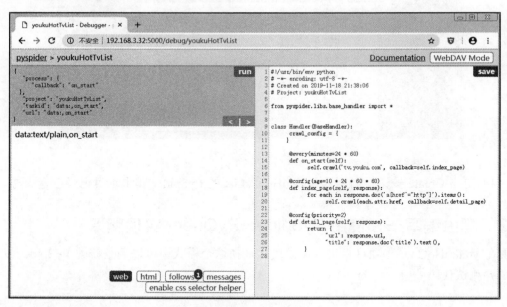

图 9-16　运行默认代码

（2）默认代码运行后在页面预览区下方的"follows"按钮上出现了一个圆形图标，图标上标示的数字用于提示程序需要解析多少个页面。在默认的代码中只有一个起始的网址，所以这里显示的是 1，从页面预览区的上半部分可以看出，此时执行的是 on_start 函数。

（3）继续进行下一步，单击页面预览区下方的"follows"按钮，如图 9-17 所示。

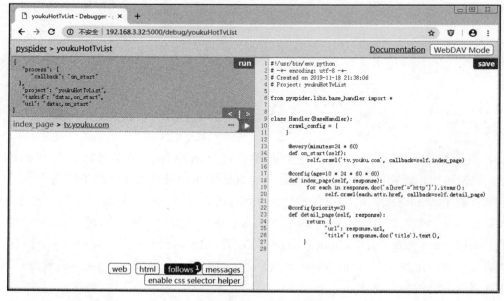

图 9-17　显示需要爬取的网址

（4）在页面预览区中得到了需要爬取的页面网址。此时还是在运行 on_start 函数。单击网址后面的箭头按钮，得到的结果如图 9-18 所示。

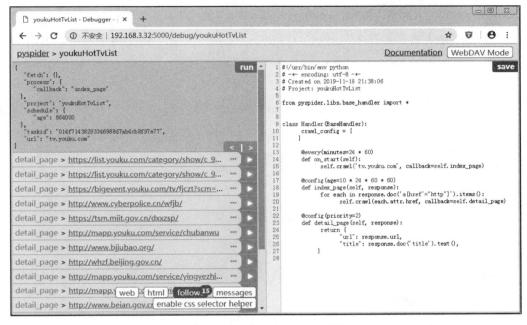

图 9-18　运行 index_page 函数

（5）现在已经进入了 index_page 函数，index_page 函数返回了所有以 http 开头的链接，从图 9-18 可以看出，这样的链接有多个。任选一个链接，单击右侧的箭头按钮，如图 9-19 所示。

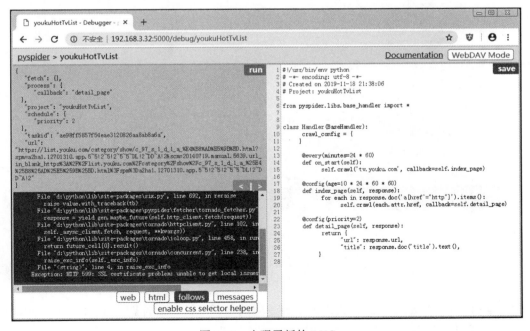

图 9-19　出现了新的 BUG

查看图 9-19 出现了新的 Bug：

Exception: HTTP 599: SSL certificate problem: unable to get local issuer certificate

错误原因：这个错误会发生在请求 HTTPS 开头的网址中，SSL 验证错误，也就是证书有误。

修改右侧的代码，将其中第 15 行的：

self.crawl('tv.youku.com', callback=self.index_page)

修改为：

self.crawl('tv.youku.com', callback=self.index_page, validate_cert=False)

再将第 20 行的：

self.crawl(each.attr.href, callback=self.detail_page)

修改为：

self.crawl(each.attr.href, callback=self.detail_page, validate_cert=False)

这个方法基本可以解决问题了。

（6）现在单击图 9-19 右上角的 "save" 按钮，再单击左侧的 "run" 按钮即可重新对页面进行解析操作，结果如图 9-20 所示。

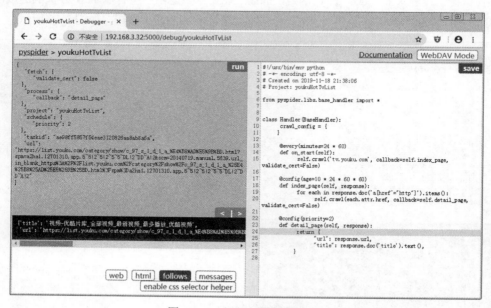

图 9-20　对页面进行解析操作

此时运行的是 detail_page 函数，该函数返回的是网页链接的标题文本和该链接的网址。默认的爬虫代码正常运行，但设计爬虫的需求只是获取起始网址中包含的热剧榜单，而不是默认程序中 index_page 函数内所编写的——包含 http 字符串的所有链接。而且设计的爬虫也不需要得到榜单中链接网页中的标题,所以需要修改一下 PySpider 默认的程序。

(7)先在起始页面源码中找到所需数据的位置。在浏览器中打开起始网址 http://tv.youku.com,查看源代码并查找特征字符串,如图 9-21 所示。

图 9-21　页面源代码

确定源代码中热剧榜单的位置后,对照源代码可以发现,榜单内所有电视剧都包含在标签<div class="focusswiper_nav_slide">中的一个<h2>标签里。所以,爬虫定位时最好使用嵌套定位的方式,先把这个标签筛选出来。在这个标签内间接定位所需的数据肯定要比在整个页面源码中直接定位所需的数据要方便得多。

(8)之后就可以通过精准的定位来筛选所需的数据了。对默认的代码稍加修改即可。

【示例 9-2】修改后的 youkuHotTVList 项目代码如下:

```
1   #!/usr/bin/env python
2   # -*- encoding: utf-8 -*-
3   # Created on 2019-11-18 21:38:06
4   # Project: youkuHotTvList
5
6   from pyspider.libs.base_handler import *
7   from pyquery import PyQuery as pq
8
9
10  class Handler(BaseHandler):
```

```
11      crawl_config = {
12      }
13
14      @every(minutes=24 * 60)
15      def on_start(self):
16          self.crawl('tv.youku.com', callback=self.index_page,
17  validate_cert=False)
18
19      @config(age=10 * 24 * 60 * 60)
20      def index_page(self, response):
21      #     for each in response.doc('a[href^="http"]').items():
22
23      #         self.crawl(each.attr.href, callback=self.detail_page,
24  validate_cert=False)
25          tag=response.doc('.focusswiper_nav_slide')
26          subtags=tag('h2').items()
27          for t in subtags:
28              filename=t.text()
29              print(filename)
30
31
32  '''
33      @config(priority=2)
34      def detail_page(self, response):
35          return {
36              "url": response.url,
37              "title": response.doc('title').text(),
38          }
39  '''
```

与默认的爬虫代码相比，这个完整的爬虫程序只是修改了 index_page 函数。在 index_page 函数中放弃通过回调函数调用 detail_page（没有必要使用 detail_page 函数了）。在页面中通过两次间接定位筛选出了所需的数据。

> **提示**
> 这个爬虫中调用了 PyQuery 的方法定位筛选，以获取相关的数据。

（9）先看看 PyQuery 的筛选效果，在浏览器 PySpider 页面中，单击左侧页面预览区的 "run" 按钮，执行结果如图 9-22 所示。

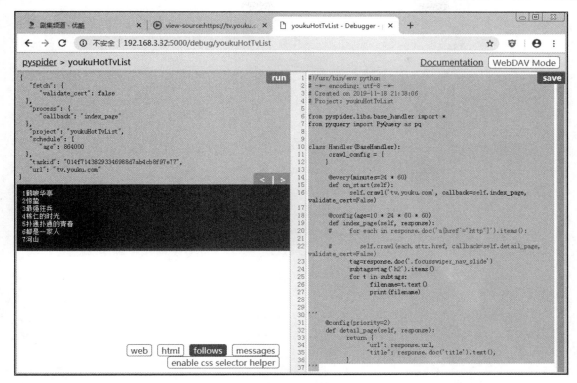

图 9-22　PyQuery 筛选的结果

从图 9-22 中可以看出 PyQuery 筛选出的结果准确无误。

注　意
如果运行时出现 HTTP599 错误,那么一定要重启 PySpider。

9.2.3　爬虫编写二:使用 PySpider+ BeautifulSoup 实现爬取

【示例 9-3】尝试调用 BeautifulSoup 的方法对内容进行筛选。将代码修改为:

```
1    #!/usr/bin/env python
2    # -*- encoding: utf-8 -*-
3    # Created on 2019-11-18 21:38:06
4    # Project: youkuHotTvList
5    
6    from pyspider.libs.base_handler import *
7    from bs4 import BeautifulSoup
8    
9    class Handler(BaseHandler):
10       crawl_config = {
11       }
```

```
12
13        @every(minutes=24 * 60)
11        def on_start(self):
12            self.crawl('tv.youku.com', callback=self.index_page,
13    validate_cert=False)
14
15        @config(age=10 * 24 * 60 * 60)
16        def index_page(self, response):
17        #    for each in response.doc('a[href^="http"]').items():
18
19        #       self.crawl(each.attr.href, callback=self.detail_page,
20    validate_cert=False)
21            soup=BeautifulSoup(response.text,'lxml')
22
23    tag=soup.find_all('div',attrs={'class':'focusswiper_nav_slide'})
24            for tag in tag:
25                filename=tag.find('h2').text
26                print(filename)
27    '''
28        @config(priority=2)
29        def detail_page(self, response):
30            return {
31                "url": response.url,
32                "title": response.doc('title').text(),
33            }
34    '''
```

> **注 意**
>
> 代码运行的前提是必须已经安装好 BeautifulSoup 4。

刷新页面后,单击代码编辑区右上角的"save"按钮,再单击页面左侧预览区右上角的"run"按钮(如果不刷新页面就单击"run"按钮,则返回的还是上次运行的结果),结果如图 9-23 所示。

第 9 章　PySpider 框架的使用

图 9-23　bs4 筛选结果

结果同样准确无误。使用哪种方法定位筛选对 PySpider 爬虫没有任何影响。如果有兴趣，可以尝试使用 Xpath 和 CSS 来定位筛选。

经过测试，这个爬虫是可以正常运行的。现在单击代码编辑区右上角的"save"按钮，保存代码。然后单击页面预览区左上角的"PySpider"链接，退出 debug 模式，进入 PySpider 的控制台，如图 9-24 所示。

图 9-24　退出 Debug 模式进入控制台

进入 PySpider 控制台后，可以看到列表中显示了刚刚创建的爬虫 youkuHotTvList。若需创建新的爬虫，则单击"Create"按钮，继续按照顺序操作即可，如图 9-25 所示。

303

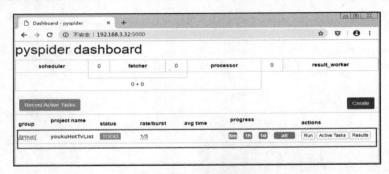

图 9-25　PySpider 控制台

至此，一个简单的 PySpider 爬虫就创建和测试完毕了。这个 PySpider 爬虫虽然可以运行，但没有保存结果，也没有体现出 PySpider 爬虫的精髓，起到的作用仅仅是熟悉了 PySpider 爬虫的流程。

9.3　PySpider 实战二：电影下载

熟悉 Pyspider 爬虫的流程后，下面来编写一个 PySpider 项目。选一个简单的项目，在电影下载网站爬取所有的欧美影片的下载地址。

9.3.1　项目分析

这次选择的电影下载网站是 http://www.ygdy8.com。

（1）在浏览器中打开这个网站，在网页顶部单击"欧美电影"链接，如图 9-26 所示。

图 9-26　项目起始页面

（2）此时显示项目的起始页面为 http://www.ygdy8.com/html/gndy/oumei/index.html，移动页面右侧的下拉条，查看页面底部。将鼠标移动到"末页"链接上，页面左下角将显示该链接的链接地址，如图9-27所示。

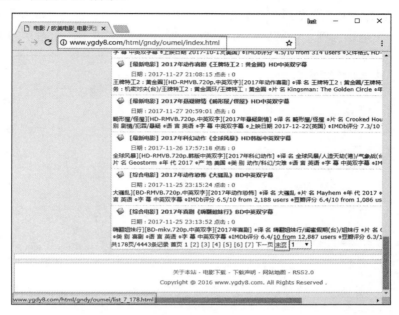

图 9-27 项目末页

（3）单击"末页"链接，进入"末页"页面。在页面底部将鼠标分别移动到各个链接上，以分析链接地址规则，如图9-28所示。

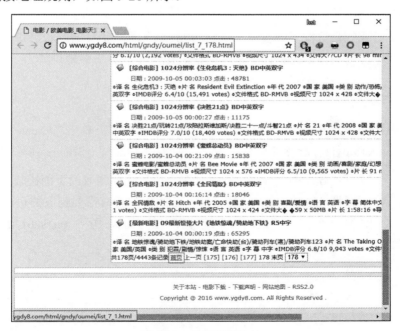

图 9-28 分析链接地址

（4）单击首页链接，与起始页面 http://www.ygdy8.com/html/gndy/oumei/index.html 对比一下，两者完全相同，因此可以得出结论：这个项目需要爬取的链接为 http://www.ygdy8.com/html/gndy/oumei/list_7_，加上[1.html, 178.html]。

（5）在这些链接中需要得到两个数据：一个是电影的名字；另一个是电影的链接。以最后一页的最后一个电影为例，将鼠标移动到最后一个电影的链接上，如图 9-29 所示。

图 9-29　有效数据

项目的基本流程就是这样了。首先分析这 178 个页面，获取电影名字和电影链接，然后到链接页面获取电影的具体信息，比如放映时间、电影主演、下载地址等。

9.3.2　爬虫编写

在浏览器中打开 PySpider 的 WebUI（PySpider 控制台），单击"Create"按钮创建新项目，项目名为 oumeiMovie，起始地址可以为空。单击"Create"按钮进入调试界面。

（1）与上一个项目 youkuHotTvList 不同，这个项目需要爬取的页面比较多，目前是 178 页。在函数 on_start 回调 index_page 函数之前，必须先把所有需要爬取的页面统计出来，因此在 Handler 类中添加一个构造函数，用来统计爬取的页面，再到 on_start 函数中循环回调 index_page 函数处理这些页面，如图 9-30 所示。

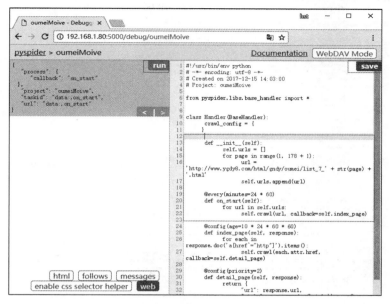

图 9-30　统计爬取页数

（2）单击页面右侧代码编辑区右上角的"save"按钮后，再单击页面左侧预览区右上角的"run"按钮，执行结果如图 9-31 所示。显示一共有 178 页，与设计结果相符。URL 显示也是正常的。

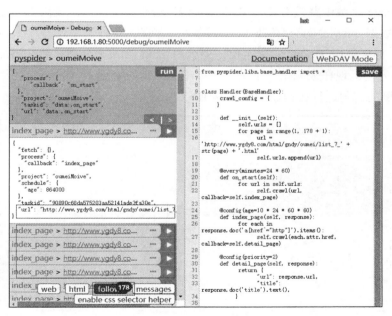

图 9-31　爬虫入口页面

（3）继续下一步，修改 index_page 函数。在这个函数中获取电影名称和电影下载的页面，然后通过电影下载页面链接回调 detail_page 函数获取最终的数据。打开页面源代码，找到离有效数据最近的标签。这里离有效数据最近，也最容易识别的是 Table 标签，如图 9-32 所示。

307

图 9-32　在页面源代码中定位有效数据标签

（4）查找显示有 25 个相同的标签，这与页面显示是相符的。根据查找得到的标签修改 index_page 函数，如图 9-33 所示。

在 index_page 函数中并没有使用 PyQuery 定位进行筛选，而是使用 bs4 定位进行筛选。这是因为所需数据 movieName 存在于<a>标签内，而在<a>标签附近有一个与它属性完全相同的<a>标签。如果使用 PyQuery 来定位，要么用 next 方法来分辨，要么添加条件判断来分辨，不如 bs4 方便。现在来测试一下结果，单击 run 按钮，选择页面预览栏下面的任意一个链接，单击右侧的三角运行按钮，如图 9-34 所示。

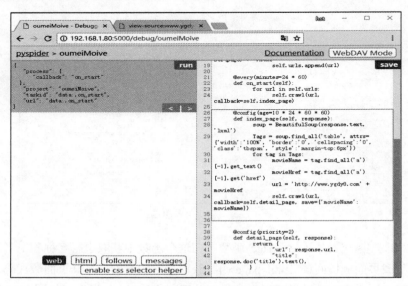

图 9-33　修改 index_page 函数

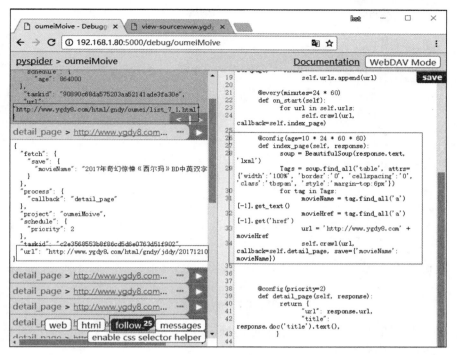

图 9-34　获取页面下载页

（5）从图 9-34 中可以看出，index_page 函数解析出了 25 个结果。这与页面源代码中搜索得到的结果是相符的。爬虫程序的下一步是使用回调 detail_page 函数，用于处理得到的下载页面链接地址。

注意，这个回调函数 self.crawl(url, callback=self.detail_page, save={'movieName': movieName})与 PySpider 默认的回调函数略有不同，这里多出了一个 save 的字典参数。这个参数很重要，有时候 index_page 函数需要将一些参数传递给 detail_page 函数（在这个爬虫中也可以不要这个参数，因为在下一步 detail_page 函数中也可以解析得到 movieName，这里只是做演示）。但两个函数都是回调函数，是无法直接传递参数的。使用全局变量传递参数也不行，因为 PySpider 采用的是广度优先算法（深度优先算法倒是可以用全局变量传参），全局变量只能传递最后一个页面的参数。因此这里不得不借助其他的参数来传递值。

再来仔细看一下回调的函数 detail_page，它定义的是 def detail_page(self, response)，只带有一个参数 response。这意味着如果 index_page 函数需要传参给 detail_page 函数，就只能借助 response 参数来传递。response 参数是怎样的呢？它来自于 PySpider 的安装目录下的 lib/response.py，可以到 PySpider 安装目录下查看该文件，如图 9-35 所示。

```
 21
 22  class Response(object):
 23
 24      def __init__(self, status_code=None, url=None, orig_url=None, headers=Ca
     seInsensitiveDict(),
 25                   content='', cookies=None, error=None, traceback=None, save=
     None, js_script_result=None, time=0):
 26          if cookies is None:
 27              cookies = {}
 28          self.status_code = status_code
 29          self.url = url
 30          self.orig_url = orig_url
 31          self.headers = headers
 32          self.content = content
 33          self.cookies = cookies
 34          self.error = error
 35          self.traceback = traceback
 36          self.save = save
 37          self.js_script_result = js_script_result
 38          self.time = time
 39
 40      def __repr__(self):
 41          return u'<Response [%d]>' % self.status_code
```

图 9-35　使用 save 参数传值

这里 save 定义的是 None，其实可以将 save 定义为任何类型。也许会有多个值需要传递，还是将 save 定义为字典更方便。

（6）回到爬虫程序，继续下一步。利用 save 传递参数，修改 detail_page 函数，获取最终需要的数据。任意挑选一个电影下载页面的链接，并在浏览器中打开，如图 9-36 所示。

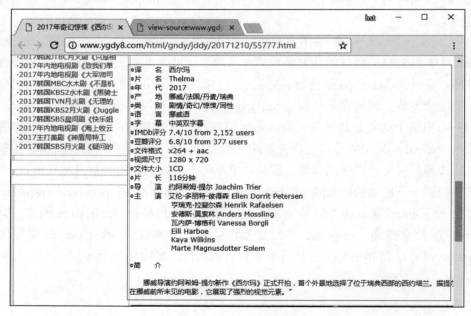

图 9-36　电影下载页面

查看该页面的源代码，找到这些有效数据的位置，如图 9-37 所示。

图 9-37　源代码中的有效数据

电影下载链接的定位和筛选不难，无论是用 bs4 还是用 PyQuery 都很简单，但电影信息就有点麻烦了。因为源代码中电影信息内使用了大量的
标签。众所周知，
标签是由
…</br>标签组"进化"而来的，但 bs4 和 PyQuery 都只能从闭合的标签组中筛选出有效数据（至少目前是如此）。所以在这里要筛选出电影的信息，就要先把
标签过滤掉，然后在剩下的数据中使用 re 模块来筛选有效信息。因此，修改爬虫中的函数 detail_page，如图 9-38 所示。

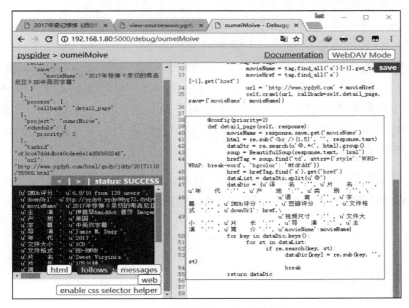

图 9-38　筛选出电影的有效信息

先单击爬虫页面右侧代码编辑区右上角的"save"按钮保存爬虫代码，再单击页面左侧页面预览区右上角的"run"按钮，在左侧页面预览区下部筛选出最终所需的有效数据。

9.3.3 爬虫运行、调试

现在这个爬虫基本上编辑完毕了，可以试运行一下。单击页面左上角的"pyspider"链接，或者在地址栏中输入 PySpider 爬虫 IP:5000，进入 PySpider 主界面（控制台）。

每个爬虫都被分为 7 列，分别为 group、project name、status、rate/burst、avg time、progress、actions。

- group：组名是可以修改的，直接在组名上单击进行修改。如果需要对爬虫进行标记，可以通过修改组名来完成。
- 组名改为 delete 后，如果状态为 stop 状态，24 小时后项目就会被系统删除。
- project name：项目名只能在开始创建时确定，不可修改。
- status：显示的是当前项目的运行状态。每个项目的运行状态都是单独设置的。直接在每个项目的运行状态上单击进行修改。运行分为 5 个状态：TODO、STOP、CHECKING、DEBUG、RUNNING。

  各状态说明：TODO 是新建项目后的默认状态，不会运行项目；STOP 状态是停止状态，也不会运行；CHECKING 是修改项目代码后自动变的状态；DEBUG 是调试模式，遇到错误信息会停止继续运行；RUNNING 是运行状态，遇到错误会自动尝试，如果还是错误，就会跳过错误的任务继续运行。
- rate/burst：这一列是速度控制。rate 是每秒爬取的页面数，burst 是并发数。默认情况下是 1/3，意思是每秒 3 个并发，每个并发爬一个页面。这一项是可以调整的，如果被爬的网站没做什么限制，就可以把这个数稍微调高一点。
- avg time：平均运行时间。
- progress：爬虫进展统计。一个简单的运行状态统计。5m 是 5 分钟内任务执行情况，1h 是一小时内运行任务统计，1d 是一天内运行统计，all 是所有的任务统计。
- actions：这一列包含 3 个按钮，即 Run、Active Tasks、Results。Run 按钮是项目初次运行需要单击的按钮，这个功能会运行项目的 on_start 方法来生成入口任务。Active Tasks 按钮显示最新任务列表，方便查看状态，查看错误。Results 按钮查看项目爬取的结果。

目前爬虫刚编辑完成，所以该项目状态为 TODO，单击 TODO 状态，在弹出的菜单中将状态修改为 DEBUG（也可以选择 RUNNING），如图 9-39 所示。

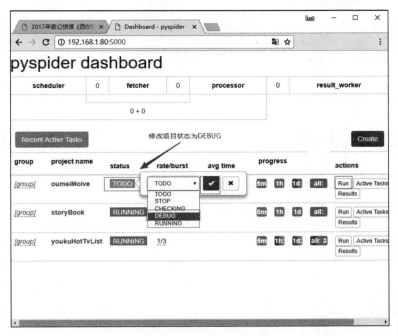

图 9-39　修改项目运行状态

默认的速度是每秒 3 次，这个速度太慢了。单击项目的 rate/burst 列，修改并发数和爬取页面的速度，暂时修改为 3/10，如图 9-40 所示。

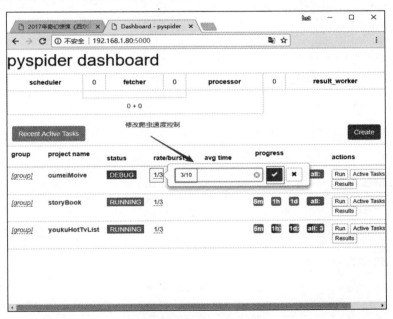

图 9-40　爬虫速度控制

设置完毕后，单击项目右侧的"Run"按钮，开始运行爬虫。稍等几分钟后就会有结果出现了。单击项目右侧的"Results"按钮，如图 9-41 所示。

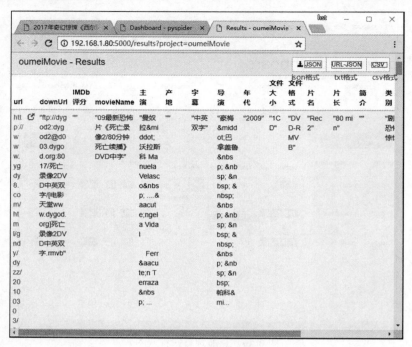

图 9-41 爬虫结果

在页面右上角选择保存的格式，可以保存为 JSON、TXT（URL-JSON）、CSV 三种格式（基本上是够用的）。回到 PySpider 控制台，单击项目右侧的 Active Tasks 按钮，如图 9-42 所示。

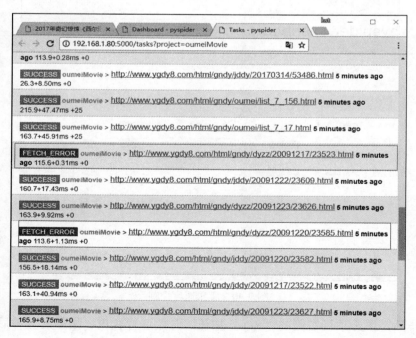

图 9-42 爬虫日志（Log）

显示有两次错误。单击错误链接以查看错误原因，一般都是因为 bs4 按照筛选条件没有获取到合适的结果而造成的，按照提示修改爬虫代码。

【示例 9-4】最终修改后的爬虫代码如下：

```python
#!/usr/bin/env python
# -*- encoding: utf-8 -*-
# Created on 2019-12-15 11:58:25
# Project: oumeiMovie

from pyspider.libs.base_handler import *
from bs4 import BeautifulSoup
import re
import codecs


class Handler(BaseHandler):
    crawl_config = {
    }
    def __init__(self):
        self.urls = []
        for page in range(1, 178 + 1):
            url = 'http://www.ygdy8.com/html/gndy/oumei/list_7_' +str(page) + '.html'
            self.urls.append(url)
    @every(minutes=24 * 60)
    def on_start(self):
        for url in self.urls:
            self.crawl(url, callback=self.index_page,validate_cert=False)

    @config(age=10 * 24 * 60 * 60)
    def index_page(self, response):
        soup = BeautifulSoup(response.text, 'lxml')
        try:
            Tags = soup.find_all('table', attrs={'width':'100%', 'border':'0', 'cellspacing':'0', 'class':'tbspan', 'style':'margin-top:6px'})
        except Exception as e:
            pass
        for tag in Tags:
            try:
                movieName = tag.find_all('a')[-1].get_text()
                movieHref = tag.find_all('a')[-1].get('href')
                url = 'http://www.ygdy8.com' + movieHref
            except Exception as e:
                pass
            self.crawl(url, callback=self.detail_page, save={'movieName': movieName},validate_cert=False)

    @config(priority=2)
```

```
46      def detail_page(self, response):
47          movieName = response.save.get('movieName')
48          html = re.sub('<br />{1,5}', '', response.text)
49          try:
50              dataStr = re.search(u'◎.*<', html).group()
51          except Exception as e:
52              pass
53          soup = BeautifulSoup(response.text, 'lxml')
54          try:
55              hrefTag = soup.find('td', attrs={'style':'WORD-WRAP: break-
56  word', 'bgcolor': '#fdfddf'})
57              href = hrefTag.find('a').get('href')
58          except Exception as e:
59              pass
60          dataList = dataStr.split(u'◎')
61          dataDic = {
62              u'译名':'',
63              u'片名':'',
64              u'年代':'',
65              u'产地':'',
66              u'类别':'',
67              u'语言':'',
68              u'字幕':'',
69              u'IMDb评分 ':'',
70              u'豆瓣评分':'',
71              u'文件格式':'',
72              u'downUrl    ': href,
73              u'视频尺寸':'',
74              u'文件大小':'',
75              u'片长':'',
76              u'导演':'',
77              u'主演':'',
78              u'简介 ':'',
79              u'movieName':movieName
80          }
81          for key in dataDic.keys():
82              for st in dataList:
83                  if re.search(key, st):
84                      dataDic[key] = re.sub(key, '', st)
85                      break
86          return dataDic
```

提 示

在中文字符前加上 u，意思是指字符编码为 Unicode。

解决方法其实很简单，只要在 bs4 搜索结果时加上 except 即可。好了，现在已经将爬虫代码修改完毕，保存后回到 PySpider 控制台。单击 oumeiMovie 项目中的 "run" 按钮，观察 Active Tasks 的结果，发现 PySpider 爬虫虽然从入口启动，但并没有真正地开始作业。这是因为 PySpider 爬虫除了第一次运行时是用单击 "run" 按钮启动的，之后爬虫的运行是由代码

中的调度器（Scheduler）控制的，如图 9-43 所示。

图 9-43　PySpider 调度器

从图 9-43 中可以看到，在 PySpider 默认定义的 3 个函数的上一行中有一个以@开头的函数。这个是 Python 的装饰器。装饰器是 Python 的高级函数，这里不做解释。有兴趣的读者可自行上网搜索学习。@every(minutes=24*60)在这里是作为调度器使用的，意思是 on_start 函数每天执行一次。@config(age=10*24*60*60)也是调度器，意思是当前 request 的有效期是 10 天，10 天内遇到相同的请求将忽略。最后@config(priority=2)是优先级设置，数字越大就越先执行。没有特殊要求，一般不需要修改默认的设置。

9.3.4　删除项目

项目运行完毕，得到了想要的结果。保存好结果，这个项目就没什么用处了。下一步就是删除项目了。删除 PySpider 项目的方法有两种。

（1）方法一：官方推荐常规的删除方法是将需要删除的项目状态设置为 STOP，然后把项目的 Group 修改为 delete，如图 9-44 所示。

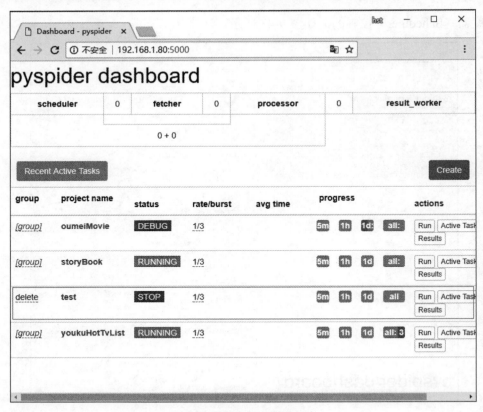

图 9-44　删除项目常规方法

在 24 小时后，PySpider 的服务端就将该项目删除了。这是为了给性急的用户一个后悔的机会，如果认定不后悔，就参考方法二。

（2）方法二：在前面的章节曾提过，PySpider 所有的文档都保存在启动 PySpider 的目录下的 data 文件夹中，而所有的项目都保存在 data 文件夹下的 project.db 文档内，因此删除 PySpider 项目，只需要在 project.db 文档中删除相应的记录即可。执行如下命令：

```
ls
cd data
ls
sqlite3 project.db
.tables
select name from projectdb;
delete from projectdb where name='test';
```

> 提　示
>
> 如果没有安装 SQLite3，则就需要使用 apt-get 安装。

执行结果如图 9-45 所示。

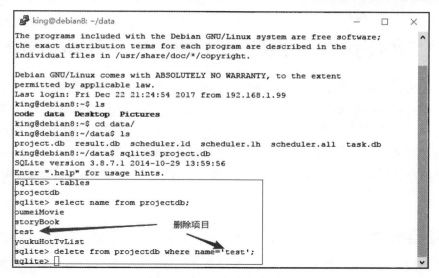

图 9-45　从文档中删除项目

回到 PySpider 控制台页面，刷新一下，可以看到 test 项目已经被删除了，如图 9-46 所示。

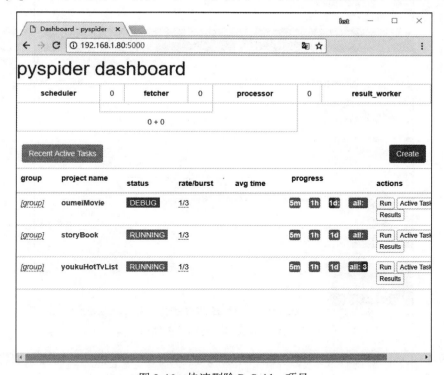

图 9-46　快速删除 PySpider 项目

同理，如果需要修改项目的 result、task，只需要用 SQLite3 命令修改相应的数据库文件即可。

9.4 PySpider 实战三：音悦台 MusicTop

在使用爬虫抓取有效数据时，有些网站用 Python 并不能直接获取数据，有的需要指定 User-Agent 的信息（Python 默认会声明自己为 Python 脚本），有的需要 Cookie 数据，有的因为一些缘故无法直接访问的网站还需要加上代理，这时就需要在 PySpider 中添加、修改 headers 数据加上代理，然后向服务器提出请求。相比 Scrapy 而言，PySpider 修改 headers，添加代理更加方便简洁。毕竟 Scrapy 还需要修改中间件，而 PySpider 更加类似 bs4，直接在源代码中修改就可以达到目的。

9.4.1 项目分析

以音悦台网站为目标，在音悦台中获取实时动态的音乐榜单。音悦台中的实时动态榜单有 5 个，这里只爬内地篇的榜单，如图 9-47 所示。

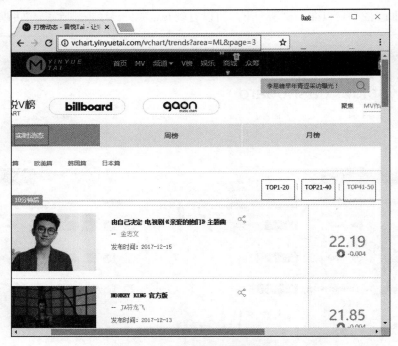

图 9-47 音悦台实时榜单内地篇

从图 9-47 中可以看出，这个实时的榜单有 3 页，共 50 首歌曲。只需要获取当前榜单的歌曲名、歌手名、评分以及当前排名即可。打开页面编码，找到所需数据的位置，如图 9-48 所示。

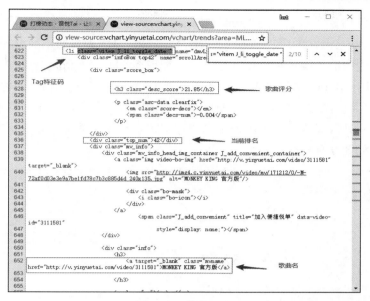

图 9-48　榜单源码

爬虫所需的所有数据都在<li class="vitem J_li_toggle_date " name="dmvLi">这个标签里，只需要定位一次，就可以得到所有数据了。

9.4.2　爬虫编写

这个页面写得非常标准，可以很容易地根据特征标签获取想要的数据，该爬虫的 alpha 版本如图 9-49 所示。

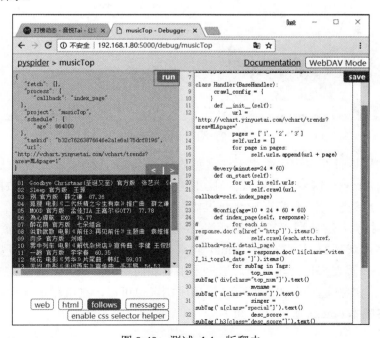

图 9-49　测试 alpha 版爬虫

单击页面左侧预览区右上方的"run"按钮测试一下，爬虫正常运行。现在为这个爬虫加上 headers 和 proxy（通常为爬虫加载 headers 和 proxy 是因为页面不能返回数据或者是为了反爬虫需要，本例中的页面是可以正常返回的，加载 headers 和 proxy 只是为了进行演示）。为爬虫加载 headers 和 proxy 很简单，只需要在 crawl_config 中添加相应的值即可。一般情况下，headers 中只需要添加 User-Agent 即可，但有的网页限制比较严格，这里添加的 headers 比较详细。Proxy 只需要给一个可以使用的代理即可。单击页面左侧预览区右上方的"run"按钮测试一下，如图 9-50 所示。

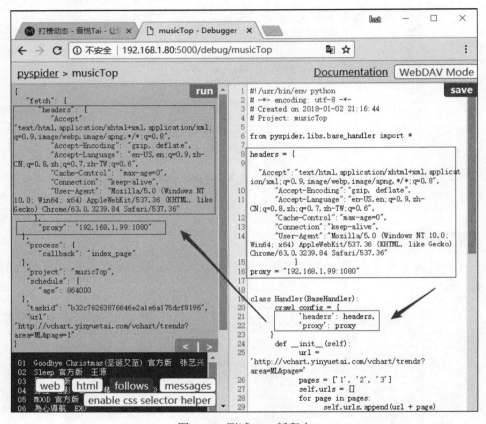

图 9-50　测试 beta 版爬虫

在浏览器中可以打开页面而爬虫无法得到数据，一般加载 headers 就可以解决问题了。浏览器需要使用 proxy 才能打开的页面，爬虫也需要加载 proxy 才能得到数据。如果网站中设置了反爬虫，把频繁发送请求的 IP 地址过滤掉怎么办呢？

正常的应对方法是使用多个代理服务器进行轮询。通过网络上的资料了解到，为 PySpider 加载多个代理的方法是使用 squid 轮询。这种方法可以使用，但需要安装 squid 软件，而且 squid 设置起来也比较麻烦。这里采用更加简单的方法，只要在爬虫发送请求的部位随机地从代理池中挑选一个代理即可（按顺序挑选也可以，这就相当于代理的轮询了）。因此，爬虫最终版本 omega 版的代码如下：

```
1    #!/usr/bin/env python
```

```python
2   # -*- encoding: utf-8 -*-
3   # Created on 2019-12-02 21:16:44
4   # Project: musicTop
5
6   from pyspider.libs.base_handler import *
7   import random
8
9   headers = {
10  "Accept":"text/html,application/xhtml+xml,application/xml;q=0.9,image/webp
11  ,image/apng,*/*;q=0.8",
12      "Accept-Encoding":"gzip, deflate",
13      "Accept-Language":"en-US,en;q=0.9,zh-CN;q=0.8,zh;q=0.7,zh-TW;q=0.6",
14      "Cache-Control":"max-age=0",
15      "Connection":"keep-alive",
16      "User-Agent":"Mozilla/5.0 (Windows NT 10.0; Win64; x64) AppleWebKit
17  /537.36 (KHTML, like Gecko) Chrome/63.0.3239.84 Safari/537.36"
18      }
19  proxyList = ["192.168.1.99:1080","101.68.73.54:53281", ""]
20
21
22  class Handler(BaseHandler):
23      crawl_config = {
24  #       "proxy":proxy,
25  #       "headers": headers
26      }
27      def __init__(self):
28          url = 'http://vchart.yinyuetai.com/vchart/trends?area=ML&page='
29          pages = ['1', '2', '3']
30          self.urls = []
31          for page in pages:
32              self.urls.append(url + page)
33
34      @every(minutes=24 * 60)
35      def on_start(self):
36          for url in self.urls:
37              self.crawl(url, callback=self.index_page,
38  proxy=random.choice(proxyList), headers=headers)
39
40      @config(age=10 * 24 * 60 * 60)
41      def index_page(self, response):
42  #       for each in response.doc('a[href^="http"]').items():
43  #           self.crawl(each.attr.href, callback=self.detail_page)
44          Tags = response.doc('li[class="vitem J_li_toggle_date
45  "]').items()
```

```
46          for subTag in Tags:
47              top_num = subTag('div[class="top_num"]').text()
48              mvname = subTag('a[class="mvname"]').text()
49              singer = subTag('a[class="special"]').text()
50              desc_score = subTag('h3[class="desc_score"]').text()
51              print('%s %s %s %s' %(top_num, mvname, singer, desc_score))
52
53
54
55      @config(priority=2)
56      def detail_page(self, response):
57          return {
58              "url": response.url,
59              "title": response.doc('title').text(),
60          }
```

当前爬虫只有 index_page 函数需要发送请求，因此只需要在回调这个函数时随机挑选一个代理加入参数即可。单击爬虫页面左侧预览栏右上方的"run"按钮测试一下，结果如图 9-51 所示。

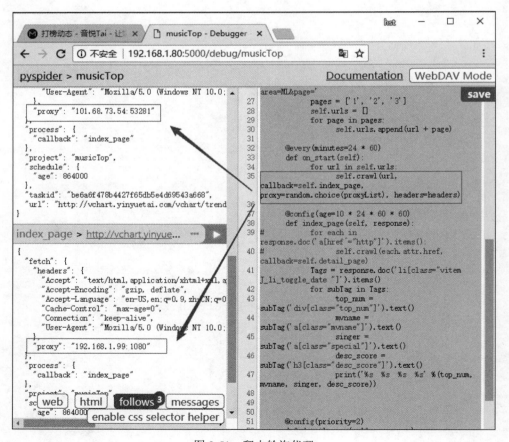

图 9-51 爬虫轮询代理

> **注　意**
>
> 代理池中的所有代理必须是可靠可用的。为了安全起见，可以在爬虫中添加一个测试程序，在每次使用代理前做个测试。如果网站是通过 IP 来判断用户身份的，就使用该代理 IP。如果是通过 User-Agent 来判断用户身份的，就轮询或者随机挑选 User-Agent。如果是通过 Cookies 来判断用户的，就轮询或随机挑选 Cookies……总之，网站的反爬虫防哪一部分，爬虫就需要绕过这一部分。

9.5　本章小结

　　PySpider 与前面的爬虫略有不同，前面的爬虫基本上都是采用类似于深度优先的方法来爬取数据，而 PySpider 则与众不同地采用了类似深度优先的方法爬取数据。

　　另外，其他的爬虫大多都是先难后易，在编写代码时可能比较困难，但调试就比较简单了（即使没有 IDE 的配合，调试也比较简单），代码中出现问题，可以很容易地找到 Bug 点。而 PySpider 则相反，在编写代码时能很直观地看到效果，但调试起来并不方便，没有相应的错误提示信息，只能靠经验一遍遍地检查才能找到 Bug 点。PySpider 作为爬虫还是相当优秀的，但是支持的文档比较少，有什么问题，基本只能靠自己慢慢地摸索，还有待于优化和推广。

第 10 章

图形验证识别技术

在执行网络爬虫程序从网络上爬取数据时，有时会受到种种阻碍，其中阻碍爬虫的，有时正是在登录或者请求一些数据时的图形验证码。因此，本章将讲解一种能将图片翻译成文字的技术。

将图片翻译成文字一般被称为光学文字识别（Optical Character Recognition，OCR）。实现 OCR 的库不是很多，特别是开源的。因为这块存在一定的技术壁垒（需要大量的数据、算法、机器学习、深度学习知识等），并且做好了具有很高的商业价值，因此开源的比较少。本章将介绍一个比较优秀的图像识别开源库：Tesseract。

- 安装 Tesseract
- 学习开源库 Tesseract
- 对网络验证码的识别

10.1 图像识别开源库：Tesseract

本节先来介绍图像识别开源库：Tesseract 的安装与配置，为使用图形识别验证码提供技术准备。

10.1.1 安装 Tesseract

Tesseract 是一个 OCR 库，目前由谷歌公司赞助。Tesseract 是目前公认很优秀、很准确的开源 OCR 库。Tesseract 具有很高的识别度，也具有很高的灵活性，可以通过训练识别任何字体。

安装 Tesseract 可以分为以下几步进行。

步骤 01　先用浏览器打开 Tesseract 的下载网站地址：https://digi.bib.uni-mannheim.de/tesseract/，打开后页面如图 10-1 所示。

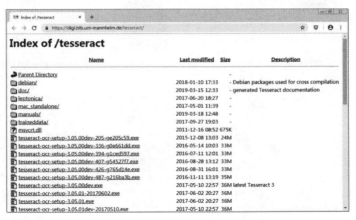

图 10-1　打开下载网站

步骤 02 在下载列表中，将滚动条滚动到最下方，选择可供下载的最新版本。这里选择 v4.1.0.20190314.exe 进行下载，如图 10-2 所示。

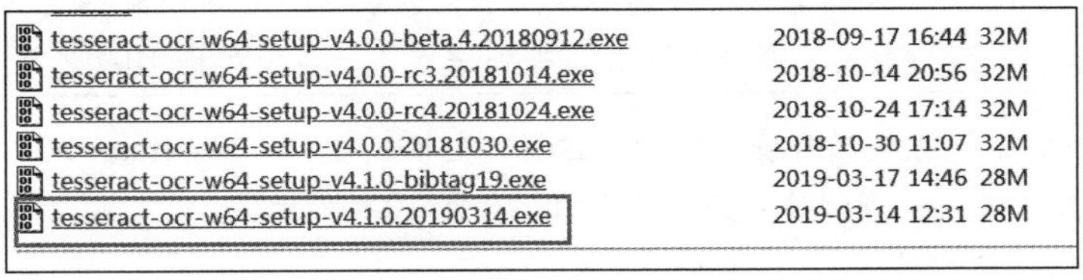

图 10-2　选择下载版本

步骤 03 将安装包下载到本地之后，双击安装包开始安装过程，显示出欢迎窗口，如图 10-3 所示。单击"Next"按钮进入许可协议窗口，如图 10-4 所示。

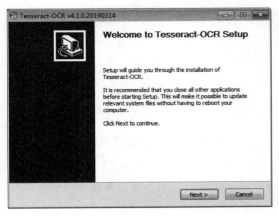

图 10-3　欢迎窗口

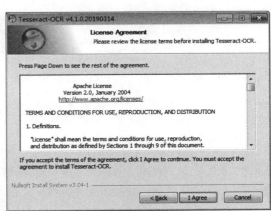

图 10-4　许可协议窗口

步骤 04 单击许可协议窗口中的"I Agree"按钮进入选择用户窗口，如图 10-5 所示。根据需要为所有用户或者只为当前用户安装。选择合适的用户之后，单击"Next"按钮进入选择安装组件窗口，如图 10-6 所示。

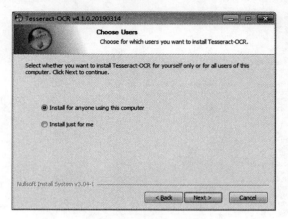
图 10-5　选择用户窗口

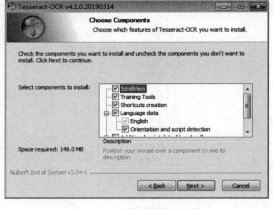
图 10-6　选择安装组件窗口

> **注　意**
>
> 因为要使用中文识别，所以在 Additional Language data 中选择"Chinese(Simplified)"（简体中文）选项，随后在安装时会自动下载中文语言包支持。选择完需要安装的组件之后，单击"Next"按钮进入下一步，如图 10-7 所示。

步骤 05　单击"Browse..."按钮选择安装位置，这里将其安装在 D:\ Tesseract-OCR 目录下，之后单击"Next"按钮进入是否创建开始菜单窗口，如图 10-8 所示。

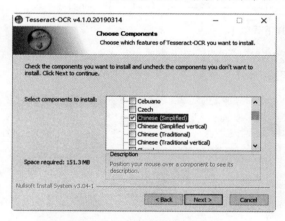
图 10-7　选择安装位置窗口　　　　　　　　图 10-8　是否创建开始菜单窗口

步骤 06　直接单击"Install"按钮进入安装进度窗口，如图 10-9 所示。

步骤 07　安装过程中会下载所选择的简体中文语言包，网速决定了下载速度，等待其下载完毕，图 10-9 最下方的按钮才能单击，单击"Next"按钮，完成所有安装步骤，如图 10-10 所示。

第 10 章 图形验证识别技术

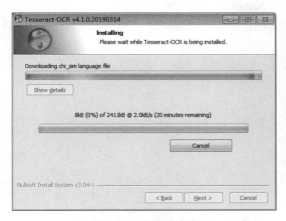

图 10-9 安装进度窗口

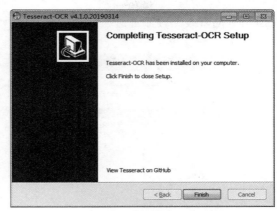

图 10-10 完成安装

步骤 08 安装完成之后，为了使 Python 能够使用 Tesseract，还需要安装 pytesseract 模块。只需要在命令行下执行 pip 命令来安装即可：

```
pip3 install pytesseract
```

执行结果如图 10-11 所示。

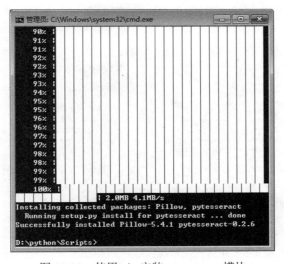

图 10-11 使用 pip 安装 pytesseract 模块

10.1.2 设置环境变量

安装完成后，如果想要在命令行中执行 Tesseract，那么还需要设置环境变量。在 Windows 下，把 tesseract.exe 所在的路径添加到 PATH 环境变量中。

设置过程为：右击"我的电脑"，选择"属性"，进入"系统设置"页面，再选择"高级系统设置"，打开"高级"选项卡，单击"环境变量..."按钮，进入"环境变量"设置界面，如图 10-12 所示。

双击图 10-12 中"Administrator 的用户变量"下的 PATH 选项，打开编辑窗口，把

Tesseract 的安装路径添加进去,如图 10-13 所示。之后单击"确定"按钮,即可完成环境变量的设置。

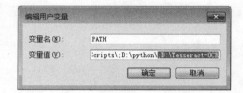

图 10-12　添加 PATH 环境变量　　　　　　图 10-13　为 Tesseract 添加环境变量

配置完成后,在命令行输入 tesseract -v,如果出现如图 10-14 所示的内容,就说明环境变量配置成功。

图 10-14　检验环境变量设置

10.1.3　测试一:使用 tesseract 命令识别图片中的字符

前面两小节完成了 Tesseract 的安装及环境变量的设置,接下来将分别用 tesseract 命令和 pytesseract 模块来进行测试。

步骤 01 使用一个带有英文字符及数字的图片来进行测试,该图片是从以下网址下载的:

https://raw.githubusercontent.com/Python3WebSpider/TestTess/master/image.png

其内容如图 10-15 所示。

Python3WebSpider

图 10-15 进行测试的图片

步骤 02 将该图片放到 D 盘的 test 目录下备用。然后打开"命令提示符"窗口,先定位到 D:\test 目录下,执行以下命令:

```
tesseract image.png result
```

执行结果如图 10-16 所示。

图 10-16 命令行识别图像

这里我们调用了 tesseract 命令,其中第一个参数为图片名称,第二个参数 result 为结果保存的目标文件名称。之后,会在该目录下生成一个名为 result.txt 的文本文件,其内容即为字符串 Python3WebSpider,成功实现了将图片转换为文字。

10.1.4 测试二:使用 pytesseract 模块识别图片中的英文字符

现在使用 Python 代码来验证 pytesseract 模块的转换效果。

【实例 10-1】使用 Python 代码验证 pytesseract 模块

```
1    from PIL import Image                # 导入图像模块
2    import pytesseract                   # 导入识别模块
3    # 调用图片转字符的方法
4    text = pytesseract.image_to_string(Image.open(r'D:\test\image.png'))
5    print(text)                          # 输出结果
```

以上代码首先导入图像模块与图像识别模块,然后直接调用 pytesseract 的 image_to_string()方法对图像进行识别,其参数为一个打开的图像文件,即调用 image 的 open()方法打开的图像,最后将转换得到的字符串输出。将代码保存为 pytesseract1.py,执行这个示例程序,结果如图 10-17 所示。

> **注 意**
> 千万不要将.py 文件命名为 pytesseract.py,这会导致文件名和类名重复,无法运行代码。

图 10-17　在 Python 程序中导入图像识别模块并调用响应的方法

查看图 10-17 的执行结果可以看到成功识别了图像字符串，并将识别结果输出。这样，在执行网络爬虫程序时，当遇到登录需要填写验证码时，就可以直接对获取的图片进行识别，并将识别结果提交到服务器，从而绕过人工输入验证码，以成功登录系统，为后续爬取打下基础。

10.1.5　测试三：使用 pytesseract 模块识别图片中的中文文字

接下来，再来试试 pytesseract 识别中文文字的能力。

这里我们仍沿用代码 pytesseract1.py，只是把其中的图片换成图 10-18 所示的含有中文文字的图片。

在最深的红尘里重逢

图 10-18　含有中文文字的图片

将图片放到 test 目录下，将其命名为 test2.png，修改 pytesseract1.py，修改后的代码如下：

【实例 10-2】识别中文文字

```
1    from PIL import Image              # 导入图像模块
2    import pytesseract                 # 导入识别模块
3    # 调用图片转字符的方法
4    text = pytesseract.image_to_string(Image.open(r'D:\test\test2.png'),
5    lang='chi_sim')
6    print(text)                        # 输出结果
```

> **注　意**
>
> 1. Tesseract 安装时如果安装了中文包，在安装目录下的 tessdata 目录内就会有 chi_sim.traineddata 字样的文件，这个就是中文识别包。因为版本不同，这个中文识别包的名字会有所不同，所以一定要更改为 chi_sim.traineddata 这个名字，笔者安装过 5.0 版本，这个名字是 chi_sim_vert.traineddata，在运行代码时可能会报错。
>
> 2. 如果代码运行后提示没有 TESSDATA_PREFIX 环境变量，就在环境变量中添加一个，地址是 D:\Program Files\Tesseract-OCR\tessdata（安装目录下的 tessdata）。

在这个示例程序中不仅改变了所要识别的图像，还为参数提供了第二个参数 lang，即语言设置为中文简体。将代码保存为 pytesseract2.py，执行这个示例程序，执行结果如图 10-19 所示。

图 10-19　对中文的识别

查看图 10-19 的执行结果，可以看到虽然成功完成了中文的识别，但有个别中文文字识别不太准确，效果有点差强人意。

10.2　对网络验证码的识别

上一节介绍了 Tesseract 的安装、设置及使用，而它的使用都是在本地，这一节继续深入学习 Tesseract 模块，尝试对网上的各种验证码进行识别。

10.2.1　图形验证实战一：读取网络验证码并识别

要识别网络验证码，原理就是调用 request 模块的 urlretrieve 方法将网络验证码生成的图片下载到本地，再使用 pytesseract 进行处理，将图片的内容转换为字符。

下面的例子将演示如何读取网络验证码图片，并将图片下载到本地进行识别。

【实例 10-3】读取网络验证码

```
1   import pytesseract                                # 加载图像识别模块
2   from urllib import request                        # 加载 request 模块
3   from PIL import Image                             # 加载 image 模块
4   import time                                       # 加载 time 模块
5   for i in range(20):                               # 循环
6       captchaUrl = "https://passport.lagou.com/vcode/create"
                                                      # 生成验证码图片的 URL
7       request.urlretrieve(captchaUrl,'captcha.png')
                                                      # 下载图片并命名为 captcha.png
8       image = Image.open('captcha.png')             # 打开下载的图片
9       text = pytesseract.image_to_string(image,lang='eng')
                                                      # 将图片转换为字符
10      print(text)                                   # 输出结果
11      time.sleep(2)                                 # 暂停两秒后再次执行
```

以上代码从指定 URL 下载图片到本地，再调用 pytesseract 模块的 image_to_string 方法对图片进行转换，并输出结果。由于使用了循环，因此会进行多次的访问、下载、转换与输出。将代码保存为 pytesseract3.py，执行这个示例程序将会出现类似图 10-20 所示的结果。

图 10-20　读取网络验证码

10.2.2　图形验证实战二：对验证码进行转化

有时网络验证码会加入各种网格线与干扰线，这就需要使用图片模块中的方法，对图片进行转灰度与二值化处理。

转灰度处理：调用 Image 对象的 convert()方法参数传入 L，即可将图片转换为灰度图像。

比如以下代码就使用该方法实现了灰度图像的转化。首先需要准备 1.jpg 备用，如图 10-21 所示。

图 10-21　需要进行转化的图像

【实例 10-4】转化为灰度图像

```
1    from PIL import Image                    # 加载 image 模块
2    image = Image.open("1.jpg")              # 打开当前目录的 1.jpg
3    image = image.convert('L')               # 转化为灰度图像
4    image.show()                             # 显示图像
```

以上代码调用 image 的 convert()方法将图像转化为灰度图像并显示，将代码保存为 pytesseract4.py，执行代码将会使用图片浏览工具打开图像，打开的是已经转化过的灰度图像，如图 10-22 所示。

图 10-22　经过处理的灰度图像

对比图 10-22 与图 10-21，可以看到原本有彩色显示的图像已经被转化成灰度图像。

有时经过灰度处理仍然无法识别，这时可以尝试将图像进行二值化处理。所谓二值化，就是图像上只有黑白两色。仍然是调用 image 的 convert()方法，传入参数"1"即可实现二值化转化。将代码进行简单修改，将其中的 image = image.convert('L') 修改为 image = image.convert('1') 即可将图像进行二值化转化。将修改后的代码保存为 pytesseract5.py，执行代码将会对图片进行二值化转化并显示出结果，结果如图 10-23 所示。

图 10-23　对图像进行二值化转化

二值化的阈值是可以指定的，上面的方法用的是默认阈值 127。不过一般情况下，很少直接对原图进行二值化转化，因为直接转化甚至会适得其反，有时需要先进行灰度转化再进行二值化转化。图像经转化之后，可以在一定程度上提高识别准确率。

10.3　实战三：破解滑块验证码

爬虫与反爬虫就像矛和盾，一方想要爬取另一方的数据，而另一方却不想被别人爬取到数据，所以有了爬虫技术，反爬虫技术也应运而生。其中，验证码就是反爬虫的重要一方面，除了常见的随机数值、字母，甚至是汉字验证码之外，还有一种更先进的验证码——滑块验证码，而目前市场占有率很高的反爬技术验证码就是 GEETEST 滑块验证码。本节将介绍如何破解 GEETEST 验证码。

10.3.1　所需工具

工欲善其事，必先利其器。本小节先来看一下要破解滑块验证码，需要准备哪些工具。

- chromedriver：浏览器驱动，可以理解为一个没有界面的 Chrome 浏览器。
- Selenium：用于模拟人对浏览器进行单击、输出、拖曳等操作，就相当于个人在使用浏览器，也常常用来应付反爬虫措施，配合 chromedriver 使用。
- Image 模块：提供很多对图片进行处理的方法的库。

有了这些工具，就可以对滑块验证码进行分析了，从而达到破解的目的。

10.3.2　解决思路

要想破解滑块验证码，大致可以分为以下三步：

第一，获取验证图片。通过访问登录页面分析源代码，找到完整图片和带滑块缺口的图片，通过 Selenium 输入登录信息。

第二，获取缺口位置。通过对比原始的图片和带滑块缺口的图片的像素，计算出滑块缺口的位置，从而得到所需要滑动的距离。

第三，模拟拖曳。利用 Selenium 对滑块进行拖曳，注意模仿人的行为：先快后慢，有个对准过程，最后完成破解。

通过以上几个步骤就可以完成对滑块验证码的破解。

10.3.3 编写代码

10.3.2 小节介绍了对付滑块验证码的基本思路，本小节将会对 10.3.2 小节的思路付诸实施，通过一个案例来详细说明如何对滑块验证码进行破解。

（1）获取验证码图片，具体代码如下：

```python
from selenium import webdriver
from selenium.webdriver.support.wait import WebDriverWait
# 初始化
def init():
    # 定义为全局变量，方便其他模块使用
    global url, browser, username, password, wait
    # 登录界面的 URL
    url = 'https://passport.bilibili.com/login'
    # 实例化一个 Chrome 浏览器
    browser = webdriver.Chrome()
    # 用户名
    username = '***********'
    # 密码
    password = '***********'
    # 设置等待超时
    wait = WebDriverWait(browser, 20)
```

（2）通过 Selenium 输入登录信息，代码如下：

```python
from selenium.webdriver.support import expected_conditions as EC
from selenium.webdriver.common.by import By
# 登录
def login():
    # 打开登录页面
    browser.get(url)
    # 获取用户名输入框
    user = wait.until(EC.presence_of_element_located((By.ID, 'login-username')))
    # 获取密码输入框
    passwd = wait.until(EC.presence_of_element_located((By.ID, 'login-passwd')))
```

```
    # 输入用户名
    user.send_keys(username)
    # 输入密码
    passwd.send_keys(password)
```

(3) 获取验证图片,代码如下:

```
from urllib.request import urlretrieve
from bs4 import BeautifulSoup
import re
from PIL import Image
# 获取图片信息
def get_image_info(img):
    '''
    :param img: (Str)想要获取的图片类型:带缺口、原始
    :return: 该图片(Image)、位置信息(List)
    '''
    # 将网页源码转化为能被解析的LXML格式
    soup = BeautifulSoup(browser.page_source, 'lxml')
    # 获取验证图片的所有组成片标签
    imgs = soup.find_all('div', {'class': 'gt_cut_'+img+'_slice'})
    # 用正则表达式提取缺口的小图片的URL,并替换后缀
    img_url = re.findall('url\(\"(.*)\"\);',
imgs[0].get('style'))[0].replace('webp', 'jpg')
    # 调用urlretrieve()方法根据URL下载缺口图片对象
    urlretrieve(url=img_url, filename=img+'.jpg')
    # 生成缺口图片对象
    image = Image.open(img+'.jpg')
    # 获取组成它们的小图片的位置信息
    position = get_position(imgs)
    # 返回图片对象及其位置信息
    return image, position

# 获取小图片位置
def get_position(img):
    '''
    :param img: (List)存放多个小图片的标签
    :return: (List)每个小图片的位置信息
    '''
    img_position = []
    for small_img in img:
        position = {}
        # 获取每个小图片的横坐标
        position['x'] = int(re.findall('background-position: (.*)px (.*)px;',
```

```
small_img.get('style'))[0][0])
            # 获取每个小图片的纵坐标
            position['y'] = int(re.findall('background-position: (.*)px (.*)px;',
small_img.get('style'))[0][1])
            img_position.append(position)
        return img_position
```

（4）裁剪拼接图片，代码如下：

```
# 裁剪图片
def Corp(image, position):
    '''
    :param image:(Image)被裁剪的图片
    :param position: (List)该图片的位置信息
    :return: (List)存放裁剪后的每个图片信息
    '''

    # 第一行图片信息
    first_line_img = []
    # 第二行图片信息
    second_line_img = []
    for pos in position:
        if pos['y'] == -58:
            first_line_img.append(image.crop((abs(pos['x']), 58,
abs(pos['x']) + 10, 116)))
        if pos['y'] == 0:
            second_line_img.append(image.crop((abs(pos['x']), 0,
abs(pos['x']) + 10, 58)))
    return first_line_img, second_line_img


# 拼接大图
def put_imgs_together(first_line_img, second_line_img, img_name):
    '''
    :param first_line_img: (List)第一行图片位置信息
    :param second_line_img: (List)第二行图片位置信息
    :return: (Image)拼接后的正确顺序的图片
    '''

    # 新建一张图片，new()第一个参数是颜色模式，第二个是图片尺寸
    image = Image.new('RGB', (260,116))
    # 初始化偏移量为0
    offset = 0
    # 拼接第一行
```

```
    for img in first_line_img:
        # 调用past()方法进行粘贴，第一个参数是被粘贴对象，第二个参数是粘贴位置
        image.paste(img, (offset, 0))
        # 偏移量对应增加，移动到下一个图片位置，size[0]表示图片宽度
        offset += img.size[0]
    # 偏移量重置为0
    x_offset = 0
    # 拼接第二行
    for img in second_line_img:
        # 调用past()方法进行粘贴，第一个参数是被粘贴对象，第二个参数是粘贴位置
        image.paste(img, (x_offset, 58))
        # 偏移量对应增加，移动到下一个图片位置，size[0]表示图片宽度
        x_offset += img.size[0]
    # 保存图片
    image.save(img_name)
    # 返回图片对象
    return image
```

（5）获取缺口位置，代码如下：

```
# 计算滑块移动距离
def get_distance(bg_image, fullbg_image):
    '''
    :param bg_image: (Image)缺口图片
    :param fullbg_image: (Image)完整图片
    :return: (Int)缺口离滑块的距离
    '''

    # 滑块的初始位置
    distance = 57
    # 遍历像素点横坐标
    for i in range(distance, fullbg_image.size[0]):
        # 遍历像素点纵坐标
        for j in range(fullbg_image.size[1]):
            # 如果不是相同像素
            if not is_pixel_equal(fullbg_image, bg_image, i, j):
                # 此时返回的横轴坐标就是滑块需要移动的距离
                return i
# 判断像素是否相同
def is_pixel_equal(bg_image, fullbg_image, x, y):
    """
    :param bg_image: (Image)缺口图片
    :param fullbg_image: (Image)完整图片
    :param x: (Int)位置x
```

```
:param y: (Int)位置y
:return: (Boolean)像素是否相同
"""

# 获取缺口图片的像素点(按照RGB格式)
bg_pixel = bg_image.load()[x, y]
# 获取完整图片的像素点(按照RGB格式)
fullbg_pixel = fullbg_image.load()[x, y]
# 设置一个判定值,若像素值之差超过判定值,则认为该像素不相同
threshold = 60
# 判断像素的各个颜色之差,abs()用于取绝对值
if (abs(bg_pixel[0] - fullbg_pixel[0] < threshold) and abs(bg_pixel[1]
- fullbg_pixel[1] < threshold) and abs(bg_pixel[2] - fullbg_pixel[2] <
threshold)):
    # 如果差值在判断值之内,就返回是相同像素
    return True

else:
    # 如果差值在判断值之外,就返回不是相同像素
    return False
```

(6) 模拟拖曳,代码如下:

```
# 构造滑动轨迹
def get_trace(distance):
    '''
    :param distance: (Int)缺口离滑块的距离
    :return: (List)移动轨迹
    '''

    # 创建存放轨迹信息的列表
    trace = []
    # 设置加速的距离
    faster_distance = distance*(4/5)
    # 设置初始位置、初始速度、时间间隔
    start, v0, t = 0, 0, 0.2
    # 当尚未移动到终点时
    while start < distance:
        # 如果处于加速阶段
        if start < faster_distance:
            # 设置加速度为2
            a = 1.5
        # 如果处于减速阶段
        else:
```

```python
        # 设置加速度为-3
        a = -3
        # 移动的距离公式
        move = v0 * t + 1 / 2 * a * t * t
        # 此刻速度
        v = v0 + a * t
        # 重置初速度
        v0 = v
        # 重置起点
        start += move
        # 将移动的距离加入轨迹列表
        trace.append(round(move))
    # 返回轨迹信息
    return trace
# 模拟拖曳
def move_to_gap(trace):
    # 得到滑块标签
    slider = wait.until(EC.presence_of_element_located((By.CLASS_NAME, 'gt_slider_knob')))
    # 调用click_and_hold()方法悬停在滑块上,perform()方法用于执行
    ActionChains(browser).click_and_hold(slider).perform()
    for x in trace:
        # 调用move_by_offset()方法拖曳滑块,perform()方法用于执行
        ActionChains(browser).move_by_offset(xoffset=x, yoffset=0).perform()
    # 模拟人类对准时间
    sleep(0.5)
    # 释放滑块
    ActionChains(browser).release().perform()
```

经过以上几步操作，即可实现对滑块验证码的破解。不过，在实际应用中需要注意，滑块验证码的版本也在升级，可能今天还能用的代码，也许明天服务端就会对验证码进行了升级，导致破解失效。这就像爬虫与反爬虫之间，就是矛与盾的关系。

10.4 本章小结

本章讲解了图像识别开源库 Tesseract，读者通过对 Tesseract 库的学习和运用，能够规避验证码干扰爬虫的情况，同时还简要介绍了如何对滑块验证码进行破解，从而解决类似的一系列问题，希望大家能有所收获。

第 11 章

爬取 App

现如今，移动平台 App 大行其道，有很多网站已经不再支持浏览器访问，需要查看其中的内容，必须使用其专用的 App。这在某种程度上增加了爬取的难度，因为用户再也不能通过分析网页内容进行爬取。不过凡事有矛就有盾，有攻就有防。顺应这种趋势，专门针对 App 进行爬取的技术也应运而生。这一章就来介绍常用的专门针对移动 App 进行爬取的技术。

11.1 Charles 的使用

Charles 是在 PC 端常用的网络封包截取工具，在进行移动开发时，我们为了调试与服务器端的网络通信协议，常常需要截取网络封包来分析。除了在移动开发中调试端口外，Charles 也可以用于分析第三方应用的通信协议。配合 Charles 的 SSL 功能，Charles 还可以分析 HTTPS 协议。

Charles 通过将自己设置成系统的网络访问代理服务器，使得所有的网络访问请求都通过它来完成，从而实现了网络封包的截取和分析。

11.1.1 下载安装 Charles

要想使用 Charles 进行抓包处理，需要下载并安装 Charles。

（1）首先访问 Charles 的官方网站地址：https://www.charlesproxy.com/，选择与自己系统相匹配的安装包。这里选择下载 Windows64 位的安装包。下载完成后，会得到一个名为 charles-proxy-4.5.1-win64.msi 的安装文件。双击该安装包即可进行安装，其效果如图 11-1 所示。

（2）单击图 11-1 中的 "Next" 按钮进入下一步安装步骤，如图 11-2 所示。

第 11 章 爬取 App

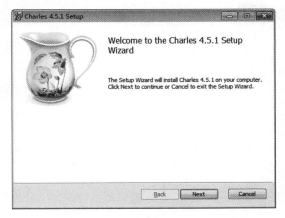

图 11-1　安装 Charles 步骤 I

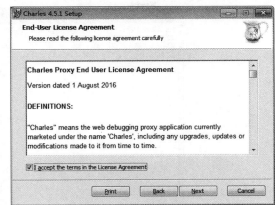

图 11-2　安装 Charles 步骤 II

（3）在图 11-2 的安装界面中，勾选"I accept the terms in the License Agreement"复选框，然后单击下方的"Next"按钮进入下一个安装步骤，如图 11-3 所示。

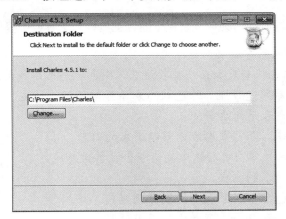

图 11-3　安装 Charles 步骤 III

（4）单击"Change…"按钮可以选择其他路径，否则使用默认路径即可。之后单击下方的"Next"按钮进行安装。

11.1.2　界面介绍

安装之后，即可启动 Charles，其界面如图 11-4 所示。

343

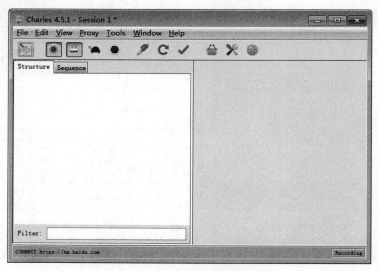

图 11-4　Charles 启动界面

Charles 顶部为菜单导航栏，菜单导航栏下面为工具栏。工具栏中提供了几种常用工具：

- ▓ 清除捕获到的所有请求。
- ◉ 该按钮为红色状态表示正在捕获请求，灰色状态表示目前没有捕获请求。灰色状态表示没有开启网速节流，绿色状态表示开启了网速节流。灰色状态表示没有开启断点，绿色状态表示开启了断点。
- ✎ 编辑修改请求，单击之后可以修改请求的内容。
- ↻ 重复发送请求，单击之后选中的请求会被再次发送。
- ✓ 验证选中的请求的响应。
- 🛍 常用功能，包含 Tools 菜单中的常用功能。
- ✕ 常用设置，包含 Proxy 菜单中的常用设置。

除了工具栏外，下方最大部分就是视图窗口了，Charles 主要提供两种查看封包的视图，分别为 Structure 和 Sequence。

- Structure：此视图将网络请求按访问的域名分类。
- Sequence：此视图将网络请求按访问的时间排序。

使用时可以根据具体的需要在这两种视图之间来回切换。请求多了有些时候会看不过来，Charles 提供了一个简单的 Filter（过滤器）功能，可以输入关键字来快速筛选出 URL 中带指定关键字的网络请求。

对于某一个具体的网络请求，可以查看其详细的请求内容和响应内容。如果请求内容是 POST 的表单，Charles 就会自动将表单进行分项显示。如果响应内容是 JSON 格式的内容，那么 Charles 可以自动将 JSON 内容格式化，方便查看。如果响应内容是图片，那么 Charles 可以显示出图片的预览，非常方便。

11.1.3 Proxy 菜单

Charles 是一个 HTTP 和 SOCKS 代理服务器。代理请求和响应使 Charles 能够在请求从客户端传递到服务器时检查和更改请求，以及从服务器传递到客户端时的响应。下面主要介绍 Charles 提供的一些代理功能。Proxy 菜单的视图如图 11-5 所示。

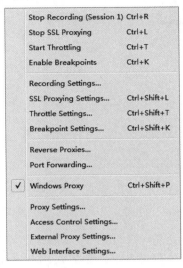

图 11-5　Proxy 菜单

Proxy 菜单包含以下功能：

- Start/Stop Recording：开始/停止记录会话。
- Start/Stop SSL Proxying：开始/停止 SSL 代理。
- Start/Stop Throttling：开始/停止节流。
- Enable/Disable Breakpoints：开启/关闭断点模式。
- Recording Settings：记录会话设置。
- SSL Proxying Settings：SSL 代理设置。
- Throttle Settings：节流设置。
- Breakpoint Settings：断点设置。
- Reverse Proxies Settings：反向代理设置。
- Port Forwarding Settings：端口转发。
- Windows Proxy：记录计算机上的所有请求。
- Proxy Settings：代理设置。
- Access Control Settings：访问控制设置。
- External Proxy Settings：外部代理设置。
- Web Interface Settings：Web 界面设置。

1. Recording Settings 和 Start/Stop Recording

Recording Settings（记录会话设置）和 Start/Stop Recording（开始/停止记录会话）配

合使用，在 Start Recording 状态下，可以通过 Recording Settings 配置 Charles 的会话记录行为。Recording Settings 的视图如图 11-6 所示。

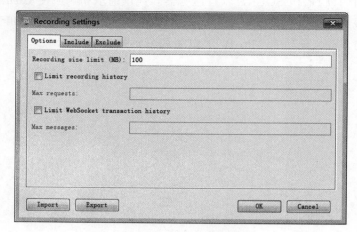

图 11-6　记录设置视图

Recording Settings 有 Options、Include、Exclude 三个选项卡，分别说明如下：

- Options：通过 Recording Size Limits 限制记录数据的大小。当 Charles 记录时，请求、响应头和响应体存储在内存中，或写入磁盘上的临时文件。有时，内存中的数据量太多，Charles 会通知用户并停止录制。在这种情况下，用户应该清除 Charles 会话以释放内存，然后再次开始录制。在录制设置中，用户可以限制 Charles 将记录的最大大小，达到最大大小不会影响用户的浏览，Charles 仅会停止录制。
- Include：只有与地址匹配的请求才会被录制。
- Exclude：与地址匹配的请求将不会被录制。

Include 和 Exclude 选项卡的操作相同，单击"Add"按钮，然后填入需要监控的 Protocol、Host 和 Port 等信息，就达到了过滤的目的。

还有一种方法是在一个请求网址上右击，在弹出的快捷菜单中选择"Focus"选项，然后其他的请求就会被放到 Other Host 分类里面，这样也可以达到过滤的目的。

2. Throttle Settings 和 Start/Stop Throttling

Throttle Settings（节流设置）和 Start/Stop Throttling（开始/停止节流）配合使用，在 Start Throttling 状态下，可以通过 Throttle Settings 配置 Charles 的网速模拟配置。Throttle Settings 的视图如图 11-7 所示。

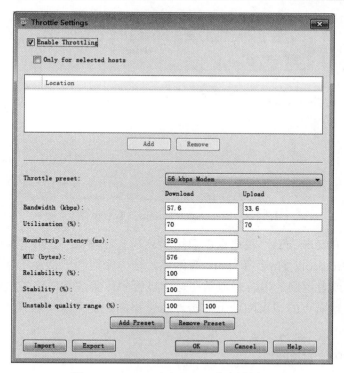

图 11-7　Throttle Settings（节流设置）

勾选图 11-7 中的 "Enable Throttling" 复选框以启用网速模拟配置，在 Throttle Preset 下选择网络类型即可，具体设置可以根据实际情况自行设置。如果只想模拟指定网站的慢速网络，可以再勾选图 11-7 中的 "Only for selected hosts" 选项，然后在对话框的下半部分设置中增加指定的 hosts 项即可。

Throttle Settings 视图中的选项含义如下：

- Bandwidth：带宽。
- Utilization：利用百分比。
- Round-trip：往返延迟。
- MTU：字节。

3. Breakpoint Settings 和 Enable/Disable Breakpoints

Breakpoint Settings（断点设置）和 Enable/Disable Breakpoints（开启/关闭断点）配合使用，在 Enable Breakpoints 状态下，可以通过 Breakpoint Settings 配置 Charles 的断点模式。Breakpoint Settings 的视图如图 11-8 所示。

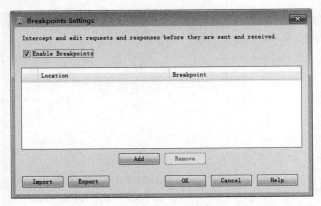

图 11-8　Breakpoint Settings（断点设置）

勾选"Enable Breakpoints"复选框以启用断点模式，单击"Add"按钮，然后填入需要监控的 Scheme、Protocol、Host 和 Port 等信息，这样就达到了设置断点的目的。然后可以观察或者修改请求或者返回的内容，但是在这个过程中需要注意请求的超时时间问题。或者可以在某个想要设置断点的请求网址上右击，在弹出的快捷菜单中选择"Breakpoints"选项来设置断点。

4. Reverse Proxies Settings

Reverse Proxy（反向代理）在本地端口上创建 Web 服务器，该端口透明地将请求代理给远程 Web 服务器。反向代理上的所有请求和响应都可以记录在 Charles 中。

如果客户端应用程序不支持使用 HTTP 代理，或者用户希望避免将其配置为使用代理，那么反向代理很有用。创建原始目标 Web 服务器的反向代理，然后将客户端应用程序连接到本地端口；反向代理对客户端应用程序是透明的，使用户可以查看 Charles 以前可能无法访问的流量。

Proxy Settings（代理设置）的视图如图 11-9 所示。

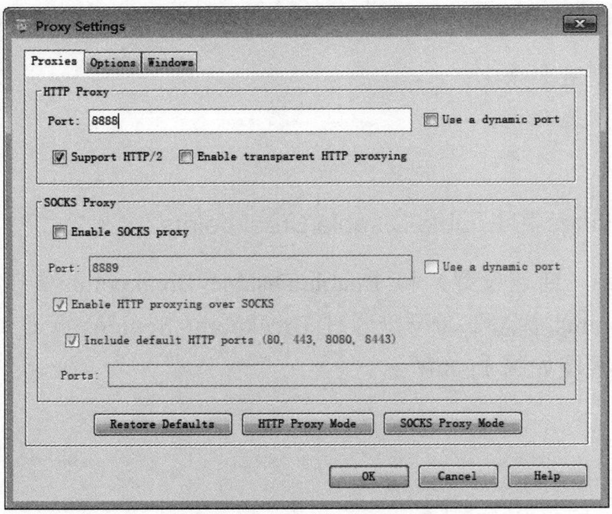

图 11-9　Proxy Settings（代理设置）

代理端口默认为 8888（可以修改），勾选 "Enable transparent HTTP proxying" 复选框即可完成在 Charles 上的代理设置。

5. Access Control Settings

Access Control Settings（访问控制设置）列表确定谁可以使用此 Charles 实例。通常，用户在自己的计算机上运行 Charles，并且只打算自己使用它，因此 localhost 始终包含在访问控制列表中。也可以单击 "Add" 按钮，然后填入允许访问的 IP，这样就达到了允许某个 IP 访问 Charles 的目的。

6. External Proxy Settings

External Proxy Settings 表示外部代理设置。可能在网络上有一个代理服务器，必须使用该代理服务器才能访问 Internet。在这种情况下，需要将 Charles 配置为在尝试访问 Internet 时使用现有代理。

7. Web Interface Settings

Web Interface Settings 表示 Web 界面设置。Charles 有一个 Web 界面，可以从浏览器控制 Charles，或使用 Web 界面作为 Web 服务使用外部程序，如图 11-10 所示。

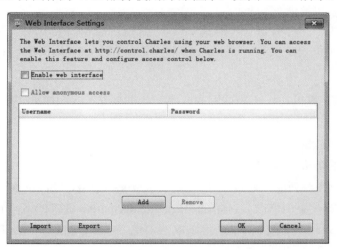

图 11-10　Web 界面设置

在 Web Interface Settings 视图中勾选 "Enable web interface" 复选框启用 Web 界面，可以允许匿名访问，也可以配置用户名和密码，还可以在配置使用 Charles 作为其代理的 Web 浏览器中通过 http://control.charles/ 来访问 Web 界面。

Web 界面提供对以下功能的访问：

- 节流控制。
  - 启用或停用任何已配置的限制预设。
- 录音控制。
  - 开始和停止会话录制。

- 工具。
    - 启用和停用工具。
- 会话控制。
    - 清除当前会话。
    - 以任何支持的格式导出当前会话。
    - 以 Charles 的本机会话格式下载当前会话。
- 退出 Charles。

通过检查 Web 界面 HTML，就可以推导出如何将其用作 Web 服务来自动化 Charles。

11.1.4 使用 Charles 进行 PC 端抓包

Charles 会自动配置浏览器和工具的代理设置，所以打开工具已经是抓包状态了。只需要保证以下两点即可：

- 确保 Charles 处于 Start Recording 状态。
- 勾选 "Proxy | Windows Proxy" 和 "Proxy | Mozilla FireFox Proxy" 复选框。

11.1.5 使用 Charles 进行移动端抓包

手机抓包的原理和 PC 类似，手机通过把网络委托给 Charles 进行代理与服务端进行对话。具体步骤如下：

（1）使手机和计算机在一个局域网内，不一定非要是一个 IP 段，只要是在同一个路由器下即可。

（2）计算机端配置：

关掉计算机端的防火墙（这点很重要）。

打开 Charles 的代理功能：通过主菜单打开 "Proxy | Proxy Settings" 窗口，填入代理端口（端口默认为 8888，不用修改），勾选 "Enable transparent HTTP proxying" 复选框。

如果不需要抓取计算机上的请求，可以取消勾选 "Proxy | Windows Proxy" 和 "Proxy | Mozilla FireFox Proxy" 复选框。

（3）手机端配置：

通过 Charles 的主菜单 "Help | Local IP Address" 或者通过命令行工具输入 ipconfig 查看本机的 IP 地址。

设置代理：打开手机端的 WIFI 代理设置，输入计算机 IP 和 Charles 的代理端口。

设置好之后，打开手机上任意需要网络请求的程序，就可以看到 Charles 弹出手机请求连接的确认菜单（只有首次弹出），单击 "Allow" 按钮即可完成设置。

完成以上步骤，就可以进行抓包了。

11.2 Mitmproxy 的使用

Mitmproxy 是用于 MITM 的 Proxy。MITM 即中间人攻击（Man-In-The-Middle Attacks），用于中间人攻击的代理首先会像正常的代理一样转发请求，保障服务端与客户端的通信，其次，会适时地查询、记录其截获的数据，或篡改数据，引发服务端或客户端特定的行为。本节就来介绍如何使用 Mitmproxy。

11.2.1 安装 Mitmproxy

"安装 Mitmproxy"既可以指"安装 Mitmproxy 工具"，也可以指"安装 Python 的 mitmproxy 包"，注意后者是包含前者的。安装 Python 的 mitmproxy 包除了会得到 Mitmproxy 工具外，还会得到开发定制脚本所需要的包依赖，其安装过程并不复杂。

注　意
Python 版本不低于 3.6，且安装了附带的包管理工具 pip。

安装 Mitmproxy 的命令如下：

```
pip3 install mitmproxy
```

将会出现如图 11-11 所示的安装界面。

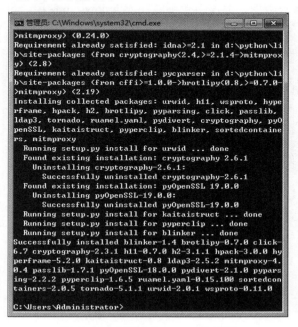

图 11-11　安装 Mitmproxy 的界面

351

安装完成后，系统将拥有 mitmproxy、mitmdump、mitmweb 三个命令。由于 mitmproxy 命令不支持在 Windows 系统中运行（这没关系，不用担心），因此可以使用 mitmdump 测试安装是否成功，执行如下命令：

```
mitmdump --version
```

执行结果将会如图 11-12 所示。

图 11-12　获取 Mitmproxy 的版本

出现如图 11-12 所示的界面，就说明成功安装 Mitmproxy。

11.2.2　启动 Mitmproxy

要启动 Mitmproxy，用 mitmproxy、mitmdump、mitmweb 三个命令中的任意一个即可，这三个命令的功能一致，且都可以加载自定义脚本，唯一的区别是交互界面不同。

执行 mitmproxy 命令，会提供一个命令行界面，用户可以实时看到发生的请求，并通过命令过滤请求，查看请求数据，但该命令不能在 Windows 下使用，直接运行该命令，其结果如图 11-13 所示。

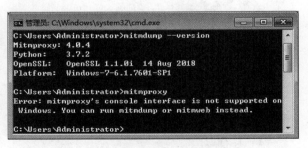

图 11-13　Mitmproxy 出错提示

执行 mitmweb 命令，会提供一个 Web 界面，用户可以实时看到发生的请求，并通过 GUI 交互来过滤请求，查看请求数据，如图 11-14 所示。

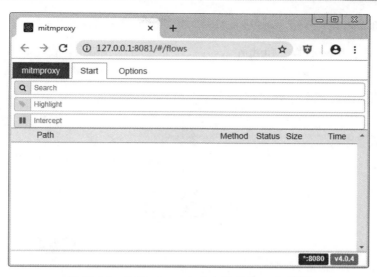

图 11-14　执行 mitmweb 命令提供的 Web 界面

执行 mitmdump 命令，没有界面，程序默默运行，所以 mitmdump 无法提供过滤请求、查看数据的功能，只能结合自定义脚本默默工作。

由于 mitmproxy 命令的交互操作稍显繁杂且不支持 Windows 系统，而我们主要的使用方式是载入自定义脚本，并不需要交互，因此原则上只需要 mitmdump 即可，但考虑到有交互界面可以更方便地排查错误，所以这里以 mitmweb 命令为例进行介绍。实际使用中可以根据情况选择任何一个命令。

启动 Mitmproxy，这里执行 mitmweb 命令：

```
mitmweb
```

命令行窗口如图 11-15 所示。

图 11-15　执行 mitmweb 命令

Mitmproxy 绑定了*:8080 作为代理端口，并提供了一个 Web 交互界面在 127.0.0.1:8081。

现在可以测试一下代理，让 Chrome 以 Mitmproxy 为代理并忽略证书错误。为了不影响平时正常使用，我们不去修改 Chrome 的配置，而是通过命令行带参数的形式运行一个 Chrome。如果不使用 Chrome 而使用其他浏览器，也可以在网上搜索一下对应的启动参数是什么。

```
"C:\Program Files (x86)\Google\Chrome\Application\chrome.exe" --proxy-
```

```
server=127.0.0.1:8080 --ignore-certificate-errors
```

这时就可以让 Chrome 以 Mitmproxy 为代理并忽略证书错误，在这种模式下运行效果如图 11-16 所示。

图 11-16　以代理模式运行浏览器

11.2.3　编写自定义脚本

完成上述工作后，就已经具备了操作 Mitmproxy 的基本能力。接下来，开始开发自定义脚本，这才是 Mitmproxy 真正强大的地方。

脚本的编写需要遵循 Mitmproxy 规定的套路，这样的方法有两个，下面分别介绍。

方法一：编写一个.py 文件供 Mitmproxy 加载，文件中定义了若干函数，这些函数实现了某些 Mitmproxy 提供的事件，Mitmproxy 会在某个事件发生时调用对应的函数，形如：

```
import mitmproxy.http
from mitmproxy import ctx
num = 0
def request(flow: mitmproxy.http.HTTPFlow):
    global num
    num = num + 1
    ctx.log.info("We've seen %d flows" % num)
```

方法二：编写一个.py 文件供 Mitmproxy 加载，文件定义了变量 addons，addons 是一个数组，每个元素是一个类实例，这些类有若干方法，这些方法实现了某些 Mitmproxy 提供的事件，Mitmproxy 会在某个事件发生时调用对应的方法。这些类称为 addon，比如一个叫 Counter 的 addon：

```
import mitmproxy.http
from mitmproxy import ctx
class Counter:
```

```
    def __init__(self):
        self.num = 0
        
    def request(self, flow: mitmproxy.http.HTTPFlow):
        self.num = self.num + 1
        ctx.log.info("We've seen %d flows" % self.num)
addons = [
    Counter()
]
```

这里建议使用第二种方法,直觉上就会感觉第二种方法更为先进,使用起来更方便,也更容易管理和拓展,况且这也是官方内置的一些 addon 的实现方式。将以上代码保存为 **addons.py** 文件备用。

接下来,配合上面的脚本执行 mitmweb 命令:

```
mitmweb -s addons.py
```

当浏览器使用代理进行访问时,就能看到如图 11-17 所示的结果。

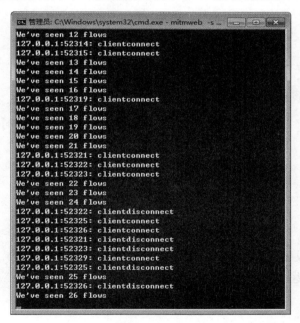

图 11-17　配合脚本使用代理

其中,在每次请求时执行 request(),并将 self.num 加 1,所以会输出如图 11-17 所示的结果,同时也说明自定义脚本生效了。

11.2.4　Mitmproxy 事件

事件针对不同的生命周期分为 5 类,分别是针对 HTTP 生命周期、针对 TCP 生命周期、针对 Websocket 生命周期、针对网络连接生命周期以及通用生命周期。生命周期这里指在哪一个层面看待事件，举例来说，同样是一次 Web 请求，我们可以理解为"HTTP 请求→HTTP 响应"的过程，也可以理解为"TCP 连接→TCP 通信→TCP 断开"的过程。那么，如果我们想拒绝某个 IP 的客户端请求，就应当注册函数到针对 TCP 生命周期的 tcp_start 事件，又或者，我们想阻断对某个特定域名的请求，就应当注册函数到针对 HTTP 声明周期的 http_connect 事件。其他情况同理。

1. 针对 HTTP 生命周期

```
def http_connect(self, flow: mitmproxy.http.HTTPFlow):
```

事件发生时机：收到了来自客户端的 HTTP CONNECT 请求。在 flow 上设置非 2xx 响应将返回该响应并断开连接。CONNECT 不是常用的 HTTP 请求方法，目的是与服务器建立代理连接，仅是 Client 与 Proxy 之间的交流，所以 CONNECT 请求不会触发 request、response 等其他常规的 HTTP 事件。

```
def requestheaders(self, flow: mitmproxy.http.HTTPFlow):
```

事件发生时机：来自客户端的 HTTP 请求的头部被成功读取。此时 flow 中的 request 的 body 是空的。

```
def request(self, flow: mitmproxy.http.HTTPFlow):
```

事件发生时机：来自客户端的 HTTP 请求被成功完整读取。

```
def responseheaders(self, flow: mitmproxy.http.HTTPFlow):
```

事件发生时机：来自服务端的 HTTP 响应的头部被成功读取。此时 flow 中的 response 的 body 是空的。

```
def response(self, flow: mitmproxy.http.HTTPFlow):
```

事件发生时机：来自服务端的 HTTP 响应被成功完整读取。

```
def error(self, flow: mitmproxy.http.HTTPFlow):
```

事件发生时机：发生了一个 HTTP 错误，比如无效的服务端响应、连接断开等。注意与"有效的 HTTP 错误返回"不是一回事，后者是一个正确的服务端响应，只是 HTTP 状态码表示错误而已。

2. 针对 TCP 生命周期

```
def tcp_start(self, flow: mitmproxy.tcp.TCPFlow):
```

事件发生时机：建立了一个 TCP 连接。

```
def tcp_message(self, flow: mitmproxy.tcp.TCPFlow):
```

事件发生时机：TCP 连接收到了一条消息，最近一条消息存于 flow.messages[-1]。消息是可修改的。

```
deftcp_error(self,flow:mitmproxy.tcp.TCPFlow):
```

事件发生时机：发生了 TCP 错误。

```
deftcp_end(self,flow:mitmproxy.tcp.TCPFlow):
```

事件发生时机：TCP 连接关闭。

3. 针对 Websocket 生命周期

```
def websocket_handshake(self, flow: mitmproxy.http.HTTPFlow):
```

事件发生时机：客户端试图建立一个 Websocket 连接。可以通过控制 HTTP 头部中针对 Websocket 的条目来改变握手行为。flow 的 request 属性保证是非空的。

```
defwebsocket_start(self,flow:mitmproxy.websocket.WebSocketFlow):
```

事件发生时机：建立了一个 Websocket 连接。

```
defwebsocket_message(self,flow:mitmproxy.websocket.WebSocketFlow):
```

事件发生时机：收到一条来自客户端或服务端的 Websocket 消息。最近一条消息存于 flow.messages[-1]。消息是可修改的。目前有两种消息类型：对应 BINARY 类型的 frame 和 TEXT 类型的 frame。

```
defwebsocket_error(self,flow:mitmproxy.websocket.WebSocketFlow):
```

事件发生时机：发生了 Websocket 错误。

```
defwebsocket_end(self,flow:mitmproxy.websocket.WebSocketFlow):
```

事件发生时机：Websocket 连接关闭。

4. 针对网络连接生命周期

```
def clientconnect(self, layer: mitmproxy.proxy.protocol.Layer):
```

事件发生时机：客户端连接到了 Mitmproxy。注意一条连接可能对应多个 HTTP 请求。

```
defclientdisconnect(self,layer:mitmproxy.proxy.protocol.Layer):
```

事件发生时机：客户端断开了和 Mitmproxy 的连接。

```
defserverconnect(self,conn:mitmproxy.connections.ServerConnection):
```

事件发生时机：Mitmproxy 连接到了服务端。注意一条连接可能对应多个 HTTP 请求。

```
defserverdisconnect(self,conn:mitmproxy.connections.ServerConnection):
```

事件发生时机：Mitmproxy 断开了和服务端的连接。

```
defnext_layer(self,layer:mitmproxy.proxy.protocol.Layer):
```

事件发生时机：网络 Layer 发生切换。可以通过返回一个新的 Layer 对象来改变将被使用的 Layer。

5. 通用生命周期

```
def configure(self, updated: typing.Set[str]):
```

事件发生时机：配置发生变化。updated 参数是一个类似集合的对象，包含所有变化了的选项。在 Mitmproxy 启动时，该事件也会触发，且 updated 包含所有选项。

```
def done(self):
```

事件发生时机：addon 关闭或被移除，又或者 Mitmproxy 本身关闭。由于会先等事件循环终止后再触发该事件，因此这是一个 addon 可以看见的最后一个事件。由于此时日志已经关闭，因此此时调用 log 函数没有任何输出。

```
def load(self, entry: mitmproxy.addonmanager.Loader):
```

事件发生时机：addon 第一次加载时。entry 参数是一个 Loader 对象，包含添加选项、命令的方法。这里是 addon 配置它自己的地方。

```
def log(self, entry: mitmproxy.log.LogEntry):
```

事件发生时机：通过 mitmproxy.ctx.log 产生了一条新日志。小心不要在这个事件内打印日志，否则会造成死循环。

```
def running(self):
```

事件发生时机：Mitmproxy 完全启动并开始运行。此时，Mitmproxy 已经绑定了端口，所有的 addon 都被加载了。

```
def update(self, flows: typing.Sequence[mitmproxy.flow.Flow]):
```

事件发生时机：一个或多个 flow 对象被修改了，通常来自一个不同的 addon。

以上就是 Mitmproxy 中定义的全部事件，用户可以根据需要扩展这些内容，在不同的事件发生时调用相应事件，执行不同的操作。

11.2.5 实战：演示 Mitmproxy

11.2.4 节介绍了 Mitmproxy 的几种事件，事实上考虑到 Mitmproxy 的实际使用场景，大多数情况下我们只会用到针对 HTTP 生命周期的几个事件。再精简一点，甚至只需要用到 http_connect、request、response 三个事件就能完成大多数需求。

这里实现例子，覆盖这三个事件，展示如何利用 Mitmproxy 工作。需求是这样的：

（1）如果不想用百度搜索，当客户端发起百度搜索时，记录下用户的搜索词，再修改请求，将搜索词改为"360 搜索"。

（2）如果不想用 360 搜索，当客户端访问 360 搜索时，将页面中所有"搜索"字样改为"请使用谷歌"。

（3）因为谷歌无法访问，所以就不要浪费时间去尝试连接服务端了，当发现客户端试图访问谷歌时，直接断开连接。

将上述功能组装成名为 Joker 的 addon，并保留之前名为 Counter 的 addon，都加载进 Mitmproxy。

第一个需求需要篡改客户端请求，所以实现一个 request 事件：

```
def request(self, flow: mitmproxy.http.HTTPFlow):
    # 忽略非百度搜索地址
    if flow.request.host != "www.baidu.com" or not flow.request.path.startswith("/s"):
        return
    # 确认请求参数中有搜索词
    if "wd" not in flow.request.query.keys():
        ctx.log.warn("can not get search word from %s" % flow.request.pretty_url)
        return
    # 输出原始的搜索词
    ctx.log.info("catch search word: %s" % flow.request.query.get("wd"))
    # 替换搜索词为"360 搜索"
    flow.request.query.set_all("wd", ["360 搜索"])
```

第二个需求需要篡改服务端响应，所以实现一个 response 事件：

```
def response(self, flow: mitmproxy.http.HTTPFlow):
    # 忽略非 360 搜索地址
    if flow.request.host != "www.so.com":
        return
    # 将响应中所有"搜索"替换为"请使用谷歌"
    text = flow.response.get_text()
    text = text.replace("搜索", "请使用谷歌")
    flow.response.set_text(text)
```

第三个需求需要拒绝客户端请求，所以实现一个 http_connect 事件：

```
def http_connect(self, flow: mitmproxy.http.HTTPFlow):
    # 确认客户端是想访问 www.google.com
    if flow.request.host == "www.google.com":
        # 返回一个非 2xx 响应断开连接
        flow.response = http.HTTPResponse.make(404)
```

为了实现第四个需求，我们需要将代码整理一下，既易于管理，又易于查看。

创建一个 joker.py 文件，内容为：

```
import mitmproxy.http
from mitmproxy import ctx, http
class Joker:
    def request(self, flow: mitmproxy.http.HTTPFlow):
        if flow.request.host != "www.baidu.com" or not flow.request.path.startswith("/s"):
            return

        if "wd" not in flow.request.query.keys():
            ctx.log.warn("can not get search word from %s" % flow.request.pretty_url)
            return

        ctx.log.info("catch search word: %s" % flow.request.query.get("wd"))
        flow.request.query.set_all("wd", ["360搜索"])

    def response(self, flow: mitmproxy.http.HTTPFlow):
        if flow.request.host != "www.so.com":
            return

        text = flow.response.get_text()
        text = text.replace("搜索", "请使用谷歌")
        flow.response.set_text(text)

    def http_connect(self, flow: mitmproxy.http.HTTPFlow):
        if flow.request.host == "www.google.com":
            flow.response = http.HTTPResponse.make(404)
```

创建一个 counter.py 文件，内容为：

```
import mitmproxy.http
from mitmproxy import ctx


class Counter:
    def __init__(self):
        self.num = 0

    def request(self, flow: mitmproxy.http.HTTPFlow):
        self.num = self.num + 1
        ctx.log.info("We've seen %d flows" % self.num)
```

创建一个 addons.py 文件，内容为：

```
import counter
```

```
import joker

addons = [
    counter.Counter(),
    joker.Joker(),
]
```

将三个文件放在相同的文件夹内，在该文件夹内启动"命令提示符"程序，然后执行如下命令：

```
mitmweb -s addons.py
```

执行结果如图 11-18 所示。

图 11-18　启动脚本文件

在命令行中启动 Chrome 浏览器并指定代理且忽略证书错误。测试一下，执行效果如图 11-19 所示。

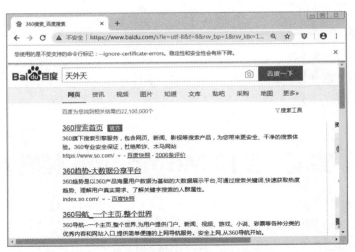

图 11-19　带脚本的代理浏览器执行结果

查看图 11-19 可以发现,所有在百度中的搜索都被替换为了 360 搜索。单击其中的任意一条搜索结果,如图 11-20 所示。

图 11-20　搜索结果

查看浏览器标题可以看到,原本的标题"360 搜索"被替换成了"360 请使用谷歌"。而此时如果尝试访问谷歌网站,就会出现错误提示,如图 11-21 所示。

图 11-21　访问谷歌网站

以上三步分别扩展了 request 事件、response 事件以及 http_connect 事件,在其中做了一些自定义事件,实现了上述效果。

11.3　实战:使用 Mitmdump 爬取 App

11.2 节重点介绍了如何使用 Mitmproxy 进行代理访问,这一节就来介绍如何使用 Mitmdump 来爬取 App 中的内容,这里将会对 App 中的电子书信息进行爬取。这次爬取的侧重点是了解 Mitmdump 工具的用法,所以暂不涉及自动化爬取,App 的操作还是手动进行的。Mitmdump 负责捕捉响应并将数据提取保存。

11.3.1 事先准备

请确保已经正确安装了 Mitmproxy 和 Mitmdump，手机和 PC 处于同一个局域网下，同时配置好了 Mitmproxy 的 CA 证书。我们将会把爬取结果保存于文件中。

前面已经介绍了 Mitmproxy 的安装，这里来说明如何为手机配置 Mitmproxy 的 CA 证书。

安装完 Mitmproxy 之后，在类似路径 C:\Users\Administrator\.mitmproxy 中会发现如下文件列表，这些文件就是我们要使用的证书：

- mitmproxy-ca.pem：PEM 格式证书私钥。
- mitmproxy-ca-cert.cer：PEM 格式证书，与 mitmproxy-ca-cert.pem 相同，只是改变了后辍，适用于部分 Android。
- mitmproxy-ca-cert.pem：PEM 格式证书，适用于大多数非 Windows 平台。
- mitmproxy-ca-cert.p12：PKCS12 格式证书，适用于 Windows。
- mitmproxy-ca.p12：PKCS12 格式证书私钥。
- mitmproxy-dhparam.pem：-PEM 格式秘钥文件，用于增强 SSL 安全性。
- Windows 安装证书：双击 mitmproxy-ca-cert.p12，之后全部默认单击"下一步"按钮直到安装完成。
- Android 安装证书：通过 USB 把 mitmproxy-ca-cert.cer 复制到手机上，使用证书安装器安装证书，这时会弹出如图 11-22 所示的安装证书对话框。

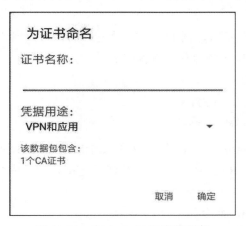

图 11-22　在 Android 下安装证书

这时为证书输入名称，单击"确定"按钮，如果手机没有锁屏密码，就可能会提示用户只有设置了密码才能使用证书存储，根据提示设置密码，即可完成证书的安装。

安装证书之后，就可以在手机的"设置/更多设置/系统安全/加密与凭据/信任的凭据/用户"项下看到已经安装的证书，如图 11-23 所示。在安装完证书之后，还需要为手机 WIFI 配置代理，打开手机 WIFI 设置界面，进入连接的 WIFI，单击"代理"，选择"手动"，将打开如图 11-24 所示的代理设置界面。

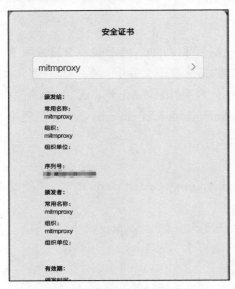

图 11-23　查看安装 mitmproxy 证书　　　　图 11-24　手动设置代理

这里的主机名要输入计算机端的局域网 IP 地址，如 192.168.1.1，这里根据实际情况填写。然后在端口中填入 8080，之后单击"确定"按钮即可完成代理设置。

11.3.2　带脚本抓取

在抓取之前，首先需要获取访问的 URL 及返回的内容，所以这里探寻一下当前页面的 URL 和返回内容，我们编写一个脚本，内容如下：

```
def response(flow):
    print(flow.request.url)
    print(flow.response.text)
```

以上代码扩充了 response() 方法，在其中输出请求的 URL 及返回的文本信息，这里只输出了请求的 URL 和响应的 Body 内容，也就是请求链接和响应内容这两个关键的部分。将脚本保存为 script.py。

接下来运行 Mitmdump，命令如下：

```
mitmdump -s script.py
```

打开"得到" App 的电子书页面，便可以看到 PC 端控制台有相应输出。接着滑动页面加载更多电子书，控制台新出现的输出内容就是 App 发出的新的加载请求，包含下一页的电子书内容。控制台输出结果示例如图 11-25 所示。

第 11 章 爬取 App

图 11-25 控制台输出内容

下面我们将尝试获取 App 访问时服务端返回的内容，分析返回的内容，并将页面中的内容保存到文本文件中。

11.3.3 分析结果并保存

从 11.3.2 小节的代码中可以发现 flow.response.text 即为需要获取的内容，分析其内容就可以获取我们想要爬取的结果，这里将结果保存在文本文件中。

```
import json
from mitmproxy import ctx

fp= open('thefile.txt','a')


def response(flow):
    global collection
    url = 'https://dedao.igetget.com/v3/discover/bookList'
    if flow.request.url.startswith(url):
        text = flow.response.text
        data = json.loads(text)
        books = data.get('c').get('list')
        for book in books:
            data = {'title': book.get('operating_title'),
                'cover': book.get('cover'),
                'summary': book.get('other_share_summary'),
```

```
            'price': book.get('price')
        }
        ctx.log.info(str(data))
        fp.write(data)
fp.close()
```

以上代码扩充了 response() 方法，在其中获取 App 请求 URL 的内容，即 flow.response.text；之后获取其中所有 book 的内容，然后通过遍历将每个 book 的内容写入文件中。

11.4 Appium 的基本使用

前面介绍了 Mitmproxy，这一节来介绍另一款工具 Appium。Appium 是一个跨平台移动端自动化测试工具，可以非常便捷地为 iOS 和 Android 平台创建自动化测试用例。它可以模拟 App 内部的各种操作，如单击、滑动、文本输入等，我们手工操作的动作 Appium 都可以完成。Appium 利用 WebDriver 来实现 App 的自动化测试。对于 iOS 设备来说，Appium 使用 UIAutomation 来实现驱动。对于 Android 设备来说，Appium 使用 UiAutomator 和 Selendroid 来实现驱动。

Appium 相当于一个服务器，我们可以向 Appium 发送一些操作指令，Appium 就会根据不同的指令对移动设备进行驱动，进而完成不同的动作。

对于爬虫来说，我们用 Selenium 来抓取 JavaScript 渲染的页面，可见即可爬。Appium 同样可以，用 Appium 来做 App 爬虫不失为一个好的选择。

11.4.1 安装 Appium——直接下载安装包 AppiumDesktop

在使用前，首先需要安装 Appium。Appium 负责驱动移动端来完成一系列操作。

同时，Appium 也相当于一个服务器，我们可以向它发送一些操作指令，它会根据不同的指令对移动设备进行驱动，以完成不同的动作。

安装 Appium 有两种方式：一种是直接下载安装包 AppiumDesktop 来安装；另一种是通过 Node.js 来安装。本小节介绍第一种安装方式，下一小节再介绍第二种安装方式。

AppiumDesktop 支持全平台的安装，我们直接从 GitHub 的 Releases 里面安装即可，链接为 https://github.com/appium/appium-desktop/releases。

目前的最新版本是 1.15.1，下载页面如图 11-26 所示。

第 11 章 爬取 App

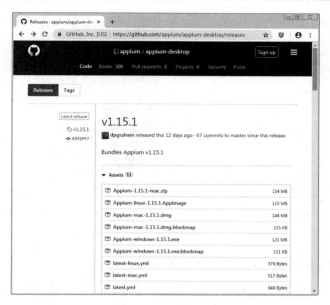

图 11-26 下载页面

在 Windows 平台可以下载.exe 安装包 Appium-windows-1.15.1.exe；在 Mac 平台可以下载.dmg 安装包，如 Appium-mal-1.15.1.dmg；在 Linux 平台可以选择下载源码，但是更推荐用 Node.js 安装方式。

安装完成后运行，看到的页面如图 11-27 所示。

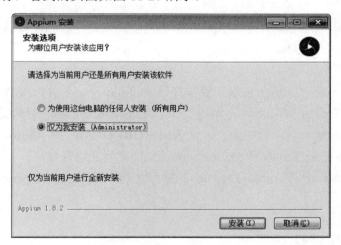

图 11-27 Appium 安装

图 11-27 所示为选择安装类型，第一项为"为使用这台电脑的任何人安装（所有用户）"，第二项为"仅为我安装（Administrator）"，这里可根据需要进行选择，通常选用第二项即可，选择之后单击"安装"按钮进入下一步，如图 11-28 所示。安装结束后如图 11-29 所示。

367

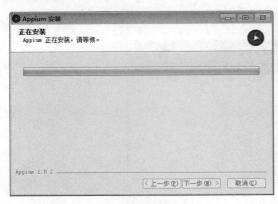 

图 11-28　开始安装　　　　　　　　　图 11-29　安装完成

11.4.2　安装 Appium——通过 Node.js

首先本机必须已经安装 Node.js，具体方法这里不再赘述。接下来，使用 npm 命令全局安装 Appium 即可：

```
npm install -g appium
```

此时等待命令执行完成即可，这样就成功安装了 Appium。

11.4.3　Android 开发环境配置

如果我们要使用 Android 设备做 App 抓取的话，还需要下载和配置 Android SDK，这里推荐直接安装 Android Studio，其下载地址为 http://www.android-studio.org/。下载后直接安装即可。

然后，还需要下载 Android SDK。直接打开 Android Studio 首选项里面的 Android SDK 设置页面，勾选要安装的 SDK 版本，单击"OK"按钮即可下载和安装勾选的 SDK 版本。

另外，还需要配置一下环境变量，添加 ANDROID_HOME 为 Android SDK 所在路径，然后添加 SDK 文件夹下的 tools 和 platform-tools 文件夹到 PATH 中。

更详细的配置可以参考 Android Studio 的官方文档：https://developer.android.com/studio/intro/index.html。

11.4.4　iOS 开发环境配置

首先需要声明的是，Appium 是一个做自动化测试的工具，用它来测试我们自己开发的 App 是完全没问题的，因为它携带的是开发证书（Development Certificate）。但如果我们想拿 iOS 设备来做数据爬取的话，那又是另一回事了。一般情况下，我们做数据爬取都是使用现有的 App，在 iOS 上一般都是通过 App Store 下载的，它携带的是分发证书（Distribution Certificate），而携带这种证书的应用都是禁止被测试的，所以只有获取 ipa 安装包再重新签名之后才可以被 Appium 测试，具体的方法这里不再阐述。

这里推荐直接使用 Android 来进行测试。如果你可以完成上述重签名操作，那么可以参考如下内容配置 iOS 开发环境。

Appium 驱动 iOS 设备必须要在 Mac 下进行，Windows 和 Linux 平台是无法完成的，所以下面介绍一下 Mac 平台的相关配置。

Mac 平台需要的配置如下：

- Mac OS X 10.12 及更高版本。
- XCode 8 及更高版本。

配置满足要求之后，执行如下命令即可配置开发依赖的一些库和工具：

```
xcode-select --install
```

这样 iOS 部分的开发环境就配置完成了，我们可以用 iOS 模拟器来进行测试和数据抓取了。

如果想要用真机进行测试和数据抓取，还需要额外配置其他环境，具体可以参考 https://github.com/appium/appium/blob/master/docs/en/appium-setup/real-devices-ios.md。

11.4.5 使用 Appium

上一小节完成了 Appium 的下载与安装，下面就来运行 Appium。打开 Appium，其主界面如图 11-30 所示。

图 11-30 首次运行 Appium

图 11-30 所示为简单模式，其中仅有 Host 主机与 Port 端口两项，其中 Host 中填写服务器的 IP 地址，端口使用默认的 4723 即可。然后单击 Start Server v1.9.1 启动服务。将出现如图 11-31 所示的界面。

图 11-31　启动服务

Appium 开始对主机的端口进行监听。单击图 11-31 右上方的放大镜图标可以进入可视化客户端，如图 11-32 所示。

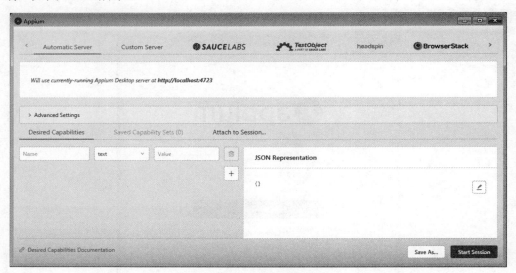

图 11-32　可视化客户端

单击图 11-32 右下方的"Start Session"按钮即可创建一个 Session。关于创建 Session 的参数示例，以 Android 为例，使用如下代码：

```
{
  "deviceName": "adb device 获取设备名",
  "platformVersion": "8.0.0",
  "appPackage": "com.example.pkg",
  "platformName": "Android",
```

```
    "appActivity": "com.example.pkg.WelcomeActivity"
}
```

其中的 appPackage 即为安卓中安装应用的包名称，通过该 Session 即可实现对安卓 App 的操作。

11.4.6 操作 App

将 Android 手机通过数据线和运行 Appium 的 PC 相连，同时打开 USB 调试功能，确保 PC 可以连接到手机。

可以输入 adb 命令来测试连接情况，代码如下：

```
adb devices -l
```

如果出现类似如下结果，就说明 PC 已经正确连接手机。

```
List of devices attached
2da42ac0 device usb:336592896X product:leo model:MI_NOTE_Pro device:leo
```

model 是设备的名称，就是后文需要用到的 deviceName 变量。

如果提示找不到 adb 命令，请检查 Android 开发环境和环境变量是否配置成功。如果可以成功调用 adb 命令，但不显示设备信息，请检查手机和 PC 的连接情况。

单击 Appium 中的"Start New Session"按钮，需要配置启动 App 时的 Desired Capabilities 参数，它们分别是 platformName、deviceName、appPackage、appActivity。

- platformName：平台名称，需要区分是 Android 还是 iOS，此处填写 Android。
- deviceName：设备名称，是手机的具体类型。
- appPackage：App 程序包名。
- appActivity：入口 Activity 名，这里通常需要以"."（点号）开头。

这里插入一点，如何获取 App 的 appPackage、程序包名及 appActivity 入口名？这里针对 3 种不同的情况，有 3 种不同的方法。下面分别来说明。

（1）有源码的情况

直接打开 AndroidManifest.xml 文件，找到包含 android.intent.action.MAIN 和 android.intent.category.LAUNCHER 对应的 activity。如以下代码中第 3 行的 package 为 com.cola.ui，第 7 行主 Activity 为 com.cola.ui.ColaBox（.ColaBox 为 Activity 简写方式）。

```
1   <?xml version="1.0" encoding="utf-8"?>
2   <manifest xmlns:android="http://schemas.android.com/apk/res/android"
3       package="com.cola.ui"
4       android:versionCode="1"
5       android:versionName="1.0.0">
6       <application android:icon="@drawable/icon" android:label="@string/app_name">
```

```
7        <activity android:name=".ColaBox"
8            android:label="@string/app_name">
9          <intent-filter>
10             <action android:name="android.intent.action.MAIN" />
11             <category android:name="android.intent.category.LAUNCHER" />
12         </intent-filter>
13       </activity>
14     <activity android:name="Frm_Addbills"></activity>
15     <activity android:name="Frm_Editacctitem"></activity>
16     <activity android:name="Grid_bills"></activity>
17     <service android:name="LocalService" android:exported="true"
android:enabled="true"/>

18     </application>
19     <uses-permission android:name="android.permission.READ_CONTACTS" />


20 </manifest>
```

（2）只有 APK 的情况

针对这种情况，可以采用不同的工具分析 APK。

① 使用反编译工具 ApkTool，反编译后，打开 AndroidManifest.xml 文件，查找方式同"有源码的情况"。使用 ApkTool 反编译 App：

```
apktool.bat d es3.apk E:\apk\es
```

之后打开 AndroidManifest.xml。manifest 节点的 package 属性值是应用的包名：<manifest package="com.estrongs.android.pop">。查找 android.intent.action.MAIN 和 android.intent.category.LAUNCHER 对应的 activity，该 activity 对应的 android:name 属性就是入口 activity 名称。代码如下：

```
<activity android:theme="@*android    tyle/Theme.NoTitleBar"
android:label="@string/app_name"
android:name="com.estrongs.android.pop.view.FileExplorerActivity">
   <intent-filter>
   <action android:name="android.intent.action.MAIN" />
   <category android:name="android.intent.category.LAUNCHER" />
   </intent-filter>
</activity>
```

android.intent.action.MAIN 决定应用程序最先启动的 activity。
android.intent.category.LAUNCHER 决定应用程序是否显示在程序列表里。

② AAPT

使用 AAPT，它是 SDK 自带的一个工具，在 sdk\builds-tools\目录下。

以 ES 文件浏览器为例，在命令行中切换到 aapt.exe 目录执行：

```
aapt dump badging E:\apk\es3.apk
```

在执行之后的结果中，以下两行分别是应用包名 package 和入口 activity 名称。

```
package: name='com.estrongs.Android.pop'
launchable-activity: name='com.estrongs.android.pop.view.FileExplorerActivity'
```

[java] view plain copy

```
package: name='<span style="color: rgb(102, 102, 102);">com.estrongs.android.pop</span>' versionCode='1' versionName='1.0'
sdkVersion:'8'
application-label:'EngineeringTest'
application-icon-120:'res/drawable-ldpi/ic_launcher.png'
application-icon-160:'res/drawable-mdpi/ic_launcher.png'
application-icon-240:'res/drawable-hdpi/ic_launcher.png'
application: label='EngineeringTest' icon='res/drawable-mdpi/ic_launcher.png'
launchable-activity: name='<span style="color: rgb(102, 102, 102);">com.estrongs.android.pop.view.FileExplorerActivity</span>' label='EngineeringTest' icon=''
uses-permission:'android.permission.INTERNET'
uses-feature:'android.hardware.touchscreen'
main
other-activities
other-receivers
other-services
supports-screens: 'small' 'normal' 'large'
supports-any-density: 'true'
locales: '--_--'
densities: '120' '160' '240'
```

> **提 示**
> 在 Android SDK 目录搜索可以找到 aapt.exe，如果没有，则可以下载 ApkTool。

（3）没有 APK，应用已经安装到手机或虚拟机中。

① Logcat

清除 Logcat 内容，可执行如下命令：

```
adb logcat -c
```

启动 Logcat，可执行如下命令：

```
adb logcat ActivityManager:I *:s
```

② dumpsys

启动要查看的程序，输入如下命令：

```
adb shell dumpsys window w |findstr // |findstr name=
```

③ 使用工具 Dev Tools

Dev Tools 是安卓模拟器自带的一个开发调试工具，可以通过以下方式把该工具从模拟器移出来，然后安装到我们的真实机器中。安装步骤：

```
- adb -e pull /system/app/Development.apk ./Development.apk
- adb -d install Development.apk
```

当然，我们也可以选择从网上直接下载安装。使用方法如下：

打开 Dev Tools 并选择 "Package Browser" 选项，选择要测试的 App，查看该 App 所有的 activity 以及 Package 名。

下面我们在 Appium 可视化界面中来手动设置以上变量，如图 11-33 所示。

图 11-33　手动设置各个参数

设置完成之后，先单击 "Save As..." 按钮，将设置保存下来，以后再使用就不用重新设置了。之后单击 "Start Session" 按钮即可启动手机上的应用程序进入启动界面。同时，计算机上会弹出一个调试窗口，从这个窗口我们可以预览当前手机页面，并可查看页面的源码。

11.5　本章小结

本章主要介绍了如何对 App 进行爬取、Charles 的使用、mitmproxy 的使用以及 Appium 的基本使用，通过这些工具结合特定脚本即可实现对 App 内容的爬取，只要获取到了 App 访问的 URL 以及返回的 response 内容，就可以像常规爬取一样对内容进行爬取。

第 12 章

爬虫与反爬虫

在使用爬虫技术时，需要考虑怎么对付反爬虫技术，希望本章内容能给读者带来启示。

从用户的角度来看，只是想获取网站的数据，对其他的内容完全不感兴趣。从网站方的角度来看，只是想为正常上网用户提供服务。为网络机器人（Python 爬虫）提供数据并不能获取有效流量（为网站运营方带来利益），那么网站以技术（反爬虫技术）拒绝网络爬虫也就是理所当然的事了。

双方都有充足的理由，使用起"武器"来自然是毫不手软。爬虫与反爬虫的斗争一直都在进行着，可能永远都不会停止，到底是矛更加尖锐，还是盾更加坚固，那就要看各自的手段了。

爬虫在很多场景下的确是有必要的，但现在爬虫技术的使用已经处于失控状态。据说目前网络流量中有 60%以上都是由爬虫提供的，这就未免有些过分了。而且有些爬虫即使获取不到任何数据，也会孜孜不倦地继续工作，永不停息。这种失控的爬虫只会不停地消耗资源，对相关的双方都没有好处。

12.1 防止爬虫 IP 被禁

先来假设一个场景。一个普通的网络管理员，发觉网站的访问量有不正常的波动，通常第一反应就是检查日志，查看访问的 IP。此时如果发现某一个或几个 IP 在很短的时间内发出了大量的请求，比如每秒 10 次，那么这个 IP 就有爬虫的嫌疑，正常用户是不可能有这种操作速度的，即使是以最快的速度单击"刷新"按钮也不可能每秒 10 次。

12.1.1 反爬虫在行动

对付这种 IP，最简单的方法是一禁了之。实际上，无论是 Apache 还是 Nginx 都可以限制来自同一个 IP 地址的访问频率和并发数，修改 Apache 或者 Nginx 的配置文件就可以解决。但在 Apache 或 Nginx 中设置禁止访问的 IP 后，需要重启服务才能生效。所以，还需要考虑采用更方便的方法。正常来说，空间主机都有主机管理面板，找到 IP 限制，将疑似爬虫的 IP 填进去就可以了，如图 12-1 所示。

图 12-1　限制 IP

也可以用网站安全狗之类的软件设置黑名单。限制访问 IP 的方法很多，任意选一种都能达到目的。

这样一禁了之当然简单，但是有时候会误伤正常用户。同一个 IP 大量发送请求只是有爬虫嫌疑，但并不一定就是爬虫。一个人当然不能每秒 10 次的发送请求，但 10 个人呢？要知道，目前主流使用的是 IPv4 协议，IP 数量严重不足，很多局域网都是使用 NAT 共用一个公网 IP 的，一个大的局域网每秒发送 10 个请求也不奇怪。反爬虫的目的是过滤爬虫，而不是宁可封锁一千也不放过一个，所以还需要其他的方法来分辨爬虫。

先遍写一个简单的 Python 程序来连接网站，再跟浏览器连接网站比较一下。在 Burp Suite 中可以非常清楚地看到它们的区别。连接程序 connWebWithProxy.py 的代码如下：

```python
#!/usr/bin/env python3
#-*- coding:utf-8 -*-

import urllib.request
import sys

proxyDic = {'http': 'http://112.0.0.1:8080'}

def connWeb(url):
    proxyHandler = urllib.request.ProxyHandler(proxyDic)
    opener = urllib.request.build_opener(proxyHandler)
    urllib.request.install_opener(opener)
    try:
        response = urllib.request.urlopen(url)
        htmlCode = response.read().decode('utf-8')
    except Exception as e:
        print("connect web faild...")
        print(e)
    else:
        print(htmlCode)

if __name__ == '__main__':
    url = sys.argv[1]
    connWeb(url)
```

> **注　意**
> http://112.0.0.1:8080 是 Burp Suite 的监听端口。

执行如下命令：

```
python connWebWithProxy.py study.163.com
```

执行结果如图 12-2 所示。

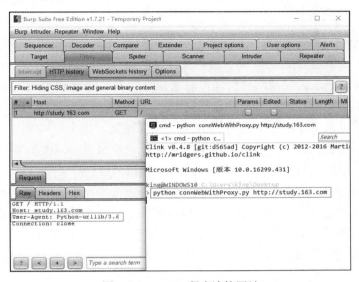

图 12-2　Python 程序连接网站

可以看到，使用 Python 程序连接网站时，User-Agent 的值是 Python-urllib/3.6。在浏览器中，使用 Burp Suite 的监听端口为代理，连接网站得到的结果如图 12-3 所示。

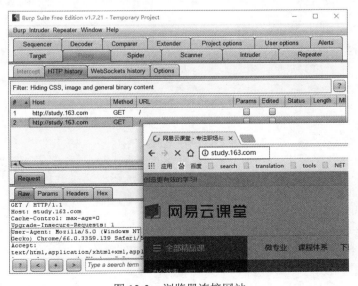

图 12-3　浏览器连接网站

浏览器连接网站时，User-Agent 显示的是浏览器的信息。通过对比可以得知，服务器端如果发现请求的 User-Agent 中含有 Python 等字符串，那么必定是机器人（Python 爬虫）发送的请求。

因此，网管就可以得出结论：凡是在某个时间段频繁连接服务器，并且发送请求的 User-Agent 中含有 Python 等字符串的就是爬虫。对这类 IP 一封了之，必定没错。

12.1.2 爬虫的应对

爬虫 IP 被封锁了，编写爬虫的程序员会反思，到底是哪个方面露出了马脚。首先该考虑的就是 User-Agent 和爬虫的时间间隔，这是最容易出漏洞的地方。毕竟 User-Agent 是如此明显，而且不停地发送请求，只要网络管理员愿意花点功夫，就一定可以鉴别出爬虫。

已知破绽，那就需要有针对性地修改爬虫程序。

首先，在每次请求时添加一个延迟（Delay）间隔时间。这个时间既要兼顾效率，不宜设置得太长，也不能设置得太短，避免被服务端发觉。一般来说 5~10 秒都是没问题的。不要使用一个固定值，使用 random 随机选择延迟 delay 的值最佳。

其次，收集 User-Agent，组成一个 User-Agent 池。每次发送请求时，从 User-Agent 池中随机获取一个 User-Agent，让服务器认为发送请求的不是网络爬虫，而是来自一个大型局域网的请求。在前面章节中的爬虫都是这么做的。这里再举一个简单的例子，把 connWebWithProxy.py 稍微修改一下，最终得到的 connWebWithUserAgent.py 程序代码如下：

```python
#!/usr/bin/env python3
#-*- coding:utf-8 -*-

import urllib.request
import sys
import random
import time

proxyDic = {'http': 'http://112.0.0.1:8080'}
userAgentDic = {
    '淘宝浏览器 2.0 on Windows 7 x64': 'Mozilla/5.0 (Windows NT 6.1; WOW64) AppleWebKit/536.11 (KHTML, like Gecko) Chrome/20.0.1132.11 TaoBrowser/2.0 Safari/536.11',
    '猎豹浏览器 2.0.10.3198 急速模式 on Windows 7 x64': 'Mozilla/5.0 (Windows NT 6.1; WOW64) AppleWebKit/537.1 (KHTML, like Gecko) Chrome/21.0.1180.71 Safari/537.1 LBBROWSER',
    '猎豹浏览器 2.0.10.3198 兼容模式 on Windows 7 x64': 'Mozilla/5.0 (compatible; MSIE 9.0; Windows NT 6.1; WOW64; Trident/5.0; SLCC2; .NET CLR 2.0.50727; .NET CLR 3.5.30729; .NET CLR 3.0.30729; Media Center PC 6.0; .NET4.0C; .NET4.0E; LBBROWSER)',
```

    '猎豹浏览器 2.0.10.3198 兼容模式 on Windows XP x86 IE6': 'Mozilla/4.0 (compatible; MSIE 6.0; Windows NT 5.1; SV1; QQDownload 732; .NET4.0C; .NET4.0E; LBBROWSER)',
    '猎豹浏览器 1.5.9.2888 急速模式 on Windows 7 x64': 'Mozilla/5.0 (Windows NT 6.1; WOW64) AppleWebKit/535.11 (KHTML, like Gecko) Chrome/17.0.963.84 Safari/535.11 LBBROWSER',
    '猎豹浏览器 1.5.9.2888 兼容模式 on Windows 7 x64': 'Mozilla/4.0 (compatible; MSIE 7.0; Windows NT 6.1; WOW64; Trident/5.0; SLCC2; .NET CLR 2.0.50727; .NET CLR 3.5.30729; .NET CLR 3.0.30729; Media Center PC 6.0; .NET4.0C; .NET4.0E)',
    'QQ 浏览器 7.0 on Windows 7 x64 IE9': 'Mozilla/5.0 (compatible; MSIE 9.0; Windows NT 6.1; WOW64; Trident/5.0; SLCC2; .NET CLR 2.0.50727; .NET CLR 3.5.30729; .NET CLR 3.0.30729; Media Center PC 6.0; .NET4.0C; .NET4.0E; QQBrowser/7.0.3698.400)',
    'QQ 浏览器 7.0 on Windows XP x86 IE6': 'Mozilla/4.0 (compatible; MSIE 6.0; Windows NT 5.1; SV1; QQDownload 732; .NET4.0C; .NET4.0E)',
    '360 安全浏览器 5.0 自带 IE8 内核版 on Windows XP x86 IE6': 'Mozilla/4.0 (compatible; MSIE 7.0; Windows NT 5.1; Trident/4.0; SV1; QQDownload 732; .NET4.0C; .NET4.0E; 360SE) ',
    '360 安全浏览器 5.0 on Windows XP x86 IE6': 'Mozilla/4.0 (compatible; MSIE 6.0; Windows NT 5.1; SV1; QQDownload 732; .NET4.0C; .NET4.0E) ',
    '360 安全浏览器 5.0 on Windows 7 x64 IE9': 'Mozilla/4.0 (compatible; MSIE 7.0; Windows NT 6.1; WOW64; Trident/5.0; SLCC2; .NET CLR 2.0.50727; .NET CLR 3.5.30729; .NET CLR 3.0.30729; Media Center PC 6.0; .NET4.0C; .NET4.0E) ',
    '360 急速浏览器 6.0 急速模式 on Windows XP x86': 'Mozilla/5.0 (Windows NT 5.1) AppleWebKit/537.1 (KHTML, like Gecko) Chrome/21.0.1180.89 Safari/537.1',
    '360 急速浏览器 6.0 急速模式 on Windows 7 x64': 'Mozilla/5.0 (Windows NT 6.1; WOW64) AppleWebKit/537.1 (KHTML, like Gecko) Chrome/21.0.1180.89 Safari/537.1',
    '360 急速浏览器 6.0 兼容模式 on Windows XP x86 IE6': 'Mozilla/4.0 (compatible; MSIE 6.0; Windows NT 5.1; SV1; QQDownload 732; .NET4.0C; .NET4.0E)',
    '360 急速浏览器 6.0 兼容模式 on Windows 7 x64 IE9': 'Mozilla/4.0 (compatible; MSIE 7.0; Windows NT 6.1; WOW64; Trident/5.0; SLCC2; .NET CLR 2.0.50727; .NET CLR 3.5.30729; .NET CLR 3.0.30729; Media Center PC 6.0; .NET4.0C; .NET4.0E) ',
    '360 急速浏览器 6.0 IE9/IE10 模式 on Windows 7 x64 IE9': 'Mozilla/5.0 (compatible; MSIE 9.0; Windows NT 6.1; WOW64; Trident/5.0; SLCC2; .NET CLR 2.0.50727; .NET CLR 3.5.30729; .NET CLR 3.0.30729; Media Center PC 6.0; .NET4.0C; .NET4.0E) ',
    '搜狗浏览器 4.0 高速模式 on Windows XP x86': 'Mozilla/5.0 (Windows NT 5.1) AppleWebKit/535.11 (KHTML, like Gecko) Chrome/17.0.963.84 Safari/535.11 SE 2.X MetaSr 1.0',
    '搜狗浏览器 4.0 兼容模式 on Windows XP x86 IE6': 'Mozilla/4.0 (compatible; MSIE 7.0; Windows NT 5.1; Trident/4.0; SV1; QQDownload 732; .NET4.0C; .NET4.0E; SE 2.X MetaSr 1.0) ',

```python
        'Waterfox 16.0 on Windows 7 x64': 'Mozilla/5.0 (Windows NT 6.1; Win64; x64; rv:16.0) Gecko/20121026 Firefox/16.0',
        'iPad': 'Mozilla/5.0 (iPad; U; CPU OS 4_2_1 like Mac OS X; zh-cn) AppleWebKit/533.17.9 (KHTML, like Gecko) Version/5.0.2 Mobile/8C148 Safari/6533.18.5',
        'Firefox x64 4.0b13pre on Windows 7 x64': 'Mozilla/5.0 (Windows NT 6.1; Win64; x64; rv:2.0b13pre) Gecko/20110307 Firefox/4.0b13pre',
        'Firefox x64 on Ubuntu 12.04.1 x64': 'Mozilla/5.0 (X11; Ubuntu; Linux x86_64; rv:16.0) Gecko/20100101 Firefox/16.0',
        'Firefox x86 3.6.15 on Windows 7 x64': 'Mozilla/5.0 (Windows; U; Windows NT 6.1; zh-CN; rv:1.9.2.15) Gecko/20110303 Firefox/3.6.15',
        'Chrome x64 on Ubuntu 12.04.1 x64': 'Mozilla/5.0 (X11; Linux x86_64) AppleWebKit/537.11 (KHTML, like Gecko) Chrome/23.0.1271.64 Safari/537.11',
        'Chrome x86 23.0.1271.64 on Windows 7 x64': 'Mozilla/5.0 (Windows NT 6.1; WOW64) AppleWebKit/537.11 (KHTML, like Gecko) Chrome/23.0.1271.64 Safari/537.11',
        'Chrome x86 10.0.648.133 on Windows 7 x64': 'Mozilla/5.0 (Windows; U; Windows NT 6.1; en-US) AppleWebKit/534.16 (KHTML, like Gecko) Chrome/10.0.648.133 Safari/534.16',
        'IE9 x64 9.0.8112.16421 on Windows 7 x64': 'Mozilla/5.0 (compatible; MSIE 9.0; Windows NT 6.1; Win64; x64; Trident/5.0)',
        'IE9 x86 9.0.8112.16421 on Windows 7 x64': 'Mozilla/5.0 (compatible; MSIE 9.0; Windows NT 6.1; WOW64; Trident/5.0)',
        'Firefox x64 3.6.10 on Ubuntu 10.10 x64': 'Mozilla/5.0 (X11; U; Linux x86_64; zh-CN; rv:1.9.2.10) Gecko/20100922 Ubuntu/10.10 (maverick) Firefox/3.6.10',
        'Android 2.2 自带浏览器,不支持HTML5视频': 'Mozilla/5.0 (Linux; U; Android 2.2.1; zh-cn; HTC_Wildfire_A3333 Build/FRG83D) AppleWebKit/533.1 (KHTML, like Gecko) Version/4.0 Mobile Safari/533.1',
    }

def connWeb(url):
    proxyHandler = urllib.request.ProxyHandler(proxyDic)
    opener = urllib.request.build_opener(proxyHandler)
    urllib.request.install_opener(opener)
    headers = {'User-Agent': random.choice(list(userAgentDic.values()))}
    delay = random.choice(range(5, 11))
    try:
        request = urllib.request.Request(url, headers=headers)
        response = urllib.request.urlopen(request)
        htmlCode = response.read().decode('utf-8')
    except Exception as e:
        print("connect web faild...")
```

```
    print(e)
else:
    print(htmlCode)
    time.sleep(delay)

if __name__ == '__main__':
url = sys.argv[1]
connWeb(url)
```

在终端下执行如下命令：

```
python connWebWithUserAgent.py http://study.163.com
```

执行结果如图 12-4 所示。

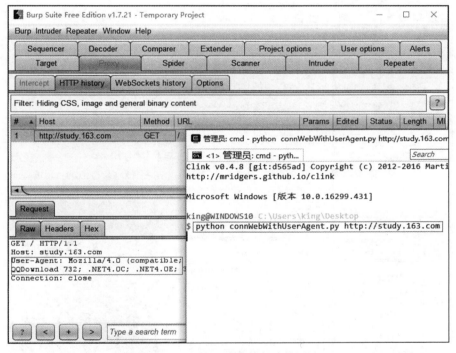

图 12-4 Python 隐藏特征连接网站

可以看到，这次连接随机选择了 QQ 浏览器的 User-Agent，让服务端认为本次连接是由 QQ 浏览器发出的。如果觉得还不够隐蔽，还可以在 headers 中加上 Accept、Host……让爬虫发出的请求更像浏览器。另外，在程序中还随机地暂停了 5~10 秒，让程序看起来更像是人在操作，尽量避免被服务端的管理员发觉。

12.2 在爬虫中使用 Cookies

对付一般简单的静态网站,使用延迟和模拟浏览器基本上就够用了。但是,有些具有商业价值的网站,为了避免商业损失会采取各种手段防止爬虫爬取数据,这就不是能用简单的方法来解决的问题了。

12.2.1 通过 Cookies 反爬虫

以浏览 study.163.com 为例,捕捉浏览器发送的请求,然后和运行 connWebWithUserAgent.py 捕捉得到的结果比较一下,如图 12-5 所示。

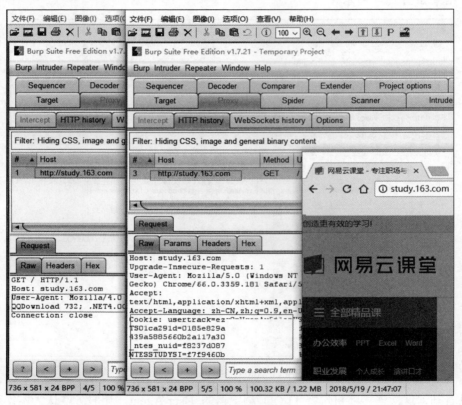

图 12-5 比较捕捉结果

我们可以发现 Python 程序发送的请求和浏览器发送的请求相比,除了缺少 Host、Accept、Accept-Language 等部分外(这些缺少的部分都可以在 headers 中自行添加),还缺少一个重要部分 Cookies。

Cookies 可以简单理解为服务器发给客户端的身份证。这个 Cookies 是浏览器在连接服务器时自动生成的(大部分时候都是通过用户登录来获取 Cookies 的,有时候登录还特别复杂,有验证码、验证条等),每次请求发送的 Cookies 都不同。所以服务器可以通过检查

Cookies 来判断连接过来的请求到底是来自于浏览器还是来自于机器人程序。

12.2.2 带 Cookies 的爬虫

爬虫缺少什么，就给它加上什么。无论网站登录多么烦琐，最终得到的 Cookies 中有关身份验证的代码总是一致的。只需要把这个身份验证代码的部分挑出来，然后写入爬虫 Cookies 相应的部分，就可以"骗过"服务器继续获取数据。这种方法并不总是有效的（比如网站中含有 Token 验证的就不行），只能解决部分问题。

原理就是先用浏览器登录一遍网站，并截取得到 Headers 和 Cookies 信息，然后使用爬虫利用现有的 Headers 和 Cookies 伪装成浏览器，继续从网站服务端获取数据。

还是以 http://study.163.com 为例进行介绍。先打开页面登录，然后用 Burp Suite 截取登录后的 Headers 和 Cookies，如图 12-6 所示。

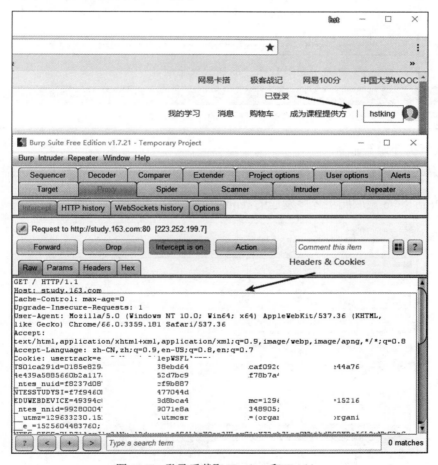

图 12-6 登录后截取 Headers 和 Cookies

在这个 Cookies 中就包含用户登录的凭证。接下来，可以利用已获取的 Headers 和 Cookies 编写爬虫程序 fakeBrowser.py，将 Headers 和 Cookie 加入程序内，如图 12-7 所示。

图 12-7　fakeBrowser.py 代码

注　意
图 12-7 中的一块空白是为了隐藏代码中的个人敏感信息。

在终端下执行如下命令：

```
python fakeBrowser.py http://study.163.com
```

使用 Brup Suite 截取爬虫程序发送的 requests，如图 12-8 所示。

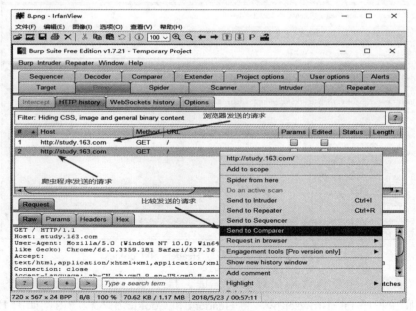

图 12-8　截取爬虫的 request

最后查看比较结果，如图 12-9 所示。

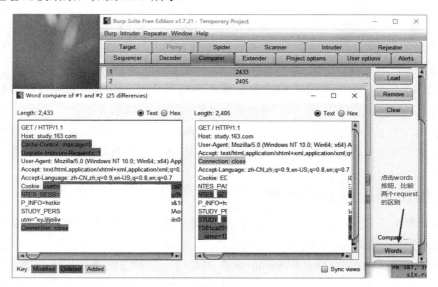

图 12-9　比较 request

彩色部分（彩图可从前言给的地址下载）是有差异的地方，这些差异多数是时间戳等一些会自动变化的变量，一般不影响使用效果。也可以将这些自动变化的变量挑出来，不写入爬虫程序内，也不会影响最终效果。将爬虫得到的结果载入浏览器中，如图 12-10 所示。

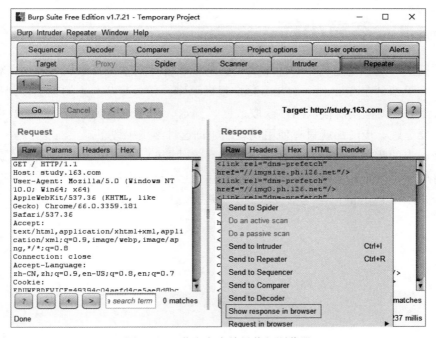

图 12-10　获取爬虫结果载入浏览器

发现直接用浏览器得到的结果和爬虫爬取得到的结果是完全一致的。

385

12.2.3 动态加载反爬虫

作为服务器一方，到了这一步，服务器已经无法从发送的请求中分辨出爬虫了。现在只能苦练内功，给爬虫增加难度。把爬虫爬取数据的成本上升到无利可图的地步，以此来拒绝网络爬虫的访问。

这个增加爬虫爬取数据难度的方法很简单。将所有重要的数据从数据库中直接调用改为使用 JavaScript 等方式动态加载。这样一来，机器人发送的请求并不会"激活"JS 脚本，也就得不到数据。目前很多网站都采用了这种方式来防止爬虫。可以说，这种方法的确很好用，彻底改变了爬虫运行模式，爬虫再也不能简单快捷地获取数据了。

12.2.4 使用浏览器获取数据

动态加载数据不是无法破解的。既然模拟浏览器的方法不能获取数据，那就直接使用浏览器的核心来获取数据。

前面章节中提到的 Selenium 和 PhantomJS 都是采用这种方法来获取数据的。只是这种方法的速度非常慢，如果目标只有几十页，还能忍受，如果目标达到了上百页，算一下投入的成本和得到的数据，还是放弃吧。这也是服务器反爬虫的一种方法，让爬虫付出的成本和收获不成比例，爬虫自然就没有动力了。

12.3 本章小结

爬虫的基本原理就是这样了。简单的爬虫基本上就是直来直去地从静态页面获取数据、清洗数据，几乎都是在 Request 的 headers 里做手脚。稍微复杂一点的爬虫，则是通过伪造 Cookies 或者使用浏览器内核从网站获取数据。到这一步就差不多把爬虫获取数据的路子走到头了。非要更进一步，那就只有使用代理池轮询这种终极手段了。

再高级一点的爬虫技术是带有数据分析和存储功能的。作为个人用户而言，只要能爬取到数据就算成功，后面的数据分析和存储几乎用不上。这一点提出来后供读者参考。

最后祝大家在 Python 网络爬虫技术上不断进步。